# 薄膜制备技术基础
## 薄膜作成の基礎
### （原著第 4 版）

〔日〕麻蒔立男　著

陈国荣　刘晓萌　莫晓亮　译

化学工业出版社

·北京·

本书较为系统、全面地介绍了与薄膜制备技术相关的各种基础知识，涉及了薄膜制备系统、典型的物理制膜与化学制膜方法、薄膜加工方法，以及常用的薄膜性能表征技术，同时紧密结合当前薄膜领域最先进的技术、方法和装置。

原外版书作者长期在薄膜科学与技术领域从事研究、开发和教育工作，有丰富的工作经验与广博的专业知识。本书自初版以来，已有三十余年，迄今已 4 次再版，反映了本书在这一领域具有较为深远的影响。

本书的内容丰富，由浅入深，对于材料科学、微电子专业学生而言是一本良好的基础教材；对于在这一领域学习、工作的人员而言，具有很好的参考价值。

**图书在版编目（CIP）数据**

薄膜制备技术基础：第 4 版 ./［日］麻蒔立男著；陈国荣等译.
北京：化学工业出版社，2009.3（2023.4 重印）
书名原文：薄膜作成の基礎
ISBN 978-7-122-04588-1

Ⅰ. 薄… Ⅱ. ①麻…②陈… Ⅲ. 薄膜技术 Ⅳ. TQ320.72

中国版本图书馆 CIP 数据核字（2009）第 004742 号
HAKUMAKU SAKUSEI NO KISO，4th edition by ASAMAKI Tatsuo
ISBN 4-526-05503-4

责任编辑：彭喜英　杨　菁　　　　　　　　装帧设计：刘丽华
责任校对：陈　静

出版发行：化学工业出版社（北京市东城区青年湖南街 13 号　邮政编码 100011）
印　　装：北京科印技术咨询服务有限公司数码印刷分部
850mm×1168mm　1/32　印张 11　字数 292 千字　2023 年 4 月北京第 1 版第 4 次印刷

购书咨询：010-64518888　　　　　　　　售后服务：010-64518899
网　　址：http://www.cip.com.cn
凡购买本书，如有缺损质量问题，本社销售中心负责调换。

定　　价：59.00 元　　　　　　　　　　　版权所有　违者必究

# 中译本寄语

2007年4月11日是温家宝总理以中国总理身份时隔6年半访问日本的一个值得纪念的日子。恰好这一天收到复旦大学陈国荣教授寄来的建议把这本书译成中文的来信，感到十分欣喜。为了使本书能作为最新版本，于是立即着手对本书的一些图表进行更新和适当的文字修正。

本书始作于1976年，当时的想法是把自己学到的东西尽量写得通俗易懂。从那以后随着技术的不断进步，总共改版了4次（先后印刷了21次）。薄膜制备出来以后很直观，可制备的工艺过程就完全不那么直观和容易理解了。薄膜显示出来的强大功能确实是无与伦比的，制作各种电子器件自然少不了它，而且它正成为其他许许多多技术的基础和关键，支撑着许多产业源头的不断发展。

本人非常喜欢和热爱中国，如果本书对伟大的中国的发展能起到一点点作用，将无比的高兴。衷心希望本书中译本的出版能为中日友好和世界和平作出我微薄的贡献。

麻蒔立男

# 第 4 版序

提起笔来想要写书或文章什么的，就自然会感觉到，要制备优良的薄膜，不经过再三考虑、精心设计是完全不行的。1976 年，即 30 年前，之所以将这本书命名为"薄膜制备基础"，是希望把自己学到的东西尽量写得通俗易懂。在许多人的热诚指导和协助下，本书终于出版了。

从那以后，薄膜技术飞速发展，为半导体集成电路等的集成度的提高提供了技术基础。而集成度的提高正是尖端的微电子（ME）产业的核心技术，并对微电子产业的发展起到了革命性的推动作用。反应离子刻蚀、溅射、CVD、蒸发等技术是日本的原创技术，它们促进了薄膜技术的发展。同时，作为支撑薄膜技术的真空技术也从仅仅是"获得真空"时代推进到了真空条件下导入反应气体进行加工的时代。为此，新的冷凝泵、复合分子泵等面世了（在 1984 年的第 2 版中增加了这些内容）。再后来，为了顺应时代的要求，进行了一系列重要的技术攻关，使薄膜特性从"轻、薄、短、小"向高端产品（技术）迈进。新兴的等离子体技术以各种形式在刻蚀、溅射、CVD 等方面获得了应用。支撑它们的真空技术也向极高真空发展。为了满足在真空中进行反应的需要，机械式干泵等的面世又为真空技术开辟了另一片新天地（第 3 版，1996 年）。

随着半导体领域的日益发展与进步，平板显示已经产业化；微机械、纳机械等将大大改变人们的日常生活。薄膜也不再局限于仅仅涉及电气、电子、机械领域，而是同生命科学、医疗等领域密切结合了起来。支撑这些发展的新技术层出不穷，精密电镀也成了用于半导体加工的新的重要手段，从此人们可以在基板上使用更多的新材料。这部分内容在第 4 版里作了相应的充实。这次再版，一如既往地得到了方方面面的热诚帮助和指导，提供了许多珍贵的资料，在此深表感谢！同时祈望着薄膜技术在未来能获得更加光辉灿烂的发展。

麻蒔立男
2005 年 5 月

# 前　　言

作为准备从事薄膜制备工作的你，也许正坐在烧得通红的火炉前读着这本书。火炉上烧着的水正在沸腾，由于水的沸腾，在窗玻璃上凝结了一层白花花的"雾气"……这是由于水蒸发后在窗玻璃上附着而形成了一层薄薄的"薄膜"的现象，可以说是一种水在窗玻璃上"蒸发镀膜"的过程。

如果不是对水，而是将铝（Al）放在炉子里加热，将会发生什么样的现象呢？我们可以看到，铝即使熔化了，只会在表面生成一层薄薄的"污垢"，别说在玻璃上窗附着一层膜了，即使将窗玻璃放在与铝非常近的地方，铝也不会在玻璃上附着。这是因为铝与大气中的氧发生反应而生成了氧化物，而且铝没有在大气中蒸发。要制备良好的铝薄膜，无论如何必须先排除大气，即非在真空环境中进行不可。

如今，制备薄膜时，利用真空已成为最平常不过的事了。本书的前半部分，首先介绍制备薄膜而必须的真空技术。在此基础上，后半部分叙述了薄膜制备技术，即用来制备薄膜的许多相关技术，还进一步介绍了"电镀"技术。

这本书，确切点来讲比较接近入门书，如想获得更加专业的知识，请参阅罗列在参考文献里的原始文献，从那些文献里可以获得更深入的专业知识。在这些文献里特地集中引用了许多学会杂志的综述文章。

另外，根据作者经验认为可能是比较难以理解的部分，用日常生活中的事情作了一些比喻，这也许可以对理解有所帮助，但这样一来很可能会有与物理内涵不一致的地方，敬请理解。

最后，在归纳本书的同时，作者要再一次表示诚挚的谢意，许多同行对本书给予了许多真诚的帮助和指导，而且提供了许多宝贵的资料，正是由于他们的帮助，本书才得以完成。

麻蒔立男
2005 年 5 月修订

# 译者的话

本书作者长期在薄膜科学与技术领域从事研究、开发和教育工作，有丰富的工作经验与广博的专业知识。本书自 1976 年初版以来，已有三十余年，迄今已 4 次再版，反映了本书在这一领域具有较为深远的影响。这次翻译前，原作者还对本书作了部分修改和补充。

以微电子、光电子等产业为代表的先进制造业正在成为我国下一代制造业的核心产业，而薄膜制备技术正是微电子、光电子产业的技术基础。近年来，我国的先进制造业取得了长足的发展，正在逐步缩小与发达国家之间的科学、技术差距。同时产业界也对薄膜制备技术、加工技术与表征技术提出了更高的要求，需要大量训练有素的人才。因此我们需要不断地学习，向世界最先进水平看齐。

本书较为系统、全面地介绍了与薄膜制备技术相关的各种基础知识，涉及薄膜制备系统、典型的物理制膜与化学制膜方法、薄膜加工方法，以及常用的薄膜性能表征技术，同时紧密结合当前薄膜领域最先进的技术、方法和装置进行阐述。书的内容广泛，由浅入深，对于初步接触这一领域的人员而言是一本较好的入门教材，对于在这一领域学习、工作的人员而言，具有很好的参考价值。

本书对于有可能从事这一领域工作的大学本科、专科学生以及一些相关的工程技术人员有一定的参考价值，也有助于我们了解几十年来薄膜制备技术发展的历史与现状，对提升我国先进制造业的水平将有较大贡献。

由于水平有限，翻译中若有不确切乃至错误之处，敬请读者指正。

译者
2008 年 10 月

# 目　　录

## 第 1 章　薄膜技术

## 第 2 章　真空的基础

## 第 3 章　真空泵和真空测量

# 第 4 章　真空系统

# 第5章 薄膜基础

## 第6章　薄膜的制备方法

## 第 9 章　溅　　射

# 第 1 章  薄膜技术

薄膜技术的目标为如下三点：

（ⅰ）人类的前瞻技术的开发。

（ⅱ）基于高密度化、高功能化、高可靠性、低价格化的"轻、薄、短、小"器件的实现。

（ⅲ）巨型器件的实现。

着眼点是能进行原子尺度的超微细加工的技术。利用这些技术，一定可以实现人类目前尚没有掌握的各种前瞻技术。利用薄膜技术制造出的各种产品，反过来又会对薄膜技术提出更高的要求和促进它的研究和不断发展。

人们正对神经细胞和网络进行研究，也许有一天人们真能造出人工大脑来。微机械、纳机械等能拯救人的生命的许多先进技术也一定能开发出来。人们正感受到的以硅为基础的微电子技术正越来越高密度化、高功能化、高可靠化以及低价格化。轻、薄、短小化的不断进展，像人脑一样优异的人工大脑就有可能被制造出来。

对于电子器件，另一个发展的方向（对应于"微"的方向）是向巨大器件方向发展。坐在家中，在巨大的屏幕前身临其境地看电视的愉快日子不会太远了。不仅如此，能制造这些器件从而实现人们的这些梦想的薄膜技术是这些器件从研究到产业化的核心。

## 1.1  生物计算（bio-computing）和薄膜技术

薄膜技术的一个很大的目标是实现类似人类大脑的高智能体系。当前正在进行着一些研究，在这些研究中，不用硅这样的半导体，而是直接培养活的脑细胞、活的神经细胞，即所谓的"在培养皿中制造脑"，至少"脑的一部分"这样的研究[1]。通过这些研究，能否直接制造出大脑来，现在还无法下定论。但是即使造不出来，也可以弄明白大脑的图像识别、学习、联想、记忆、创造性思维的机理，也许从此就开创了一个新的研究领域。在这个领域中，现在正开展对鼠、海参、新生兔的小脑等的培养研究，其中也应用到了薄膜技术。

图 1.1 是老鼠的神经细胞的培养例子。图（a）是在平坦的有机物上培养的例子，可以看到神经纤维从多个方向生长出来。在图（b）中，先在有机物上用薄膜技术制备出沟槽（宽 $10\mu m$，深 $1\mu m$），如果再在它上面做培养，就会培养出如图（c）所示的在沟槽方向优先生长的神经纤维；如果进一步预先制备出一些六角蜂窝状的沟槽，就能精密地控制神经纤维的生长，如图（d）所示。在这个研究过程中，需要在衬底材料（早期用氧化物、玻璃等，现在大多利用效果更好的有机物）上加工细微的沟槽，而这正是薄膜技术的特长所在。

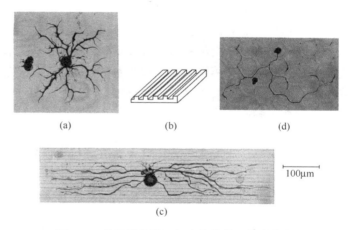

(a)              (b)              (d)

(c)

图 1.1   老鼠等的神经细胞的培养和薄膜技术
（a）在平坦的基板上；（b）在刻好宽 $10\mu m$，深 $1\mu m$ 的沟槽的基板上；（c）在（b）的基板上培养的神经细胞；（d）在六角蜂窝状沟槽上培养的神经细胞
[东京大学医学部福田教授，日立工机（株）提供]

由于可以如此进行神经细胞的选择性生长，近来开展了许多诸如损伤神经细胞的修复、神经细胞网络回路的形成以及由这些而产

生的电生理学的课题研究。

据此，人工制备一些简单的神经网络电路，研究电信号以及与之对应的反应的实验工作正在开展[2]。如图 1.2 所示，在石英表面制备出 $150\mu m$ 的正方形的凹阱，并用沟槽相连（沟槽各深 $10\mu m$），在方形凹阱内放入神经细胞培养 7 天，神经细胞之间就有称为神经细胞突触的纤维伸出来，在神经之间连接形成回路。这样就可以系统地研判神经的活动情况及细胞内部钙离子的浓度等。

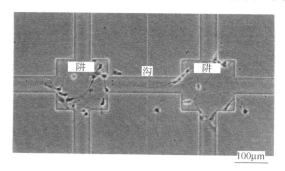

图 1.2 用培养的 Lato 海马神经细胞组成的回路。基板上刻有方形阱和与之相连的槽组成预置模，阱中选择性地放入细胞，经过 7 天的培养，形成了单纯的神经回路

其结果如图 1.3（神经网络回路的荧光显微镜分析）所示。明亮部分为神经细胞，图右侧的一组曲线 1～4 是对应的细胞的明亮度的实时变化。根据这一组曲线同时变化的情况，通过神经纤维传递的信息就可以看出各个细胞的活动状态。另外，也有人进行过从这样的神经细胞的活动中提取电信号的实验。如图 1.4 所示，在石英玻璃上制备出透明导电薄膜（ITO）的图形，然后用 $Al_2O_3$ 或聚酰亚胺膜将其覆盖，只露出引出电极端，然后在上面培养神经细胞。从电极 1～4 上取出的电信号如图 1.5 所示。各个电极上脉冲的周期都为 10s，强度为几十微伏（$\mu V$）。如将这些信号放大，可观察到各个电极上记录的脉冲有毫秒数量级的延迟。这个延迟可以认为是由于信号传递过程中神经突触上的延迟引起的。进一步的实验可以在电极 1 上加 $1\mu A$ 左右的电流脉冲，

其他电极上马上同时有感应脉冲。通过这些实验结果，可以进一步研究神经回路里的信号处理过程以及与学习关联的长期刺激下有关神经回路的功能。

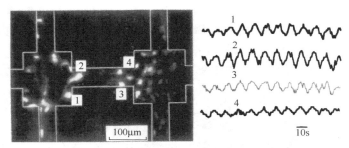

图 1.3　单纯的神经细胞回路中钙离子的浓度的变化，用光学方法测定了形成单纯的神经细胞的细胞内部钙离子的浓度。细胞 1、2、3、4 内的钙离子的浓度如右图所示以 10s 左右的周期振动，这表明这些细胞之间通过突触（Synapse）进行着信息传递

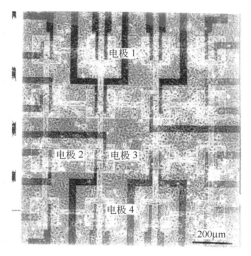

图 1.4　形成了微小电极阵列的基板上培养的老鼠的大脑皮质神经细胞的显微照片。看到的黑点处为神经细胞，大多数电极上附着有约 10 个细胞

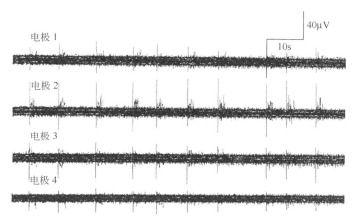

图 1.5 从微小电极阵列上记录到的电信号。从图 1.4 所示
的培养了神经细胞的 8 个电极上记录到了猝发脉冲串。本图
记录了其中电极 1、2、3、4 的电信号，从各电极记录到
的电信号具有约 10s 的周期性，基本同期

随着这样的研究的进展，也许不是用硅，而是用碳来实现人工
大脑，尽管是很遥远的事情，但是可以期待。

## 1.2 医用微型机械

像薄膜技术这样的 $1\mu m$ 以下的加工的实现，带来了实现各种
不可思议的事情的可能性。

如今，在实用化的马达里，最小的尺寸为多大？手表等内部使
用的是属于最小马达的一类，其大小约为直径 1mm，长 2mm。

利用薄膜技术，可以制造出更小的马达来。图 11.22 为制备的
一例样品[3]。大小约为每边 0.2mm。这样的东西以微米的角度来
看，仍旧大了 200 倍。人们当然希望能制造出更小的马达来。如
今，人们不仅对微型马达本身，而且正怀着极大的兴趣开展诸如微
型马达上力的传递机构，微型泵等微机械的研究。图 11.24 即为其
中一例。

发展这样的技术可能有哪些用途呢？图1.6(a)即为那些设想的例子之一。制造出各种各样的超小型机械，将其封装入微型的胶囊中，通过遥控方式让其进入人的血管、内脏中，对患部进行手术后又回到体外。也许将来用这样的微型机械挽救人的生命的事果真会成为现实。考虑到这样的微机械在其他许多领域有重要的应用前景，世界上许多人正在孜孜不倦地进行着研究。图1.6(b)是奥林帕斯机械公司开发的胶囊内视镜，直径为11mm，长26mm。可以将其吞入，由体外的磁场控制其在食道、胃、大肠内自由行进、回转，每秒可拍摄2～5帧图像，由无线发送方式传输到体外的一个接收系统。他们计划进一步开发，使这个系统将来能够做到：①在任意位置释放药物；②增设体液采集机构；③直接在体内进行超声波检查；④不用外部磁场也可以进行操作。也许这将是微胶囊时代的开端。

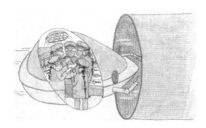

图1.6(a)　得益于微机械技术的
进步，有一天也许可用医疗微胶
　囊来拯救人的生命

图1.6(b)　胶囊内视镜

微米机械世界的尺度更进一步缩小，将进入纳米机器世界。随着研究与开发的飞速进展，有希望发展成为一个巨大的新兴产业。

作为另外一个例子，大约在边长为2cm的四方硅基板上，制备出$16\mu m \times 16\mu m$大小的微小反射镜131万个，使用晶体管产生的静电引导它的动作，这是一种用于显示、投影的专用新技术。$16\mu m$见方与蚂蚁脚的比较照片见图1.7(a)。图1.7(b)中的这些反射镜，可相对于水平方向转动±10°，当转到＋10°时，从光源射来的光就被投向显示屏或剧场的巨大的屏幕；当转到－10°时，就

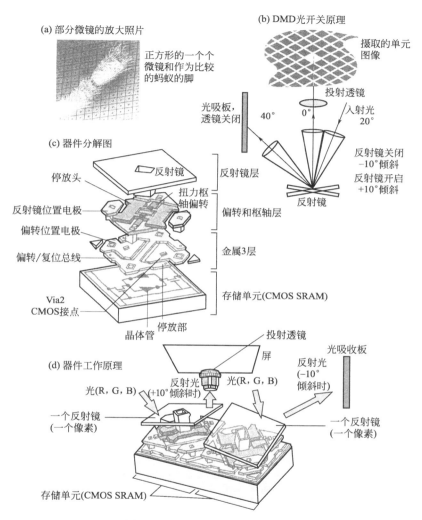

(a) 部分微镜的放大照片

正方形的一个个微镜和作为比较的蚂蚁的脚

(b) DMD光开关原理

摄取的单元图像

光吸板，透镜关闭

40° 0° 入射光 20°

投射透镜

反射镜关闭 −10°倾斜

反射镜开启 +10°倾斜

反射镜

(c) 器件分解图

反射镜

停放头

扭力枢轴偏转

反射镜位置电极

偏转位置电极

偏转/复位总线

Via2 CMOS接点

晶体管

停放部

反射镜层

偏转和枢轴层

金属3层

存储单元(CMOS SRAM)

(d) 器件工作原理

投射透镜

屏

反射光 (−10°倾斜时)

光吸收板

反射光 (+10°倾斜时)

光(R, G, B)

光(R, G, B)

一个反射镜 (一个像素)

一个反射镜 (一个像素)

存储单元(CMOS SRAM)

图1.7 用微镜显示图像的器件

被投向光的吸收板从而被吸收。所有＋10°时在屏幕上显示出来的光一点点集合起来，就在屏幕上描绘出美丽的画像；如使用三基色，彩色的131万像素的动画就能显示出来。恰当地调节这些小镜子的±10°时的朝向时间，就可调节亮度、色调等。

这些微镜及其驱动部分的分解图如图 1.7(c) 所示。微反射镜安装在偏转线圈上，围绕扭转铰链作±10°的转动，而这个转动是由下面的晶体管由于地址电极上加的 5V 左右的电压而产生的静电力或吸引、或反推驱动而发生的。这样的 131 万个微反射镜就安置于 2cm 见方的范围内。它的动作状态如图 1.7(d) 所示。

从图 1.7(c) 到图 1.7(d) 这样的组件，并不是先做好一个个部件然后再组装起来的，而是用将在后面要叙述的超微细加工手段，从底部开始（晶体管到反射镜）使用 7 块掩模，经过 20～30 个步骤（100 多道工序）制备而成。在制造过程中，各部件之间填充有称为牺牲层（过渡层）的薄膜，即采用先制备一块厚度约为 2μm 的牺牲层，然后将其溶解的方法制造出来的。这 131 万个反射镜及其驱动部件，不是用晶体管去一个个组装而成的，而是一气呵成，这才使价格降低到能实用化的程度。开发公司相信用这个技术生产电视机的价格可降到目前液晶、等离子体电视机的一半左右。目前 2m(高)×3m(宽) 这样的大屏幕技术已经成熟。

## 1.3　人工脑的实现（$\mu$-Electronics）

人的大脑，大约有 150 亿个脑细胞，如果目前的薄膜技术进一步发展，在人类头颅大小的体积中放入 150 亿个左右的晶体管和电子元件这样的事情也许不会太遥远，人们会看到这一天的到来。这么说，类似于人的脑子那样的功能系统真的能实现吗？如果答案是肯定的，那么若把我们这样的以碳元素为主体的人称为"碳人"，那么人工头脑是以硅为主体的，就可以称为"硅人"了。

19 世纪 60 年代初面世的 IC（集成电路）随着超微细加工技术的进步而向高密度化发展，其密度可用 1L 容积内可容纳多少个部件来衡量。最初的电子管计算机时代是 10 个，晶体管时代是 150 个，集成电路时代是 500 万个，大规模集成电路时代是 1 亿个，超大规模集成电路初期是 100 亿个，已经超越了人的脑细胞数目密度

（一个大脑 150 亿个）了。虽然目前的电脑从记忆、计算能力来讲已远远超过了人类，但是要让其拥有创造能力、感性认识、意志、宗教信仰等，还有许多技术等待开发。

如此的高密度、超大规模集成电路在制造时，毋庸置疑如何进行微细加工是最关键的，当然其他必须解决的问题也是一大堆。目前加工的目标尺度是在 $0.1\mu m$ 以下，人类的头发粗细约为 $50\mu m$，加工尺度约为其千分之一。可见光波长为 $0.3\sim0.8\mu m$，要使尺度从微米时代向纳米时代发展，远比光波长度还要短的超微细尺寸的加工方法是必需的。

图 1.8(a) 是集这些技术和研究结果之大成后而制备的 DRAM 和逻辑门同一芯片化的 LSI 的截面图[4]，图 1.8(b) 是下一代晶体管的截面图[5]。这样在不远的将来，一个芯片就能记录几万张报纸，当然这样的话，胜过或至少不下于人的头脑的器件就一定会出现。

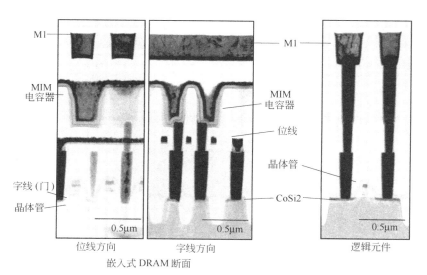

图 1.8(a)　55nm 工艺的存储-逻辑混合 LSI 的存储元件部（左）

和逻辑元件部（右）[4]，另外上部多层布线示于

图 13.16[NEC-Electronics（株）提供]

45nm 世代晶体管断面

图 1.8(b)　下一代晶体管的例子[5]　[可用于越来越小的
高性能 LSI；由 NEC-Electronics（株）提供]

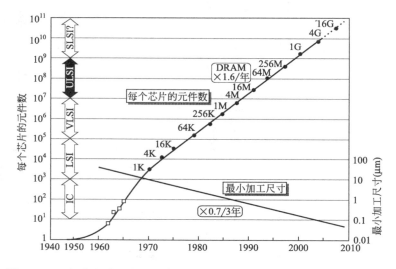

图 1.8(c)　每个芯片所含的元件数的对数增加和最小加工尺寸的发展趋势

半导体集成电路是在不断克服层出不穷的困难的过程中向高密度化迈进的。图 1.8(c) 是代表性的 MOS DRAM 集成电路的开发进程中，集成度，最小尺度的年度表。可以看出为了提高集成度，最小尺寸向越来越小的方向发展。

## 1.4 大型显示的实现

有"微"的世界，就必然有"巨"的世界。图 1.9(a) 就是高 8m，宽 70.4m 的巨大显示装置。这样的显示装置不光在"东京穹顶"（后乐园的棒球场）等的棒球场能看到，即使在一些街角处也能看到。

图 1.9(a) 香港的沙田赛马场的高 8m、宽 70.4m 的
（世界最长：吉尼斯记录）的巨大电子显示屏，用了 140 万个 10mm×
10mm 的 LED（请与背景的大楼比较！）
［三菱电机（株）提供］

如此巨大的显示装置是经过最初使用显像管，放电管，一直到使用高亮度 LED 这样一步步不断发展而成的。家用的电视机显像管尺寸也越来越大。几毫米厚、几米边长的巨大显示装置，其至将自己四周团团围起来的显示装置也正在研发中。近来以液晶、等离子体为代表的 FPD（Flat Panel Display）［图 1.9(b)］、计算机显

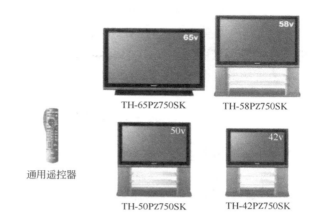

TH-65PZ750SK TH-58PZ750SK

通用遥控器

TH-50PZ750SK TH-42PZ750SK

图 1.9(b) 排列的持续发展和增长的 FPD（松下电器提供）

示屏以及手机显示屏等是支撑这些研发的基础。

这样的显示器件与前面讲到的 IC 比较起来，加工尺寸相对较大，乍一看，从薄膜技术的角度出发似乎容易得多，但是如此大尺寸的显示器件中，如果存在哪怕眼睛看不见的一处缺陷，整个显示器件就不合格了。要大面积制备完美的东西是件十分困难的事❶。现在许多公司都在激烈竞争，其中薄膜技术成了竞争的热点。

## 1.5 原子操控

薄膜技术的终极目标是自由自在地操纵原子，即在物体上将所要的原子放在所要的地方或从所需的地方去除。不管怎么说，原子的大小在 0.1nm 数量级，要自由地操纵一个原子不是件容易的事。在研究操纵原子之前，可先研究原子团的操纵，它和原子相比要大许多了。

---

❶ 在半导体领域，在 150～300mm 的 Si 基板同时制备许多纳米量级线条的 IC，加工当然非常不容易，可这时如果产生废品，只要把废品部分丢弃，其他部分仍旧能够用（例如还有 70％可用）；但是对于巨大显示的场合，表面上好像因为加工线条大，加工比较容易，实际上由于这时要求必须 100％成品率（有一处报废就全部报废），所以实际上困难更大。

目前，在这项研究中大量采用 STM(scanning tunneling microscope)[6]。STM 装置的尖端有一个尽量尖的金属探针（Tip），工作时与样品的距离只有 1～2nm，这个距离恰好是探针和样品的电子云发生重叠的距离。探针和样品之间加一个很小的电压（1 到几个伏特），就会有一个很小的电流（nA 数量级）流过。保持一定的电流，即保持探针和样品之间一定的距离的同时，用控制单元在 X-Y-Z 方向驱动探针，即如图 1.10 中的 S 所示，在原子表面扫描[7]。将这个移动用图表示出来，就能知道原子在表面的排列情况以及位置。这样就能在原子层面上观察样品的表面，在什么位置有什么样的原子就可以推断出来。

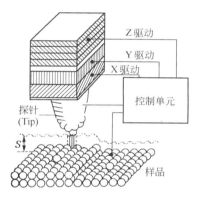

图 1.10　STM 原理图

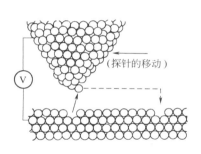

图 1.11　高温超微细加工的概念图[6]

同样用这个装置，如果施加的电压更高一点，就可能使样品一侧的原子向探针方向移动，移动针尖，就可以把这个原子转移到另一个空位置上去（图 1.11）。或者说，如果加以更高的电压可以使该原子飞出去，这样一来就能书写出尺寸为几个原子大小那样微小的文字（图 1.12）。

实际操纵原子的例子如图 1.13 所示[8]。图 1.13(a) 是硅表面的原子排列（7×7 结构），亮的地方为原子。记号○处为位置记号。图 (b) 中记号"＋"号处为其他地方移来的 3 个原子，然后再将它们移走，表面恢复为原样 [图 (c)]。如此这般，就完成了原子

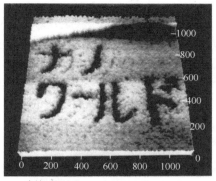

电流：0.3nA
电压：+2.0V（观察时），−4.0V（加工时）
线宽：1.0～4.0nm

图 1.12 用 STM 书写的原子级线宽的文字"ナノワールド"（Nano world）

[日本电子（株）提供]

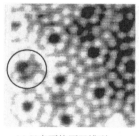 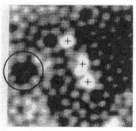 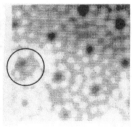

(a) Si表面的原子排列　　　　(b) +记号处为其他地方　　　(c) 将移来的3个原子再移走
　　（○为位置标记）　　　　　　移来的3个原子　　　　　　后，Si表面恢复原样

图 1.13 原子操纵的实例（日本理化研究所主任研究员青野正和博士提供）

的操纵。将它们从一个地方移走，或将它们从别处移来安放到指定
位置。

## 1.6　薄膜技术概略

现有的薄膜制备方法非常多，而且还在不断开发出新的方法
来。概念化的描述如图 1.14 所示。

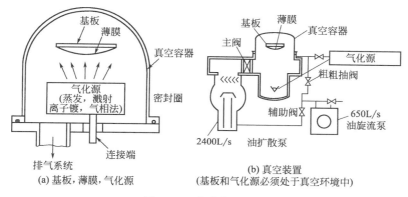

图 1.14　薄膜技术概括

在薄膜制备过程中，被气化的源材料以原子状（或分子状）飞向基板（如图 1.14a），在基板上粘附，再排列形成薄膜。那些原子（分子）在飞行途中，很容易与周围的氧发生氧化反应或与氮发生氮化反应，所以镀膜必须在真空中进行（如图 1.14b）。将材料气化使之以原子（分子）量级飞散出来，并让其在基板上附着，是薄膜技术的出发点，也是实现本章一开始讲的 ⅰ～ⅲ 三大目标的基点。当然，要完全达到这些目的，仍然存在大量的必须克服和正在克服的困难。

从原子、分子的立场考虑，将源材料气化的方式多种多样。尽管说是原子化，有时可能故意使材料以几个原子集合在一起（**原子团**）的方式或者使其与其他原子黏附在一起飞行❶。同样地，尽管说是分子化，有时也会使其分解成原子或原子团飞行❷。另外，即使那些原子、分子团等已在飞行途中没发生什么变化，那么仍然存在到达目的地的基板是什么材质，温度是多少，是否被污染等许多问题。总之，要获得品质优良的薄膜必须全面加以考虑。

---

❶　根据方法不同，飞行速度从声速到几百倍、几千倍声速不等。
❷　分解的原子或原子团飞行到基板后，确定各部分是否能顺利重新汇合是令人担心的事。

在日常生活中，如果在房间里将水烧开，窗玻璃上会结上一层"雾"，这是因为水烧开时水汽飞散出来，充满房间，附着在窗玻璃上（水不会与大气反应，所以不用真空）。于是这时就制备出了水膜❶。这个膜如果太厚了，就会形成水滴，顺着窗玻璃流下来，这是因为液体膜的缘故（这与利用真空制备膜大不相同）。

表 1.1 列出了一些简单的例子。对水而言，基板的温度一般在水的沸点和熔点之间（所以是液态），而对于我们感兴趣的铝、金、钨等金属而言，只有到达很高的温度才能熔解，只有加热到熔点以上（比如对铝而言，达到 1100℃）才能形成蒸气。而通常的基板温度远远低于这一数值，相对于水来说，相当于基板温度为零下几十度的程度。所以与基板碰撞的蒸气被急速冷却，立即变成固体（就像用湿的手去摸冰箱的冷却管被牢牢粘住一样，据此可以想象出薄膜是怎样被附着在基板上的）。其实所谓的"立即变成固体"是一个很大的课题，这个课题已经获得一定程度的解决，但仍然有许多必须解决的技术问题留待进一步研究。薄膜有许多特有的性质，要利用薄膜，必须在制备上下大的功夫。制备薄膜还有许多其他方法（如表 1.2）。前两种为将大块的块体逐渐减薄的方法。与此相比，通过原子、分子、蒸气来制备的方法在获得很薄的薄膜方面要优越得多。如此（蒸气法）制备得到的薄膜，厚度基本上一致，将其加工成多种形状，可制成布线、电极等部件，从而形成器件。这时要用到所谓的**光刻蚀**的方法，其工艺示意如图 1.15 所示。将预先制作好的电路等的原始图形复制到制备的薄膜上，再用各种刻蚀的方法刻蚀加工出所需的形状。如此经过多次操作，就能制成所要的电子元器件。这种用来对晶体或薄膜进行精细加工的技术称为微细加工技术。

---

❶　没有沾染油的干净的窗玻璃上，很薄的水膜是透明的。白花花的"水雾"状态是由于膜相当厚后，表面凹凸不平而形成的。当然这些膜是液体而不是固体，只有冬天见到的结成美丽的晶花才是固体状态。

**表 1.1　金属的熔点、沸点和制备薄膜时基板的温度**

| | 沸点/℃ | 熔点/℃ | 一般基板的温度/℃ |
|---|---|---|---|
| 铝 | 1800 | 660 | 常温～300 |
| 金 | 2680 | 1063 | 常温～300 |
| 钨 | 4000 | 3600 | 常温～300 |
| （水） | (100) | (0) | 常温 |

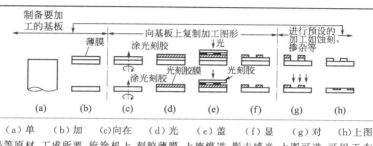

| | | |
|---|---|---|
| **主要加工工序** | （a）单晶等原材料的制备　（b）加工成所要的形状（板状，晶圆等），也可在上面预先制备了薄膜　(c)向在旋涂机上旋转着的基板滴上。形成光刻胶　（d）光刻胶薄膜（感光层）上掩模进行曝光　（e）盖上掩模进行曝光　（f）显影未感光部分被去除。图形复制完成（也有将感光过的部分去除的方法）　（g）对上图可进行刻蚀下面可进行扩散或离子注入。也可用氧化膜代替光刻胶　(h)上图可用于布线，下面可用于制备 p 或 n 型的扩散层，重复进行可制备 pn 结 | |
| **关键技术** | 拉单晶技术<br>成膜技术<br>氧化技术<br>蒸镀技术<br>MBE 技术<br>溅射技术<br>CVD 技术 | 光刻胶和旋涂技术<br>曝光技术<br>紫外光<br>远紫外光<br>SOR 光<br>电子束<br>离子束　　{接触曝光 接近曝光 投影曝光} | 湿法工艺<br>等离子体工艺　反应离子束<br>刻蚀　　光辅助工艺<br>掺杂⋯⋯热处理<br><br>热扩散<br>离子注入<br>光掺杂　{氧化扩散炉 光源(灯) 激光 微波} |

图 1.15　光刻概要

**表 1.2　各种薄膜和可以达到的厚度**

| 可以达到的厚度 ＼ 膜的种类 | 0.1　0.01　0.001 (mm)　　100　10　1　0.1　0.01　0.001 (μm)　　100　10　1　0.1nm　[100　10　1(Å)] | 材　料 |
|---|---|---|
| 金箔 | ←——→ | 金 |
| 铝箔 | ←———→ | 铝 |
| 电镀膜 | ←——————→ | 金属 |
| 薄膜 | ←——————————————→ | 几乎全部 |

　　另外，为了实现前面所述的薄膜技术追求的目标 ⅰ ～ ⅲ，图 1.15(b) 中使用的基板尺寸也一年比一年大（见图 1.16）。

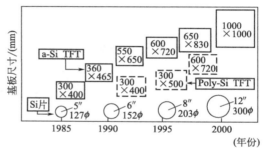

图 1.16　基板尺寸的变迁（用于 LCD 的 α-Si TFT 和多晶 Si TFT 以及半导体用 Si 基板）

### 参　考　文　献

1) 守川：Clinical Neuroscience 10（1992）992
2) 福田润：日本の科学と技術 7-8，**28**（1987）18
   T. Morikawa et al：Neuroscience Letters，**127**（1991）16
   五味，川人：応用物理 61（1992）1035
3) 川名：応用物理 61（1992）1031
4) K. Suzuki & H. Tanigawa："Single Crystal Silicon Rotational Micromotors" IEEE Workshop on Micro–Electro–Mechanical Systems, Nara, Japan, pp. 15～20, 1991
5) Y. Yamagata et al：CICC（2006）421
6) G. Tsutsui et al：VLSI Tech.（2007）176

7)　G. Binning, H. Rohrer, Ch. Gerber & E. Weibel. Phys. Rev. Lett. **50** (1983)120
　　例えば森田：走査型プローブ顕微鏡のすべて（1992），工業調査会
8)　日本電子（株）カタログより
9)　青野：原子制御表面プロジェクト Activity Report No. 3, D. Huang, H. Uchida and M. Aono : J. Vac. Sci. Technol. **B 12** (4), Jul/Aug (1994) 2429, 青野ら：応用物理 **61**（1992）257, 青野ら：日本結晶学会誌 33（1991）33.3–58. 青理：化学と教育 **41**（1993）745

### ■薄膜参考書

　　白木監修：次世代エレクトロニクス薄膜技術（2003），シーエムシー出版
　　麻蒔：トコトンやさしい薄膜の本（2002），日刊工業新聞社
　　前田：はじめての半導体製造装置（2000），工業調査会
　　平尾・吉田・早川：薄膜技術の新潮流（1997），工業調査会
　　小林：スパッタ薄膜，基礎と応用（1993），日刊工業新聞社
　　犬塚・高井：薄膜成長の話（1990），早稲田大学出版部
　　神山編：薄膜ハンドブック（1983），オーム社

### ■超微細加工参考書

　　麻蒔：トコトンやさしい超微細加工の本（2004），日刊工業新聞社
　　麻蒔：超微細加工の基礎（第2版）（2001），日刊工業新聞社
　　前田：はじめての半導体プロセス（2000），工業調査会
　　広瀬（編集）：次世代 ULSI プロセス技術（2000），リアライズ社
　　垂井（監修）：半導体プロセスハンドブック（1998），プレスジャーナル
　　安藤ら：最新プラズマディスプレイ製造技術（1997），プレスジャーナル
　　西暦の偶数年に発行される：最新半導体プロセス技術，プレスジャーナル

# 第2章　真空的基础

要制备薄膜，最基本的条件是薄膜附着主体（基板）和薄膜产生的工具（气化源）必须处于真空环境之中。地球上到处充满了空气，气体的分子漫布在整个空间。真空的形成需要了解气体的性质，并形成密封的真空室，然后由真空泵将室内的气体排出。真空的利用更需要使用各种必要的工具对真空度进行测量。长时间使用真空还要进行探测和防止泄漏，还必须了解气体温度和湿度等对真空度的影响。

## 2.1　真空的定义

真空的概念在 JIS 中被定义为"气体压强低于标准大气压的气体的特定空间"。也许有的人会说"如果用嘴对着玻璃瓶口，将里面的空气吸出，是否就是真空?"，其实答案是肯定的。

对于真空的定义，过去就有多种理解。其中之一是"纯粹空的空间"，即"不包含任何物质的空间"（这种定义一直使用到 17 世纪）。其实即使目前可以实现的 $10^{-12}\,Pa$（$10^{-14}\,Torr$）最高的真空度，每立方分米中也存在大约 250 个气体分子（以 $1\times10^{-12}\,Pa$ 计算），所以显然上面的定义是不合适的（现在，把纯粹空的空间状态称为**绝对真空**）。可是对于真空使用者来说，只要在使用中对空间中存在的那些空气可以忽略不计，就认为这样的空间就是"真空"。如此推断，对于大炮的弹头来说，由于即使是高于大气压以上的空气压强也没有影响，所以也可以称上述条件为"真空"；对于我们每天观看的彩色电视机的电子束管中移动的电子来说，所需要的 $10^{-2}\,Pa$（$10^{-4}\,Torr$）以下的压强才可以称为"真空"；而对于研究物体真实表面的科学家来说，$10^{-8}\,Pa$（$10^{-10}\,Torr$）以下才能称为"真空"。综上所述，对于真空的定义很难给出准确的说法。比较而言，JIS 对于真空的定义是在充分考虑了前人的研究成果和综合各种因素而做出的。

根据这个定义，欲实现真空，降低压强的工具——**真空泵**和产生特定空间的工具——**真空容器**是必不可少的。关于真空泵将在后续章节中详细描述。如果不用真空容器能否实现真空？我们熟知的台风是一个例子。但是在那种情况下，即使台风消耗了巨大的能量，其中心位置也只有达到 0.9 大气压的真空度❶。所以说真空容器对于获得需要的真空是非常重要的。

真空领域对真空度的划分如表 2.1 所示。现在，用通常的方法所能获得的真空压强为 $3\times10^{-11}$ Pa（$2.2\times10^{-13}$ Torr）[2]，从数字上来说，已经算是非常低的了。人们很容易想到实现和测量 $3\times10^{-11}$ V（0.03 纳伏）、$3\times10^{-11}$ ℃（0.03 纳摄氏度）、$3\times10^{-11}$ m（0.03nm：约为原子体积的 1/10）是非常困难的。但是在真空技术中，实现和测量 $3\times10^{-11}$ Pa（$2.2\times10^{-13}$ Torr）是很普通的事情。$3\times10^{-11}$ Pa（$2.2\times10^{-13}$ Torr）是什么样的状态呢，我们通过以下术语对这种程度的真空进行描述，即当压强为 $3\times10^{-11}$ Pa 时的空间的分子密度、平均自由程和碰撞频率。

**表 2.1 真空范围的划分**

| 真空范围的名称 | 缩 写 | 压强范围 |
|---|---|---|
| 低真空（Low Vacuum） | LV | 大气压（低于）~100Pa |
| 中真空（Medium Vacuum） | MV | 100Pa（低于）~0.1Pa |
| 高真空（High Vacuum） | HV | $1\times10^{-1}$Pa（低于）~$1\times10^{-5}$Pa |
| 超高真空（Ultra High Vacuum） | UHV | $1\times10^{-5}$Pa（低于）~$1\times10^{-8}$Pa |
| 极高真空（Extremely High Vacuum） | XHV | $1\times10^{-8}$Pa（低于）~ |

**分子密度**：以分子数（在 0℃、一个大气压的 22.4L 的空间中，气体的分子数为 $6\times10^{23}$ 个）计算，1L 的空间中大约有 800 万个气体分子（1cm³ 中 8000 个）。仅从数字比较，大约是东京都人口的 2/3 左右，与"纯粹空的空间"相比还有很大的差距。

**平均自由程**（气体分子从一次碰撞到下一次碰撞时所飞行的距

---

❶ 台风观察史上最低气压记录是台风 20 号（1979 年 10 月 19 日，纵贯日本本土），南方海面最低气压为 870kPa（0.86 大气压）。即使这样的台风中心也不能称为真空。870kPa 只是大气压强，比它低才能称为真空。

离的平均值）：对空气分子，25℃时是 226000km。它约相当于绕地球赤道 6 周的距离，即分子要绕地球 6 周才能有下一次碰撞。而在一个大气压的条件下，平均自由程只有 7cm 的百万分之一。比较起来已经是非常稀薄的了。两次碰撞所需要的时间间隔为 5.9 日（速度 447m/s，如表 2.3）。

**碰撞频率**（单位面积上单位时间内的碰撞分子数）：在 25℃空气的条件下，1cm$^2$ 面积上每秒有 9000 万个气体分子与之发生碰撞，若让它们全部在固体表面被吸附，大约需要 2000h。

"既然在 1L 容积中约有 800 万个分子存在，它们还是可以有 226000km 的自由飞翔距离"的描述看似矛盾，这是因为气体的分子直径非常小（只有 4cm 的一亿分之一，0.4nm）。所以我们要面对的对象不仅是如此之小，而且以超音速的运动速度（447m/s）四处运动，所以即使是非常非常小的孔隙也能穿过，这就是真空容器很容易发生泄漏的原因。

## 2.2 真空的单位

真空度用压力的单位 Pa 来表示。过去，常用 Torr 作为真空度的单位，这是因为最初的真空实现是由 Torricelli 开始的，是真空

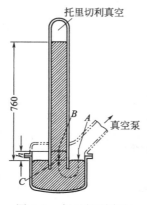

技术中特有的单位。近来，压力的单位采用了 SI 国际单位制，SI 单位制的压力单位为 N/m$^2$，作为固定名称使用为 1Pa（读为：帕斯卡，根据因帕斯卡原理而闻名的法国著名物理学家 Pascal 的名字命名）。1Torr＝133.322Pa，本书主要采用 Pa 为单位，一部分必要的场合，在括号内标出原来的单位 Torr 作为参考。

图 2.1 是将充满水银的玻璃管倒立而形成的被称为**托里切利真空**（Torri-celli），这部分的空间原来充满了水银，

图 2.1 托里切利真空

因倒立放置使水银流失后，而形成不含任何物质的空间，认为它的压力为 0。虽然，实际上至少存在水银的蒸气压，但我们在这里还是以 0 压力进行下一步描述）。开始时，水银柱的高度约为 760mm，如果我们用真空泵将空间 $A$ 按照图中双点划线的方向抽气，液面将逐步下降。高度达到 $h$ mm 时，空间 $A$ 的压强或真空度为 $133h$ Pa（$h$ Torr）。$h = 0.75$mm 时，真空度为 100Pa（0.75Torr）；$h = 0.0075$mm 时，真空度为 1Pa（$7.5 \times 10^{-3}$ Torr）。0.0075mm 的尺寸已经很难测量了，更不用说 $10^{-10}$ mm 和 $10^{-13}$ mm 这样的测量用常规方法是无法实现的。不仅是测量，形成这样的空间也是非常困难的。因此，各种真空泵、测试仪器、材料及方法等逐步得到开发。

压力单位在 Pa 和 Torr 之外，也有使用大气压、毫巴、普西等方式。表 2.2 给出了它们的换算表。

**表 2.2　压强单位换算表**

| 压　　强 | Pa | Torr | mbar |
|---|---|---|---|
| 1Pa | 1 | $7.5 \times 10^{-3}$ | $10^{-2}$ |
| 1Torr | 133 | 1 | 1.33 |
| 1mbar | 100 | 0.75 | 1 |
| 1atm(1 大气压) | $1.013 \times 10^5$ | 760 | 1013 |
| hPa(百帕斯卡) | 100 | 0.75 | 1 |

注：纵向最左栏的 1Torr 表示为 133.3Pa。

## 2.3　气体的性质

在我们准备生成真空的大气压空间中，压强为 1atm = 1013$h$ Pa 时，22.4L 内有 $6 \times 10^{23}$（1cm³ 内 $2.7 \times 10^{19}$ 个）个气体分子，因此了解气体性质是非常重要的。对于真空技术所需研究的气体的主要性质是由气体运动论导入的，在气体运动论中气体分子和容器壁是按照下列法则导入的。

分子：光滑的具有完全弹性的刚性球体（球体→分子在各方向具有相同的性质）。

器壁：光滑的完全弹性体。

在空间中气体全体的动量守恒法则和能量守恒法则是成立的，分子向任意方向以不同的速度（即使是同一分子在不同时间也有差异）飞行运动。认为这些气体在容器中维持着热平衡状态，并不受外力作用。如果考察每个分子，假设以它的位置在箱体中某点的概率和它的运动方向沿着某一方向的概率是一定的为前提导入各法则，那么气体的分子将按图 2.2[3] 所示分布（被称为麦克斯韦速率分布定律），即球体如同弹性良好的皮球一样一面互相碰撞，一面到处飞溅。它的速率从 0～∞ 不等，平均在音速以上（1 大气压的空气时，平均自由程为 67nm，分子直径为 0.374nm，平均自由程是直径的 180 倍）。虽然实际上的构成远比这种状态复杂，但是对于真空技术而言，这种假设已充分满足重要的定律导入，并在实验中已经得到证实。在这里，根据本书的目的，仅对必要的事项进行描述。

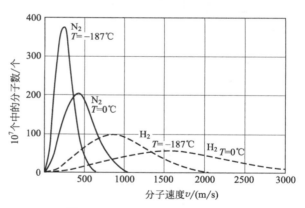

图 2.2  $H_2$ 及 $N_2$ 分子速度分布

### 2.3.1  平均速率 $V_a$

对于气体分子的平均速率，有算术平均速率、平方平均速率等，其中算术平均速率（arithmetical average velocity）为最常用。按照分布法则 $V_a$ 可由以下公式计算。

$$V_a = \sqrt{\frac{8RT}{\pi M}} = 145.5 \sqrt{\frac{T}{M}} \quad \text{[m/s]} \quad (2.1)$$

式中，$R$ 为气体常数；$T$ 为气体温度 [K]。常用气体的 $V_a$ 如表 2.3 所示，在常温下，为 $400 \sim 1700$[m/s]（$1440 \sim 6120$km/h），比音速要高出很多。

**表 2.3　气体的性质**

| | 化学符号 | 分子量 $M$ | 质量<br>（$\times 10^{26}$kg） | 平均速率<br>$V_a$<br>（$\times 10^2$m/s，0℃） | 分子直径 $\delta$<br>（$\times 10^{-10}$m，0℃） | 平均自由程 $L$[$\times 10^{-5}$m·25℃·100Pa<br>（0.75Torr）] |
|---|---|---|---|---|---|---|
| 氢 | $H_2$ | 2.016 | 0.3347 | 16.93 | 2.75 | 12.41 |
| 氦 | He | 4.003 | 0.6646 | 12.01 | 2.18 | 19.62 |
| 水蒸气 | $H_2O$ | 18.02 | 2.992 | 5.665 | 4.68 | 4.49 |
| 氖 | Ne | 20.18 | 3.351 | 5.355 | 2.60 | 13.93 |
| 一氧化碳 | CO | 28.01 | 4.651 | 4.543 | (3.80) | (6.67) |
| 氮 | $N_2$ | 28.02 | 4.652 | 4.542 | (3.78) | (6.68) |
| 空气 | | (28.98) | (4.811) | 4.468 | 3.74 | 6.78 |
| 氧 | $O_2$ | 32.00 | 5.313 | 4.252 | 3.64 | 7.20 |
| 氩 | Ar | 39.94 | 6.631 | 3.805 | 3.67 | 7.08 |
| 二氧化碳 | $CO_2$ | 44.01 | 7.308 | 3.624 | 4.65 | 4.45 |
| 氪 | Kr | 83.7 | 13.9 | 2.629 | 4.15 | 5.41 |
| 氙 | Xe | 131.3 | 21.8 | 2.099 | 4.91 | 3.97 |
| 水银 | Hg | 200.6 | 33.31 | 1.698 | (5.11) | 3.55 |

### 2.3.2　分子直径 $\delta$

以手将气体搅拌时，从感觉到阻力可以想到气体是有黏性的。从气体黏性系数的测量可以得出气体的分子直径，如表 2.3 所示。按照 Van der Waals 的公式，从密度等计算出的分子直径与相对于真空的各种现象从黏性计算的分子直径非常接近。

### 2.3.3　平均自由程 $L$

气体分子在经过一次碰撞后，至下一次碰撞为止的飞行距离的平均值被称为平均自由程（mean free path）。它随着分子密度的增大而减小（成反比）、也随着分子直径的增大而减小。按麦克斯韦速率分布气体的 $L$ 的理论计算结果为：

$$L = \frac{1}{\sqrt{2}\pi n\delta^2} \qquad (2.2)$$

其计算值如表 2.3 所示。

### 2.3.4　碰撞频率 Z

在单位时间内，与容器壁单位面积碰撞的气体分子数被称为碰撞频率。它与容器壁前的气体分子密度 $n$ 成正比，而且随着分子平均速率 $v_a$ 的增大而增加。理论计算的结果由以下公式给出：

$$Z = (1/4)n \cdot V_a \qquad (2.3)$$

$$= 2.4 \times 10^{24} p/\sqrt{MT} \quad [\text{个}/\text{s} \cdot \text{m}^2] \qquad (2.4)$$

式中，$p$ 为压强，Pa；$T$ 为温度，K；常用气体的数值如表 2.4 所示。

**表 2.4　$1.3 \times 10^{-4}$ Pa($1 \times 10^{-6}$ Torr) 的气体参数**（与薄膜相关联）

| | 碰撞频率 /($\times 10^{14}$ 个) /($\text{cm}^2 \cdot$ s) | 形成单分子层 所需分子数[①] /($\times 10^{14}$ 个/$\text{cm}^2$) | 形成单分子层 所需时间[②]/s | 厚度换算值 /(nm/min) | 电流密度换算值 /($\mu$A/$\text{cm}^2$) |
|---|---|---|---|---|---|
| 氢 | 15.06 | 13.2 | 0.88 | 18.8 | 241 |
| 水蒸气 | 5.04 | 4.6 | 0.91 | 30.9 | 81 |
| 一氧化碳 | 4.04 | 6.9 | 1.71 | 13.3 | 65 |
| 氮 | 4.04 | 7.0 | 1.73 | 13.1 | 65 |
| 空气 | 3.97 | 7.1 | 1.80 | 12.5 | 64 |
| 氧 | 3.78 | 7.5 | 2.00 | 10.9 | 61 |
| 二氧化碳 | 3.22 | 4.6 | 1.44 | 19.3 | 52 |

① 假定入射的原子或分子全部被基盘网状结构吸收的粗略计算 [以 1/(分子直径)$^2$ 计算]，但实际上会由于母材结晶不同而有所差异。

② 以（单分子层所需分子数）/（碰撞频率）计算。

由表 2.4 可以看出，如果在 $1.3 \times 10^{-4}$ Pa($1 \times 10^{-6}$ Torr) 的压强下蒸发镀膜，1~2s 形成单分子层，若用厚度表示，则气体分子以 5~10nm/min 的速度入射。如果它们都进入薄膜将是非常糟糕的，我们将在后续内容中介绍。

## 2.4　气体的流动和流导

那么，气体在真空容器的"特定的空间"内是如何流动的，真空技术是如何被应用的？在真空系统中，必然有气体的发生源和将其排除的抽气系统。因此，在真空容器或管路中存在着气体的流动。图 2.3 是相对于流动方向，一个气体分子是如何运动的示意图。图（a）为**黏滞流**（viscous flow），即以与气体分子碰撞为主的流动（容器的尺寸≥平均自由程）；图（b）为**分子流**（molecular flow），即以与容器碰撞为主的流动（容器的尺寸≤平均自由程）。气体流动的量称为**流量**，在真空技术中，与水的流量表示有所不同。由于气体的压力的不同而容积会有很大幅度的变化（与压力成反比），因此，以（压力×容积/时间）表示流量。但是，因为压力是与密度成比例的，结果流量同水一样与（重量/时间）成比例。流量的单位通常使用 Pa·L/s 或 Torr·L/s。

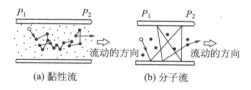

图 2.3　气体的流动

气体的流动能力以**流导**来体现，流导 $C$、流量 $Q$ 和压力 $P$ 遵循与电学中的欧姆定律有非常类似的关系式。

$$Q = CP \tag{2.5}$$

即 $Q$ 相当于电流 $I$，$C$ 相当于 1/（电阻 $R$），$P$ 相当于电压 $V$，$C = Q/P$。因此，流导的单位与真空泵的抽气速率相同（容积/时间），通常以 [L/s]、$m^3/s$ 表示。

流导本身随气体流动的状态（分子流或黏滞流），还有形状（孔或长管）的不同而变化。黏滞流是以气体分子间的碰撞为主体，气体的压力能有效地发挥作用使气体比较容易流动，因此流导比较大；反之，在分子流范畴，气体间的碰撞已经可以忽略不计，因此流导比较小。

在我们通常使用的真空中，压力非常低，基本上只有分子流。下面就以分子流情况下的流导为例加以说明。

### 2.4.1 孔的流导

飞向孔内的气体分子适用于公式（2.3），因气体分子间没有碰撞，全部都能通过到下一空间（为了便于理解，把下一空间视为绝对真空）。将流导换算成容积计算，如表 2.5 所表示。

**表 2.5 分子流的流导**（$s^{-1}$）

| | 圆孔（开口） | 长管 | 短管 |
|---|---|---|---|
| 一般气体 | $C_0 = \dfrac{1}{4} V_a A_0$ $= 3.64 A_0 \sqrt{T/M}$ | $C_t = \dfrac{4}{3} \dfrac{V_a}{\displaystyle\int_0^L \dfrac{H}{A} dL}$ $= 30.5 \dfrac{a^3}{L} \sqrt{T/M}$ | $C_s \approx (C_0 \text{ 和 } C_t \text{ 的串联})$ $= \dfrac{C_0}{1 + \dfrac{3}{8} \cdot \dfrac{L}{a}}$ |
| 空气（25℃） | $11.7 \times A_0$ | $97.7 \dfrac{a^3}{L}$ | $\dfrac{36.8 a^2}{1 + \dfrac{3}{8} \cdot \dfrac{L}{a}}$ |

注：$V_a$：气体的平均速率（式 2.1）；    $A$：管的截面积，$cm^2$；
     $A_0$：孔的面积，$cm^2$；            $H$：截面积 $A$ 处的周长，cm；
     $T$：气体的绝对温度，K；       $a$：管的半径，cm；
     $M$：分子量；                 $L$：管的长度，cm。

### 2.4.2 长管的流导（$L/a \geqslant 100$）

即使是截面形状相同的长管的流导也要考虑到气体分子的变化而进行详细的计算，如表 2.5 所示，与半径的 3 次方成比例。

### 2.4.3 短管的流导

在短管的情况下，管路端口的气体入射概率较高，忽略不计这个因素的长管的公式已无法使用。通常可以近似地将管路端口的流导（适用于孔的流导计算式）和长管公式给出的流导串联连接计算（参照表 2.5）。

关于黏性流领域的流导计算，因与本书读者关联不大，请有兴趣者参照有关真空技术的参考书籍。

### 2.4.4 流导的合成

如图 2.4 所示，由各种流导组成系统时的合成流导 $C$ 的计算，与电学中的情况相同（$C=1/R$），以下列公式计算：

$$1/C=1/C_1+1/C_2+1/C_3+\cdots \quad 串联$$
$$C=C_1+C_2+C_3+\cdots \quad 并联$$

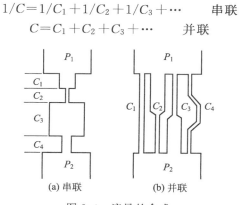

图 2.4　流导的合成

## 2.5　蒸发速率

从薄膜制备的角度来看，在真空中被加热物体的蒸发量是非常重要的。蒸发速率 $m$ 是从碰撞频率 $z$ 计算求得的。

现在，假定在真空中被加热的物体被自身的蒸气所包围，并且处于平衡状态。在平衡状态下，蒸发的量同凝固的量相等。因此，单位面积的蒸发速率 $m_0[\mathrm{g/cm^2}]$ 以碰撞频率 $z$ 和入射原子的质量 $(M/A)$ 的乘积计算

$$m_0 =(1/4)nv_a(M/A) \tag{2.6}$$
$$=4.38\times10^{-4}P\sqrt{M/T}[\mathrm{g/(cm^2 \cdot s)}] \tag{2.7}$$

在这里，$A=6.023\times10^{23}\mathrm{mol^{-1}}$ 为阿伏伽德罗常数，$P$ 为蒸气压 $[\mathrm{Pa}]$。

　　在实际的蒸发镀膜过程中与上述情形略有不同。蒸发镀膜时，蒸发的蒸气沿着一个方向飞溅，然后又沿原路返回的现象基本不存在。对新蒸发的分子起抑制作用的返回蒸气减小了自身的动量，一般认为蒸发量会有所增加。但是，在薄膜生成时，因为蒸发原子的数量和蒸气压都很小，所以计算蒸发速率时，假设即使把蒸气全部排除，蒸发的原子数量也不发生改变（Langmuir 假定）。在实际的蒸发速率推算时，以已知的蒸气压（附 1，2，3）[4] 和公式（2.7）就可以得出很好的结果。

## 参 考 文 献

1)　C. Benvenuti & M. Hauer：Proc. 8th International Vacuum Congress, Cannes, (1980) p. 199
2)　菊地，大迫，林：真空 33（1990）160，真空 33 巻（1990）No. 3 は XHV 特集号
3)　熊谷，富永，辻，堀越：真空の物理と応用，裳華房（1970）
4)　R. E. Honig, RCA Rev. **23**（1962）567
5)　沢木：真空蒸着，真空技術講座 10，日刊工業新聞社（1965）

**■真空的参考书**

麻蒔：トコトンやさしい真空の本，日刊工業新聞社（2002）
日本真空工業会：初歩から学ぶ真空技術，工業調査会（1999）
日本真空協会関西支部：わかりやすい真空技術（第 2 版），日刊工業新聞社（1998）
飯島，飯田：真空技術活用マニュアル，工業調査会（1998）
日本真空技術（株）：真空ハンドブック，オーム社（1997）
飯島，橋爪：図解真空技術用語辞典，工業調査会（1996）
堀越，小林，堀・坂本：真空排気とガス放出，共立出版（1995）
T. A. デルジャー，石川　訳：真空技術とその物理，丸善（1995）
堀越：真空技術（第 3 版），東京大学出版会（1994）
中山代表幹事：先端真空利用技術，日経技術図書（1991）
山科，広畑：真空工学，共立出版（1991）
麻蒔：真空のはなし，日刊工業新聞社（1991）
実用真空技術総覧編集委員会：実用真空技術総覧、産業サービスセンター（1990）
金持：真空技術ハンドブック、日刊工業新聞社（1990）
熊谷，富永，辻，堀越：真空の物理と応用，裳華房（1970）
中山：真空技術実務読な本，オーム社（1967）

**■期刊**

真空：日本真空協会，月刊で研究報告，総合報告，解説，特許など掲載
J. Vacuum Science and Technology：隔月，美国
Vacuum：月刊，英国
Vakuum Technik：年 8 冊，**德国**

Le Vide：隔月，フランス

American Vacuum Society Symposium Transaction：年 1 回．

Transactions of International Vacuum Congress：会議は 3 年 1 回開催され発行

■ JIS

JIS B 8750：真空計校正方法．この他圧力測定法として Z-8751（液柱差真空計），8752（熱陰極及び冷陰極電離真空計），8753（熱伝導真空計）及び 8754（質量分析リーフディテクタ校正方法）などがある

JIS B 8317：蒸気噴射ポンプ性能試験方法

JIS B 8326：油回転真ポンプ性能試験方法

JIS B 2290：真空装置用フランジ

JIS Z 8126：真空用語

JIS Z 8207：真空装置用図記号

JIS Z 8207：国際単位系（SI）及びその使い方

# 第 3 章　真空泵和真空测量

在前一章对气体的性质和真空容器的功能进行了描述，本章将对把容器中的气体排出的机器——真空泵和气体被排出到什么程度的测量器具——真空计加以说明。

## 3.1　真　空　泵

**真空泵**为"从特定空间（参照真空的定义）中将气体排出的装置"。表 3.1 表示了比较常用的真空泵的抽气原理、工作压强范围、通常能得到的最低压强（○ 符号：表示能到达的极限压强或极限真空）。点线部分表示和其他装置，如液氮捕集器组合的使用范围。遗憾的是没有一种泵能从大气压抽到 $10^{-8}\,\text{Pa}(10^{-10}\,\text{Torr})$。

**表 3.1　主要真空泵的使用范围**（○ 符号为极限真空度）

| 真空泵的种类 | | 原　理 | 工作压强范围(Pa)　$10^4$　$10^2$　$10^0$　$10^{-2}$　$10^{-4}$　$10^{-6}$　$10^{-8}$　$10^{-10}$　$10^{-12}$ |
|---|---|---|---|
| 机械式真空泵 | 旋片式真空泵(2级) | 通过机械力将气体压缩排除 | （使用范围曲线） |
| | 机械式干式真空泵蜗轮分子泵 | | （使用范围曲线） |
| 蒸气喷射真空泵 | 油扩散泵油喷射泵 | 通过喷射蒸气的气流将气体携带排除 | （使用范围曲线） |
| 干式真空泵 | 溅射离子泵升华真空泵 | 通过升华或溅射生成钛膜，将气体吸附排除 | （使用范围曲线） |
| | 冷凝真空泵分子筛吸附泵 | 在超低温冷却的面将气体通过物理吸附使气体排除 | （使用范围曲线） |
| | | | $10^1$　1　$10^{-2}$　$10^{-4}$　$10^{-6}$　$10^{-8}$　$10^{-10}$　$10^{-12}$　$10^{-14}$　工作压强范围[Torr] |

抽气系统通常由 2～3 种真空泵组合而成。典型的示例为因使用油而被称为**湿式（wet）系统**的机械旋片泵（2 级）＋扩散泵＋液氮捕集器（防止油逆扩散用），该系统可达到 $10^{-6}\sim10^{-8}$ Pa（$10^{-8}\sim10^{-10}$ Torr）的真空度；无油的**干式（dry）系统**的分子筛吸附泵＋溅射离子泵＋钛升华泵，系统可达到 $10^{-6}\sim10^{-9}$ Pa（$10^{-8}\sim10^{-11}$ Torr）。后级使用干式的组合也很多，如机械旋片泵（2 级）＋分子泵、机械旋片泵（＋分子泵）＋冷凝泵。特别是在对离子刻蚀和 CVD 等化学活性气体抽气时，干式机械泵单体也比较常用。

真空泵性能的重要指标是**极限真空压强**和**抽气速率**。极限真空压强是真空泵所能实现的最低压强，以压强的单位表示；抽气速率是表示真空泵抽气快慢，以（容积/时间）为单位，各种真空泵的大致极限真空压强如表 3.1 所示。抽气速率是根据实际情况选择真空泵的大小，抽气速率是有最大值的，随着工作压强的变化，抽气速率也发生变化。图 3.1 表示了最大抽气速率为 100 时，随着压强的变化，抽气速率的曲线。

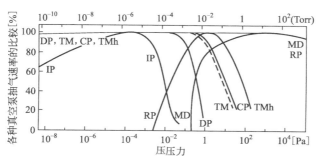

MD：机械式干式真空泵，TMh：蜗轮分子泵（复合式），
TM：蜗轮分子泵，RP：两级式旋片式真空泵，DP：油扩散泵，
IP：溅射离子泵，CP：冷凝真空泵（分子筛）

图 3.1 各种真空泵抽气速率的比较

在真空泵选定时还需要注意的其他重要指标有被排出物对真空泵中使用的材料的污染、尺寸大小、可靠性、价格、振动、噪声；真空泵本身对外部的磁场、电场、热等有无影响；电力、冷却水、

空冷风量、液氮等的消耗量等。在此将对薄膜领域中常用的真空泵加以叙述。

### 3.1.1  油封式旋片机械泵

这种真空泵类似于从水槽中将水用水杯连续淘出的原理。与水不同的是对于气体，要求被抽气的空间以外的气体不能进入该空间，所以要在真空密封容器中进行。它是典型的从大气压开始抽真空的真空泵。

这种真空泵如图 3.2 所示，有**旋片式**、**偏心转子式**和**滑阀式**等几种。它通过转子的旋转对气体实现**吸气、压缩、排气**（经排气阀）的抽气循环。**旋片式**真空泵主要是由容器和转子及置于其中的 2 枚（也有 2 枚以上的情况）旋片和弹簧组成，旋片通过弹簧与容器内形成的油膜（真空泵全体浸于油中，油会渐渐进入容器内）保持润滑和密封，随着转子的旋转，实现上述的抽气循环。**偏心转子式**真空泵则主要由容器、偏心转子、滑片、弹簧等构成，滑片随着转子的旋转通过弹簧和杠杆上下运动，与旋片真空泵相类似实现抽

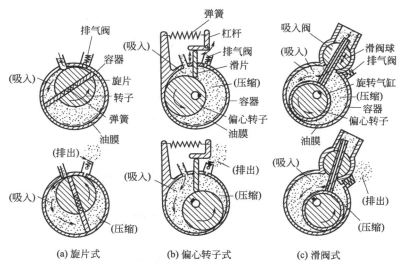

(a) 旋片式　　　　(b) 偏心转子式　　　　(c) 滑阀式

图 3.2　旋片式真空泵的构造和抽气原理

气循环。**滑阀式**真空泵主要是由容器、偏心转子和外部设置的旋转气缸吸气阀等构成的，吸气阀与滑阀球组合形成上下和左右摇动，随着转子的旋转实现图 3.2(c) 所示的抽气循环。转子通常由电动机实现 $500\sim2000\mathrm{r/min}$ 的旋转。为了防止灰尘的产生和可靠性下降（如皮带切断），一般采用图 3.3 中的直联式旋转机械真空泵。

图 3.3　直联式旋转机械泵外观

旋片式和偏心转子式适用于小型真空泵（$1000\mathrm{L/min}$ 以下），滑阀式适用于大型真空泵。旋片式真空泵由于转子不存在偏心，即使高速运转噪声也比较低，因此适合于高速化运转形式，但是，弹簧破损更换时需要全部分解。而偏心转子式虽然更换弹簧较容易，却有振动和噪声大的弊端。在弹簧材料性能尚不完善的时期，以偏心转子式为主流；近来随着材料科学的发展，旋片式的采用为真空泵的小型化和高速化做出了很大的贡献，同时由于机械加工精度的提高，真空度也已经达到了 $10^{-3}\mathrm{Pa}(10^{-5}\mathrm{Torr})$。

真空泵的设计抽气速率是按（转子旋转一周的抽气容积）×（转速）计算的。但由于转子部分的密封不完全、排气阀关闭不完全及油的气体释放的原因，实际的抽气速率随着压强的降低而减少，实际工作时抽气速率的减少如图 3.1 所表述。这些数值会由于转子部分和阀等的情况不同，产生一个数量级以上的差异。在真空泵使用上需要注意的是，当旋片泵停止后，真空室内的压强要实现和大气压强相同（如果没有达到大气压强，则泵内的油会因压差回流到真空容器中）。如果加工精度能得到提高，不但极限真空压强可以很低，而且真空泵停止后不需要在真空容器内充入大气的真空泵也可以成为现实。

### 3.1.2 油扩散泵

油扩散真空泵是通过从喷嘴以高速（音速的 2 倍以上）喷出的（油或其他）蒸气喷流将气体排除的真空泵。从原理方面来看应该被称为**蒸气喷射泵**。发明人盖德（Gaede）更重视其气体与蒸气喷流的扩散混合过程，所以命名为 diffusion pump，译为**扩散泵**。使用油的蒸气为油扩散真空泵；使用水银的蒸气为水银扩散真空泵。水银因其具有毒性，现在已基本不使用。

典型的采用 3 段伞型喷嘴将油喷出的扩散泵随着年代的发展变化如图 3.4 所示[1]，目前中小型采用如图（b）、大型采用如图（c）所示的比较常见。在汽锅中经加热器加热而蒸发的油蒸气由各个喷嘴喷出，将喷流内扩散进的气体向下部推进，进而经排气口排出，通常再由旋片泵向大气中排出。从喷嘴喷出的油在被水冷的泵容器内壁凝结并经壁面流回汽锅内。

扩散泵由于是对扩散到蒸气喷流的气体实行排气的，所以抽气

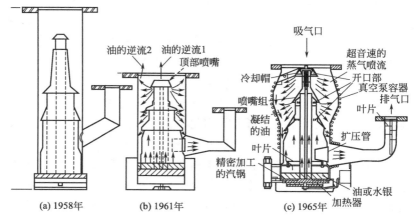

(a) 1958年　　　(b) 1961年　　　(c) 1965年

图 3.4　扩散真空泵

速度与抽气口的面积（抽气口的流导）成正比。图 3.5 提示了某扩散泵的这种关系曲线，评价扩散泵的性能以位于该直线上方为佳。

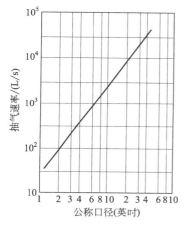

图 3.5 扩散泵的公称口径和抽气
速率的大致关系

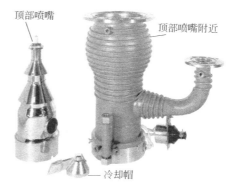

图 3.6 顶部喷嘴附近口
径增大的油扩散泵

[Ganon-Anelva（株）提供]

使用的油的品质也是很重要的，它与喷嘴的构造同为决定极限到达真空度的重要因素之一，表 3.2 表示了其特性。

表 3.2 蒸气喷射真空泵用油特性

| 种 类 | 相对密度 | 蒸气压 Pa/℃ | 蒸发热 /(kcal/mol) | 极限真空 压强/Pa | 备 注 |
|---|---|---|---|---|---|
| 扩散真空泵用 | | | | | |
| 碳化氢系列 | | | | | |
| Lion A | 0.903 | 133(210) | 45 | $7 \times 10^{-5}$ | Lion 油脂 |
| Lion S | 0.895 | | 45 | $9 \times 10^{-8}$ | 烷基萘 |
| 二甲醚系列 | | | | | |
| NeoBack Sx | 0.940 | 133(200) | ～50 | $4 \times 10^{-5}$ | （株）松村石油 |
| NeoBack Sy | 0.930 | 133(220) | ～50 | $4 \times 10^{-6}$ | 烷基苯醚 |
| 硅油 | | | | | |
| DC 704 | 1.07 | 133(215) | 24.6 | $\sim \times 10^{-6}$ | Dow Corning 公司 |
| DC 705 | 1.09 | 133(250.5) | 27.9 | $\sim \times 10^{-8}$ | Torre,Silicone 公司 |
| F4 | 1.07 | 67(210) | 25 | $\sim 10^{-6}$ | Shin Etsu Silicone 公司 |
| F5 | 1.09 | 67(240) | 27 | $\sim 10^{-8}$ | |

扩散泵的一个重大缺点是油会向被抽气的真空室逆流。真空泵作为真空系统的构成部分，因为有将油蒸发产生数 Torr 的油蒸气的汽锅，有极少量油的逆扩散是可以理解的。但如果不加注意，导致真空室内都被油粘满是很危险的，将无法生成很好的薄膜。因此，在高品质薄膜的制备中已经很少使用扩散泵。但是因其价格低廉，在对油返流不受影响的领域还是应用很广泛的。

受后述的离子泵等无油真空泵开发的影响，不产生油逆扩散的研究也有了一定的进展。高温且被油覆盖的**喷嘴**，作为油污染源已经得到了很好的抑制。在顶部喷嘴的上部通过配置常温以下的冷却帽可使油的返流减少到原来的 1/10～1/100。为补偿由于冷却帽而产生的抽气速率下降，开发了顶部喷嘴的附近加大了开口口径的油扩散泵，该泵如图 3.6 所示[2]。

在扩散泵系统中，为防止油的返流，通常在真空泵和被抽气的真空室之间加入叶片和冷阱。使真空泵中返流的油蒸气至少与水冷温度叶片有一次以上碰撞，使只有油的常温下（正确为叶片的温度）蒸气压产生污染，构造如图 3.7(a) 所示。因叶片会成为很大的抽气阻力，所以以不降低抽气速率而且能有效捕集油雾的构造为佳。在叶片和被抽气体之间，为进一步减少油的返流，常使用以液氮（−196℃），氟利昂（−30℃左右）等冷却的冷阱。与叶片的方式相同，为使直行的油蒸气与之产生一次以上的碰撞，通常采用如图 3.7(b) 所示的构造。冷阱不仅能抑制油的返流，而且实际上还

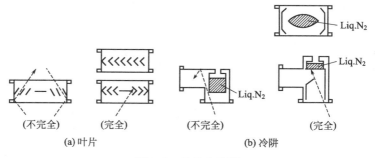

(a)叶片    (b)冷阱

图 3.7    叶片和冷阱

是对水具有抽气功能的重要的真空泵（真空系统残留气体中一般以水为最多），其水分在冷阱中被冻结而得到排除。$1cm^2$ 冷阱的表面积约能对应 10L/s 的抽气速率（冷阱在构造上 $10^3 cm^2$ 左右即可对应通常抽速的真空泵，对水的抽气速率为 $10^4 L/s$，还是很可观的）。

以上为最常用的湿式真空泵的典型示例，下面将介绍不用油的干式真空泵。

### 3.1.3 吸附泵

如表 3.3 所示的每克活性炭及硅胶等**多孔质材料**每克拥有 $600m^2$ 左右的巨大的表面积。换言之，1 克物质有相当于 $60m \times 10m$ 的表面积。把它们冷却到液氮的温度，就会有大量气体被物理吸附，从而作为真空泵得到使用。这种真空泵完全不用油，而且可以像机械旋片泵一样在大气压下开始启动，这一点有着特别的意义。与下面的溅射离子泵等组合使用，可以形成完全的干式真空泵系统。

**表 3.3 每克多孔质材料的表面积**

| 多孔质材料 | | 表面积/$(m^2/g)$ |
|---|---|---|
| 活性炭 | | $500 \sim 1500$ |
| 分子筛 | 4A | 505 |
| | 5A | 585 |
| | 13X | 520 |
| 硅胶 | | $200 \sim 600$ |

根据实验结果，可以得出 5A 级分子筛的吸气量最大，而且得到的压强最低[3]。图 3.8 为可容纳 5A 级分子筛 1kg 的分子筛吸附泵。

### 3.1.4 溅射离子泵

**溅射离子泵**（以下简称**离子泵**）是完全不用油的洁净的真空泵。泵口关闭后与大气空间没有任何连接孔，即使停电等造成外部能源供应停止，也不会发生异常，再通电后又能开始正常工作，只

图 3.8　分子筛吸附泵

[Canon-Anelva（株）提供]

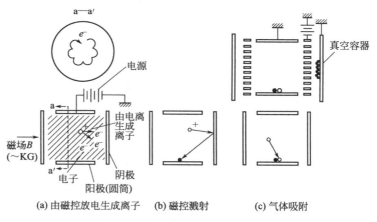

(a) 由磁控放电生成离子　　(b) 磁控溅射　　(c) 气体吸附

图 3.9　溅射离子泵的工作原理

要有电力就可工作是它的便利之处[4]。抽气机理与前述真空泵有所不同，如图 3.9 所示，由磁控管形式放电（参照 6.6.2 节）产生离子 [图 (a)]，以具有化学活性的材料（通常为钛）为阴极形成溅射 [图 (b)]，由被溅射的金属将气体吸附 [图 (c)] 三个过程连续发生，空间中的气体与被溅射的阴极材料形成化合物而被除去（同机械旋片泵或油扩散泵通过将气体压缩再向大气中排出的真空泵有很大的不同)。因此,对于化学性质不活跃的惰性气体(He,Ne,Ar 等)的抽气速率很小。为了改善这个性质,采用如图 3.9 所示的格子状阴极可以使氩气等(○)能被真空容器上溅射的原子(●)掩埋而达到抽气目的。这种真空泵因为能对惰性气体实现抽气,也被称为**惰性气体泵**(Noble Pump)。溅射离子泵还有其他多种方式,图 3.10 表示了抽气速率和压强的关系。为提高高真空范围的抽气速率,对阳极的直径、磁场强度及阳极电压等方面都进行了大量的研究。图 3.11 为 9 台 1000L/s 真空泵的图片,这种真空泵的放电电流同压强基本成正比,因此还可以兼做真空压强计使用。

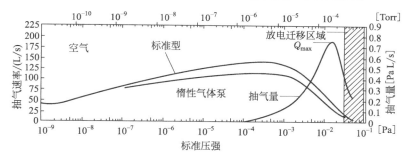

图 3.10 离子泵的抽气速率、抽气量的压强依存性

图 3.11 1000L/s 溅射离子泵

## 3.1.5 升华泵[5]

离子泵虽然是很便利的真空泵,因其价格昂贵而在使用上受到限制。升华泵作为廉价而且清洁的真空泵被开发出多种方式,但都

是通过电加热使钛升华因而得其名。**钛升华真空泵**（以下简称TSP）是通过钛丝缠绕形式或是通过钛球内部的电热丝通电的热辐射球使钛加热升华（图3.12）。

图 3.12 钛升华真空泵

TSP 具有表 3.4 右端的附着钛膜的单位面积的抽气速率，如果钛的面积很大，即有足够的钛升华，可得到巨大的抽气速率。例如，$1m^2$ 的面积时对 $N_2$ 可以得到 24000L/s 以上的抽气速率。如果将其以液氮冷却，并且吸附的概率约为 1，则抽气速率将超过100000L/s（相当于 30 英寸口径的扩散泵）。这种真空泵通常不能对惰性气体和金属抽气，因而常与离子泵组合使用。

表 3.4 升华真空泵的速率

| 气 体 | 入射速率 $[L/(s \cdot cm^2)]$ | 附着概率[6] （10℃） | 抽气速率 $[L/(s \cdot cm^2)]$ |
|---|---|---|---|
| $H_2$ | 44.2 | 0.07 | 3.1 |
| $D_2$ | 31.2 | — | — |
| $N_2$ | 11.9 | >0.2 | >2.4 |
| CO | 11.9 | 0.86 | 10.3 |
| $O_2$ | 11.1 | 0.63 | 7.3 |
| $CO_2$ | 9.5 | >0.5 | >4.8 |
| $He, Ar, CH_4$ | | <0.0005 | ≈0 |

### 3.1.6 冷凝泵

冷阱（图 3.7）可以通过将水冻结而实现高速抽气，如果将其温度进一步降低，则可以将水以外的其他气体也冻结在其低温壁面而实现抽气。例如，达到 4K 的表面就会对除了氢气和氖气以外的所有气体凝结抽气[6]。这种利用超低温表面使气体凝结实现抽气的真空泵被称为**冷凝泵**。20 世纪 60 年代，为实现超低温使用的冷冻机体积大且价格高，通常只应用于大型真空设备[7]。近年来，随着冷冻机的小型化和吸附面采用活性炭或分子筛，小型的冷凝泵实现了产品化[7]。这种真空泵不仅洁净和构造简单，而且可通过冷却实现抽气是其最大的优势。在磁控溅射系统极高真空系统（XHV）等领域得到广泛的使用。冷凝泵有三种：①如图 3.7（b）所示在腔体中充满液氦而实现超低温面的储槽式；②在管路中使液氦循环的循环式；③具有独立的冷冻机的冷凝泵。现在，③的应用是最广泛的。

以图 3.13 为③的冷凝泵示例，用强力胶水将活性炭粘在 10K 的凝结面（抽气面）上，在这里，80K 的凝结面无法对 He 等惰性气体实现抽气，对 $H_2$、$N_2$、$O_2$、CO、$CH_4$ 等都能抽气。其他气体主要以 80K 的凝结面抽气，80K 凝结面同时将 10K 凝结面包围起来切断外部对 10K 凝结面的热辐射。通过专用小型冷冻机输送的高压 He 气在热膨胀时形成了这些超低温面，射向凝结面的气体

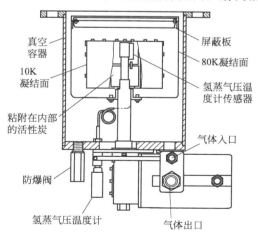

图 3.13　冷凝泵的示例

绝大部分都直接被凝结后排出。单位面积的抽气速率如表 3.4 中按入射频率得出，因此一般小型泵也可以达到数千升每秒的抽气速率。

这种真空泵的最大特点是可以得到 $10^{-11}$ Pa（$10^{-13}$ Torr）的洁净超高真空，同时可实现大流量的抽气（比同口径的扩散泵更大）。以铝的溅射镀膜为典型示例，对于不仅需要超高真空还需要排除大流量气体的场合，冷凝泵是非常有效的，其可任意角度的安装方式也为设计带来了便利。

### 3.1.7　涡轮泵（分子泵）和复合涡轮泵

从 20 世纪 70 年代后期开始，真空设备已不再是简单地将真空室内部抽成真空，而是抽气后导入各种气体实现化学反应，从而对泵的要求越来越高。这些反应性气体要求有更大的抽气速率的真空泵。因此，改良型分子泵即复合式分子泵开始问世[8]。

**分子泵**也可以看作非常精密的风扇，当然不是简单地把风送出去，而是把气体朝着一个方向排出，实现高真空，它是以尖端的技术为基础的。图 3.14 为叶片群沿着箭头 $V$ 的方向高速运动（通常

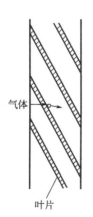

图 3.14　分子泵的原理

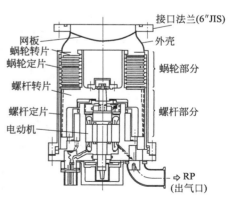

图 3.15　复合式分子泵

为 $200\sim300m/s$，是空气的分子平均速度 $v_a$ 的 $1/2$ 左右，为新干线最高速度的 $3.5$ 倍），将左侧的气体向右侧推进。在实际应用中，这种高速运动是通过旋转实现的。为了实现高真空，旋转叶片和固定叶片分 $30$ 组相互叠加组合后置入泵体内（参照图 $3.15$），运动时如仔细倾听，可听到高速转动的声音。

这种真空泵通电后在短时间内 [2（小型）～40min（大型）] 即可启动，而且从 $10Pa$ 到超高真空都能使用，非常方便，分子量越大的气体越能被排出，通常用机械旋片泵作为辅助真空泵使用。因为其属于高速旋转的机械真空泵，因此防震、加热、维护等都需要注意。

在对大量气体实现抽气的情况下，如图 $3.15$ 所示分子泵高压一侧采用高速旋转的螺杆形式。随着该螺杆部的高速旋转，气体被向出气处推出，抽气口的压力即使上升也不影响真空泵的抽气，因而抽气压力范围得以向高压方向扩展，也可以实现对大流量气体的抽气。如图 $3.1$(TM，TMh) 所示相同口径的真空泵在 $10Pa(10^{-1}$ Torr) 时抽气速度可以提高数倍。分子泵在对大量气体抽气，特别是真空中有化学反应时，因其没有使用油而不必担心油的变质问题（机械旋片泵等会使油变黏稠）。它还是在对食品等有机物质进行处理时很重要的真空泵。

### 3.1.8　干式机械泵[9,10]

前面介绍的真空泵常用于对空气等化学性质比较稳定的气体的排气。到了 20 世纪 50 年代后期，真空设备中开始使用化学性质非常活跃的 F 和 Cl 及其化合物。在刻蚀（第 11 章），CVD（第 10 章）的过程中，使用有油的真空泵系统对 F 和 Cl 系的气体抽气，油就会因变质而黏度提高，进而导致真空泵无法工作，特别是对机械旋片泵产生很大的损害。当初，通过使用耐蚀性强的油并增加油清洁机构而采用机械旋片泵，人们一直期待着能实现不用油能从大气压开始工作的真空泵，这就是干式机械真空泵。

**干式机械真空泵**的抽气原理如图3.16所示有多种方式，但基本特点都是有高速旋转的两个转子，使转子间或与真空容器壁间的间隙保持在微米量级距离的非接触形式，转子旋转把气体排出，这些部件都采用精密加工制作而成。因同机械旋片泵相似且不使用油，所以称作干式机械真空泵。其中比较典型的为**罗茨式**、**螺杆式**和**爪式**，其单级抽气原理如图3.16所示。把它们形成多级组合或多级相互组合，即成为真空泵。各个真空泵的单级转子沿着实心箭头方向旋转，气体沿着空心箭头方向排出。过程中可着眼于$V$这个容积的演变过程。**罗茨式**是以吸入〔同图（a）上〕、传送（中）、排出（下）的顺序实现排气的。**螺杆式**也是随着螺杆的旋转，将容积$V$连续地以吸入〔同图（b）上〕、传送（中）、排出（下）的顺序连续地实现排气。**爪式**的排气过程是通过特殊形状的转子旋转，从长孔⊙处将气体吸入〔同图（c）上〕、压缩（中，转子继续旋转

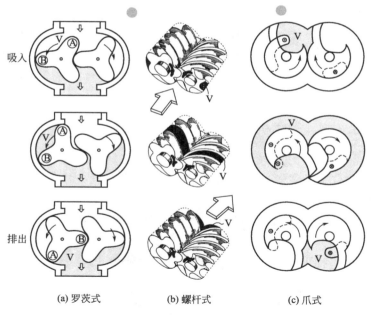

吸入

排出

(a) 罗茨式　　　　　(b) 螺杆式　　　　　(c) 爪式

图3.16　干式真空泵的抽气原理图

图 3.17 机械式干式真空泵的典型示例

将气体压缩)、最后从长孔⊗处将气体排出（下）。图 3.17 为典型的干式机械真空泵的图片。

## 3.2 真空测量仪器——全压计

在现代真空技术中，通常使用的压强范围很宽，约为 $10^5 \sim 10^{-11}\,\mathrm{Pa}(760 \sim 10^{-13}\,\mathrm{Torr})$，若用分贝数来表示，相当于 300dB 以上。假如以水银柱的长度来测量最低压强，正如 1.2 节中所描述的 $h=10^{-13}\,\mathrm{mm}$ 将是无法想象的测量尺寸。没有一种测量器能单独测量这样的全范围的压强，而是针对不同压强范围，使用不同方法和测量仪。尽管也有直接对绝对压强进行测量的场合，但是气体压强的测量比较常见的是以测量气体的参量（例如，气体的热传导，气体的黏度、密度或电离能等），然后再换算成压强的测试方式和仪器进行。测量的压强越低，越要采用这种方式。在薄膜制备的压强范围内，基本没有能直接对压强进行测量的测试仪器。表 3.5 汇总了现在常用的各种真空计。在这里将对薄膜制备中比较重要的真空计进行描述。

表 3.5　各种真空计汇总

| 名　称 | 原　理 | 工作压强范围 $10^4$　$10^2$　$1$　$10^{-2}$　$10^{-4}$　$10^{-6}$　$10^{-8}$　$10^{-10}$(Pa)　　$10^2$　$1$　$10^{-2}$　$10^{-4}$　$10^{-6}$　$10^{-8}$　$10^{-10}$　$10^{-12}$(Torr) |
|---|---|---|
| U形管压强计(水银) | 真空 压强 | |
| U形管压强计(油) | 油或水银 | |
| 布尔登真空计 | 真空 隔膜 (发生变形) | |
| 隔膜真空计 (微细加工式) | | |
| 皮拉尼真空计 | 温度或 电阻的 变化 | |
| 热偶真空计 | | |
| 温敏电阻真空计 | | |
| Shulz式真空计 | 电子 流入离子电 流的变化 | |
| B-A真空计 | | |
| Extract真空计 | | |
| 潘宁真空计 | 放电电流 的变化 | |
| 磁控真空计 | | |
| 石英晶振真空计 | 共振阻 抗的变化 | |
| 组合式真空规 | | |

## 3.2.1　热导型真空计

该真空计是利用气体随着压强的变化其热传导产生相应的变化来实现压强测量的测试仪器（参照图 3.18）。气体分子与高温部（感压部 $F$）发生碰撞获得热量，再向低温处行进实现热量传导（$Q_g$）。该气体的量越多，高温区 $F$ 的温度就下降越多。用热电偶对该温度变化进行测量，然后用标准真空计对压强进行校正，这就是**热偶真空计**（图 3.18 和图 3.19）；用热敏电阻测量温度变化即为**电阻真空计**；测量电热丝（图 3.18 的感

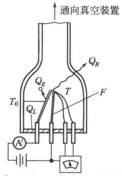

↑通向真空装置

$Q_g$：气体分子携带出去的热量
$Q_R$：热辐射
$Q_L$：从导线逃逸的热量
$T$：钨丝的温度
$T_0$：容器壁的温度

图 3.18　热传导型真空计

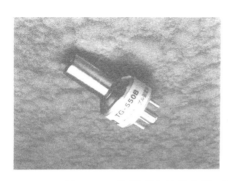

图 3.19 热偶真空计的电源（右）和规管（左）

［由 Canon Anelve（株）提供］

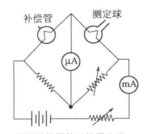

使用补偿管的目的是为了
补偿热辐射、温度、导线的损失

图 3.20 电压固定型皮拉尼真空计

压部）的电阻值随着温度的变化值即为**皮拉尼真空计**。皮拉尼真空计是利用如图 3.20 所示桥式电路将电流或电压固定，测量出桥路的不平衡引起的电流变化而实现压强测量。目前，常常将感压部的温度固定，通过电子线路自动控制输入功率，通过测量电的输入功率变化来读出压强。这种方法可使测量量程增大一个数量级，这就是**定温皮拉尼真空计**。它已被广泛应用于溅射镀膜时的压强测量。

### 3.2.2 电离真空计——电离规

这种真空计是目前使用最多的真空计之一，其中以可测量超高真空的 B-A 型电离真空计（以发明人 Bayard 和 Alpart 的第一个字母命名）[11]

和可测量 1Pa($10^{-2}$Torr）级的中真空电离真空计的使用为最多[12]。

这种真空计确切地说测定的是电子的电离能，但从测量气体的密度的角度考虑，更易于理解。在如图 3.21(a) 和 (b) 所示的 **B-A 型真空计**中，从电热丝释放出的电子在栅极（正电位）周围高速来回飞翔，其间和气体碰撞，使气体发生电离。被电离的离子被具有负电位的离子收集极所捕获，空间气体的密度（随压强 $p$ 变化）越高、电子的数量（随电子电流 $I_e$ 变化）越多、产生的离子数量就越多。假设离子电流为 $I_i$，比例系数为 $S$（通常称为**感度系数**，单位为 $Pa^{-1}$ 或 $Torr^{-1}$），则压强可由下式得出：

$$I_i = SI_ep \quad 即 \quad p = S^{-1}(I_i/I_e)$$

这样压强就可被测定。

这种真空计因在很宽的范围内 $I_i$ 和 $I_e$ 成比例，所以使用起来非常便利，可靠性也是真空计中最高的。图 3.21(c) 为这种真空计的图片。近来，研发出了一种**小型真空计**，电子电流也比较小，在低真空范围的真空测量中得到了广泛应用（图 3.22）。

这种真空计的离子电流和压强的关系曲线如图 3.22 所示，在高压区从 $10^{-1}$Pa($10^{-3}$Torr）开始失去直线性。Shulz 氏和 Phelps 氏将电极的间隔减小如图 3.23(a) 所示，从而研制出如图 3.23(b) 所示的直到

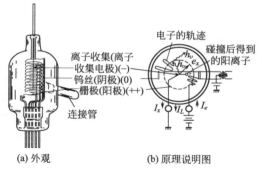

(a) 外观　　　　　　(b) 原理说明图

(c) 真空测量时标准使用的B-A规管和小型真空计[由Canon Anelva (株)提供]

图 3.21　B-A 型真空计

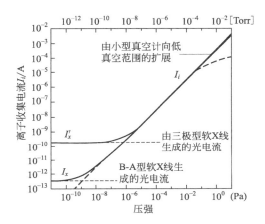

图 3.22 光电流引起的对测量范围的限制和低真空范围的扩展

100Pa(1Torr) 为止都保持线性的电离真空计，它的测量范围为 $10^{-2} \sim$ 10Pa($10^{-4} \sim 10^{-1}$Torr)，因而非常便利。在日本被称为 **Shulz 型电离真空计**，在欧美被称为 **Shulz And Phelps 型电离真空计**[12]。

大迫氏通过设置类似于热阴极的辅助电极，成功地使 B-A 电离真空计的高压强侧的测量范围扩展到 30Pa($10^{-1}$Torr)（参照图 3.24）。使在薄膜生成的压力范围中，由原来的 2 台（B-A 型 +

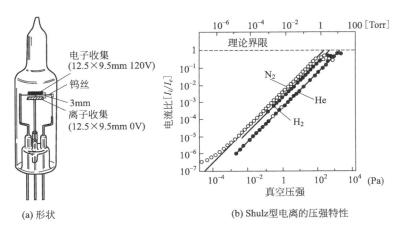

图 3.23 Shulz 型电离真空计

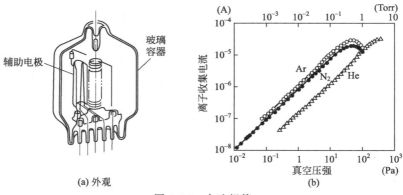

图 3.24　大迫规管

Shulz 型）组合使用变为单台真空计而简单方便[13]。

　　如图 3.22 所示，电离真空计的测量范围受到**软 X 射线的限制**。图 3.21(b) 中电子入射栅极时，栅极放射出软 X 射线，该软 X 射线照射到离子收集极，使收集极发射出光电子。这种电子发射同离子的入射引起的情形相同，因此离子收集极的电路中附加了与压强无关系的光电流 $I_x$，正是它的存在决定了电离真空计的测量下限。这个就是图 3.22 中的 B-A 型的光电流的来源，折算成压强的话，相当于 $10^{-9}$ Pa（$10^{-11}$ Torr）量级。B-A 型之前的**三极型电离规**（图 3.25）恰如图 3.24(b) 中的电热丝和离子收集极的位置进行对换一样，离子收集极的面积约为 B-A 型的 $10^3$ 倍。因此，软 X 线引起的电流也比 B-A 型的大数千倍，压力测量下限仅为 $10^{-6}$ Pa（$10^{-8}$ Torr）❶。在 XHV（极高真空，Extrem High Vacuum，$10^{-8}$ Pa 压力以下）的世界中，即使 B-A 型的这种 X 射线已大幅减少，但它们产生的电流仍旧成为很大的难题。因此采用了把离子引导至 X 射线无法到达的区域，即引导至 X 射线的后面，然后测量离子电流的真空计。为了强调引导（Extract）而将其命名为 Extract 真空计[14]。这种真空计有各种形式，图 3.27 为其中的示例之一，它能使软 X 射线对真空度测量的限制降至 $10^{-12}$ Pa（$10^{-14}$ Torr）。

---

　　❶　三极型时代持续了很长时间，原因是那时不了解软 X 射线存在的事情。那时甚至认为也许不存在 $10^{-6}$ Pa 以下取样的压强。B-A 规发明后，揭开了"超高真空"的序幕。

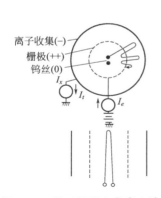

离子收集(-)
栅极(++)
钨丝(0)
$I_x$
$I_t$
$I_e$

图 3.25 旧三极型电离真空计

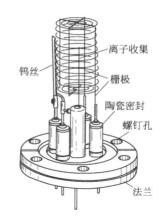

离子收集
钨丝
栅极
陶瓷密封
螺钉孔
法兰

图 3.26 裸露式电离真空计

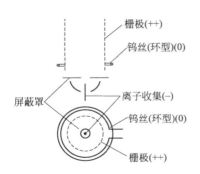

栅极(++)
钨丝(环型)(0)
屏蔽罩
离子收集(-)
钨丝(环型)(0)
栅极(++)

图 3.27 Extract 真空计的原理图

**表 3.6 电离真空计灵敏度**

（以 $N_2$ 为 1 相比）

| 形式 | B-A 型 |
|---|---|
| 测量者 | Moesta，Renn |
| $V_g$/V | 180 |
| $V_c$/V | −40 |
| $I_e$/mA | 1 |
| $N_2$ | 1.0 |
| $O_2$ | |
| $H_2$ | 0.395 |
| CO | 1.154 |
| $CO_2$ | 1.832 |
| 空气 | 1.0 |
| He | 0.180 |
| Ar | 1.403 |

电离真空计还有**裸露式电离真空计**[15]，为了减少因联结管的流导较小而产生的压强测量误差，如图 3.26 所示，将真空计整体置入真空室中，它对于压强测量精度要求较高的场合是必不可少的。

电离真空计由于气体种类的不同，其灵敏度也有所差异，表3.6 介绍了部分示例。

## 3.2.3 磁控管真空计（图 3.28）

利用磁控放电（6.6.2节）的真空计主要应用于超（极）高真

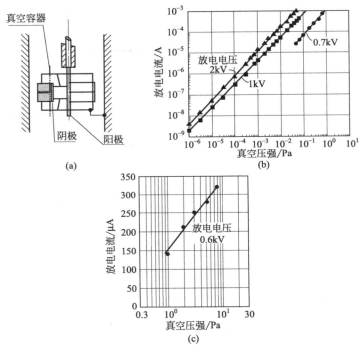

图 3.28    磁控管真空计

也有在双点划线处设为真空容器的场合

（由东京理科大学副教授西川英一博士提供）

空的测量[16]，因而这时使用的放电电压往往高达数千伏。但是如果放电电压降低到数百伏时，其测量范围可以扩大到 10Pa 左右，这样一来，在通常薄膜制备所采用的压强范围 $10^{-6} \sim 10$Pa 恰好可以使用[17]。由于磁控真空计不使用热阴极，可耐氧及卤素等反应性气体，因此有望成为耐用型真空计。

### 3.2.4    盖斯勒（Geissler）规管

如图 3.29 所示将简单的金属圆板封入玻璃圆管中，用 6kV 左右的氖虹变压器加载上电压，随着玻璃管内压强的变化，放电的情形发生如图 3.29 所示的变化。从图中可以了解到，放电消失时的

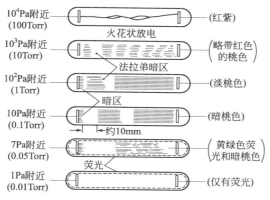

图 3.29 盖斯勒放电管的放电模样

( )内为空气抽气后的颜色

压强为 $10^{-1}\,\mathrm{Pa}(10^{-3}\,\mathrm{Torr})$ 量级, 此压强正好相当于从机械旋片泵向油扩散泵切换或从吸附泵向离子泵切换时所需的压强, 因此常常被采用。它虽然算不上是精度很高的真空计, 但却是使用方便且廉价的真空指示计。

### 3.2.5 隔膜真空计

前面所述的这些真空计的精度、可靠性都很高, 因此得到了广泛的使用。但是在刻蚀或 CVD 等使用 F 和 Cl 及其化合物的场合（化学装置）, 不论是电热丝等高温部位还是其他部位都会因受到腐蚀而无法使用。因此, 开发了在常温下可测量任意气体压强的真空计, 即**隔膜真空计**[18]。

我们都知道用手指轻轻按一下厚度为 $0.05\mathrm{mm}(50\,\mu\mathrm{m})$ 以下的非常薄的膜, 它会发生微小的变形。将弹性体的这种微小变形（位置变化）转换成电容（静电容量）的变化, 以电信号方式读取出来便可成为真空计, 图 3.30(a) 表示其原理。考虑到耐腐蚀性和弹性的要求, 隔膜常采用 Ni 系铬镍合金及氧化铝等制作。为了得到好的线性, 也常使用 2 个同轴式的固定电极。通常用于化学装置, 测量压强范围为大气压到 $0.1\mathrm{Pa}(10^{-3}\,\mathrm{Torr})$。最近, 如图 (c) 所

固定电极

金属或氧化铝隔膜(随着压强 $P_x$ 如虚线变形)

$P_x$

获取器　$10^{-5}$Pa

标准室　测定室

(a) 原理图
由右侧的压强 $P_x$ 使隔膜变形后，
与固定电极之间的电容发生
变化，将它换算成压强

(b) 外观的示例
日本MKS(株)提供
Baratron真空计：商品名称

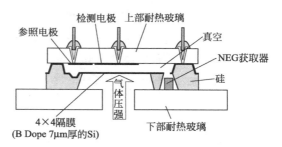

参照电极　检测电极　上部耐热玻璃

真空

NEG获取器

硅

气体压强

4×4隔膜
(B Dope 7μm厚的Si)

下部耐热玻璃

(c) 由微细加工技术制作的可测量0.1～133Pa的隔膜真空计规管
只有1日圆硬币的大小〔由Canon Anelva(株)提供〕

图 3.30　隔膜真空计

示，同微型机械一样在单晶硅片上制成的真空计也开始问世。将来，在一个感应头中可以同时组装入 1Pa、10Pa、100Pa 的测试元件，很适合批量生产。该真空计如图 3.30(c) 所示。

### 3.2.6　石英晶振真空计[19]

石英表中使用的石英晶振器〔图 3.31(a)〕在振子（音叉）共振时，其共振阻尼 $Z_t$〔图（b）〕随着压强的变化而产生如图（c）所示的变化。其变化量在 100Pa 以下时与压强成正比，在 100Pa～大气压的范围时与压强的 1/2 成正比，变化量在压强低时数值非常

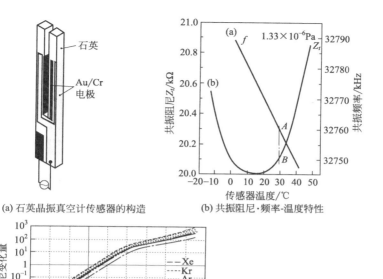

(a) 石英晶振真空计传感器的构造      (b) 共振阻尼·频率-温度特性

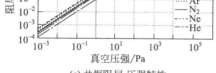

(c) 共振阻尼-压强特性

(d) 石英晶振真空计的示例

图 3.31 石英真空计（石英规）的特性

［由 Vacuum Product（株）提供］

小❶。研究发现共振频率 $f$ 和共振阻尼 $Z_t$ 随温度的变化情况如图（b）所示。根据该特性，如果能知道共振的频率随温度的变化量，即可了解共振阻尼随温度的变化量。将其随温度的变化量补偿修正后，即可得到宽量程的、高可靠性的**石英晶振真空计**[19]，这种真空计的示例如图（d）所示。

### 3.2.7 组合式真空规

在测量从大气压到 $10^{-8}$ Pa 的宽范围真空时，需要同时使用表

---

❶ 本质量变化量是由于残留气体的阻力引起的，真空中残留气体非常少，引起的变化量也非常小，与电路噪声的区别十分重要，低压端测量更是如此。

3.5 中所列的各种真空计。那时就需要将多个真空计规管（传感器）安装到真空设备上，并用多个电气测试仪器读取其信号。与之相比，如果能把各种真空计组合到一个真空计规管中，并把电气测试仪器也汇总到一个仪器之中，显然将会更加便利。这种真空计组合方式有**石英晶振真空计**和 B-A 真空计（图 3.32），石英晶振真空计和磁控真空计，皮拉尼真空计和 B-A 真空计等。它们都可以只用一个真空计便能测量从大气压到超高真空，因而非常方便。

图 3.32　组合式真空计的示例

［由 Canon Anelva Technix（株）提供］

### 3.2.8　真空计的安装方法

真空度的测量与温度的测量极为相似，因此必须将真空计安装在想要测量压强的那个位置。尽管由于设备的客观要求，有时无法在最理想的位置安装，但是应该尽可能安装在距离希望测试点最近的位置。

真空计的安装方式如图 3.33 所示，正确的安装方式应是将真空计连接管的开口与气体流动方向平行安置［图（b）］。［图（a）］的安装

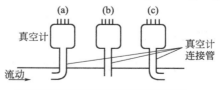

图 3.33　真空计连接管开口面的方向

（a）测量值偏高；（b）正确；（c）测量值偏低

方式的测量值要比实际压强略高，而［图（c）］的测量值则会略低。

## 3.3 真空测量仪器——分压计

前节所描述的真空测试仪器虽然能够测量出真空容器中压强降到什么程度（总压强），但是无法测量出真空容器中还有哪些气体残留下来。在薄膜科学领域，了解有哪些残留气体是至关重要的。特别是在化学性质活泼的金属，如 Al、Ti、Ta、Zr、Nb 等的薄膜制备时，随着残留气体不同而生成的薄膜会有很大的差异。例如，在氧气或水较多的情况下制作 Ti 的薄膜时，会生成透明的氧化钛膜而不是金属膜；制备 Al 的薄膜时也会生成或透明状、或雾状的薄膜。出现这样的薄膜时，研究其原因的最有效的方法就是使用将要介绍的**分压计**，对薄膜制作时残留气体的成分进行分析，它对查找原因是非常有效的。

分压计也有很多种类，可分为利用磁场的磁偏转型和非磁型两大类。一般来说，虽然磁偏转型的外形比较大和笨重，也有受磁场泄漏的影响问题，但进行定量分析时，其可靠性最高。非磁场型一般都比较小巧，分析速度也很快，而且不受磁场泄漏的影响，但是大多产品在定量分析时略显不足。在此，对薄膜领域中使用得最广泛的 2 种加以介绍。

### 3.3.1 磁偏转型质谱仪

这种方式是很久以前就开始研制的质谱分析仪，其可靠性最高。将离子注入磁场中，因其所持有的质量数（分子量）$M$ 和电荷量 $Ze$（单电荷 $e$ 的 $Z$ 倍）不同，而沿不同的轨迹运动，利用这点对不同质量数的残留气体进行分析。假设画出的圆形轨道半径为 $r[cm]$，离子的加速电压为 $V[V]$，产生偏转所使用的磁场为 $B[Gs]$，它们之间的关系可用下式所示：

$$\frac{M}{Z} = \frac{4.826 \times 10^{-5} B^2 r^2}{V}$$

普通的质谱分析仪大多使用永久磁铁，所以分析时利用改变离子加速电压 $V$。图 3.34(a) 表示了 60°磁偏转型的原理图（磁场的角度为 60°，90°时，被称为 60°型，90°型）。进入磁场的离子按照上述方式发生偏转，只有特定的离子能流入离子收集极，其他的离子则沿着虚线所示的轨迹运动。如果增大离子的加速电压，则导致原先能流入离子收集极的离子出现偏离而不能流入，但相对较轻的离子却能流入离子收集极。如图（b）所示，通过改变电压就可以对根据不同的 $M/Z$ 值而分开的一个一个特征峰进行分析。

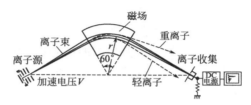

图 3.34(a) 60°磁偏向型的原理图

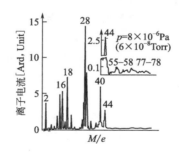

图 3.34(b) 离子泵的分析结果

因为给出的分析结果是按照 $M/Z$ 的比值得出的，所以，例如质量数同为 28 的 CO 和 $N_2$ 就会同时流入收集极。这时，就必须对它们的应用模式系数进一步加以解析，以实现定量分析。模式系数因各测试仪器差异而不同，详细可参照各种测试仪器的使用说明书。

### 3.3.2 四极质谱仪

四极质谱仪不使用磁场而使用高频电场，它具有四根特殊结构的柱杆。因其小巧且能瞬时分析，应用领域正不断扩展[20]。在如图 3.35 所示的四根柱杆上施加直流和高频叠加的电压 $U+V\cos(2\pi ft)$，这时如把离子送入其中心部，对应于 $U$ 和 $V$ 的特定值，只有具有特定的质荷比（$M/Z$）的离子能稳定振动，从而到达离子收集极，而其他的离子则全部流入到电极或真空容器中，这样就可得到如图 3.36 所示的分析结果。该分析结果与图 3.34(b) 有所不同，各峰值的间隔都是固定的，这也是该质谱仪的一个特征。

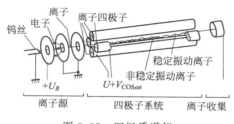

图 3.35 四极质谱仪

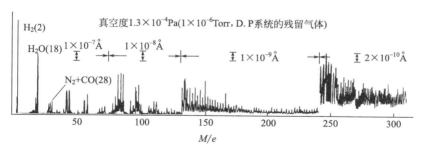

图 3.36 用油扩散泵抽气的真空装置中残留气体的示例

图 3.37 为该质谱仪的一个示例照片，它具有小型和可携带的特点，可安装于真空设备的各处位置。不但蒸发或溅射过程中可以用于进行气体分析，还可以在设备装配完成时进行漏率检测，因而是非常便利的分析仪器。目前，残留气体的分析基本上都是利用四

图 3.37　四极质谱仪的示例

[由 Canon Anelva（株）提供]

极质谱仪。四极质谱仪的主要特性如表 3.7 所示。

表 3.7　四极质谱仪特性的示例

| 质量数 | 1～100amu 波段 |
| --- | --- |
| 分辨率 | 100(10％波谷) |
| 工作压强 | $1 \times 10^{-2}$Pa($1 \times 10^{-4}$Torr)以下 |
| 最小可检分压 | $1 \times 10^{-9}$Pa($1 \times 10^{-11}$Torr)S/N 2∶1(对于 $N_2$) |
| 灵敏度 | $7.5 \times 10^{-6}$h/f・a 以上(对于 $N_2$) |
| 稳定度 | 质量峰值高度的变化±1.5％以下/4h<br>质量峰值相对高度的变化±1％以下/4h(但是在电源启动 30min 后) |
| 全压测量 | $1 \times 10^{-2} \sim 1 \times 10^{-9}$Pa($1 \times 10^{-4} \sim 1.5 \times 10^{-7}$Torr)<br>直接读取 3 量程转换(电子电流 5mA) |
| 扫描范围 | 1～100amu 的任意质量区间可调 |
| 扫描速度 | 固定,0.1,0.3,1,3,10,30,60,100,300,600,1000s11 个量程 |
| 发射 | $10\mu$A～5mA 连续可调,稳定度 0.2％以下/8h(在 5mA 时) |
| 离子源电压 | 电子能量,20～100V 连续可调(半固定)<br>离子能量,4～20V 连续可调(半固定) |

### 3.3.3　有机物质质量分析 IAMS 法[21]

四极质谱仪的离子源通常使用 70eV 左右的能量较高的电子对残留气体进行离子化。虽然它对普通的气体有离子化效率较高的优点，但是对于有机物质，则有可能使有机物质自身分解成各种分子碎片而无法判别。于是诞生了即使对有机物质的气体也能迅速准确分析的方法，即 IAMS 法（Ion Attachment Mass Spectroscopy）。这种方法不破坏有机物质的分子，而是使锂离子（$Li^+$）附着在有机分子上使其离子化，因此能使有机物质原封不动地直接被离子化，从而对其进行质谱分析[19]。

图 3.38（a）和（b）为用过去的 EI 法和 IAMS 法对丙酮（$CH_3COCH_3$，质量数为 58）进行分析的示例。在 EI 法的结果中，出现了很多的分解物，而丙酮峰值却没有发现；IAMS 法则很明显地检测出了被测物质（丙酮 $Li^+$），其优越性显而易见。

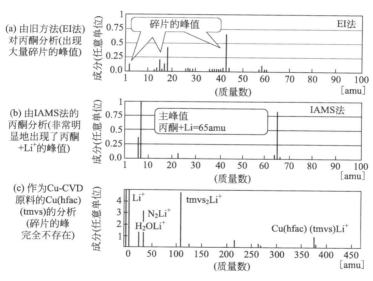

图 3.38　丙酮和 Cu(hfac)(tmvs) 的分析

图 3.38(c) 是对质量比丙酮更大的铜 CVD 原料，即 Cu(hfac)(tmvs) 进行 IAMS 法分析的示例。其峰值出现在 377 的数值处，前后的几个峰值均为由锂同位素产生的误差。但是，这种材料的分子构造中较弱的部分已被破坏，tmvsLi$^+$ 就是其分解产物。

为了避免分子结构被破坏，需要让 $Li^+$ 的能量进一步减小，例如上述的高分子材料就很容易被破坏，因此把离子轻轻地搭载上去是极其重要的。总之，希望可以用这种方法实现对那些容易被破坏的高分子材料的质量分析，人们期待它能在研究影响环境的物质方面开辟出一条新的道路。

图 3.39 描述了 IAMS 法的概要。因为 $Li^+$ 的搭载必须在相对较高的压强下进行，即需在 $100Pa$ 的空间进行，锂发射极发出的 $Li^+$ 搭载上试样分子后，经过 $10^{-1}Pa$ 的空间去除中性气体，然后进入 $10^{-3}Pa$ 的透镜室，此后的步骤与四极质谱仪相同。

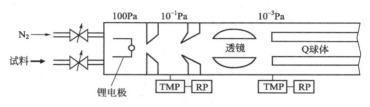

图 3.39 分析装置的示例

**参 考 文 献**

1) M. H. Hablanian & J. C. Maliakal : J. Vac. Sci. Tech., **10** （1973）58.

2) M. H. Hablanian : J. Vac. Sci. Tech., **9** （1972）421.

3) R. L. Jepsen et al. : Rev. Sci. Instr., **30** （1959）377.
   高田，麻蒔：真空，**5** （1962）395.

4) 織田：真空，**13** （1970）223，麻蒔：真空，**20** （1977）223，麻蒔：応用物理，**41** （1972）451. 小泉，川崎，粟田，近藤，林：真空 **34** （1991）505.

5) 麻蒔，水町，織田：真空，**8** （1965）94.
   R. E. Clausing : Trans, 8 th Nat, Vac. Symp., （1961）345.

6) W. W. Balwanz, J. R. Singer and N. P. Frandsen : 1960 7 th Natl. Symp. Vac. Technol. (Pergamon, 1961) p. 182. 西田：真空，**20** （1977）338.

7) G. Shäfer : Vacuum, **28** （1978）399.

8) 沢田，村上：真空，**14** （1971）33, 75.
   大賀，新井：真空，**21** （1978）255.
   金戸，池上：真空，**22** （1979）85.
   西出，金戸，池上，坂本：真空，**24** （1981）185.
   A. Nishide et al. : J. Vac. Sci. Tech. **20** （1982）1105.
   榎本：月刊 Semiconductor World （1994.1）93

9)　关于机械式干泵在真空 1988 年 2 月号中有专辑（4 篇论文），另外下述文献中也有详细说明

　　金持編：真空技術ハンドブック，日刊工業新聞社（1990）215

　　塙　編：実用真空技術総覧，（株）産業技術サービスセンタ（1990）116

10)　山本：月刊 Semiconductor World（1993.9）98

11)　R. T. Bayard & D. Alpert : Rev. Sci. Instr., **21**（1950）571.

12)　G. J. Shulz & A. V. Phelps : Rev. Sci. Instr., **28**（1957）1051.

13)　N. Ohsako : J. Vac. Sci. Tech., **20**（1982）1153.

14)　P. A. Redhead : J. Vac. Sci. Tech. **3**（1966）173

　　A. Barz & P. Kocian：同上 **7**（1970）200

　　F. Watanabe：同上 All（**4**）（1993）1620

　　T. Asamaki, T. Kikuchi & K. Ishibashi：真空，**37**（1994）617

15)　酒井，織田：真空，**7**（1964）376.

16)　例えば麻蒔ら：真空，**44**（2001）94 とその引用文献

17)　西川ら：真空，**47**（2005）

18)　荒井：月刊 Semiconductor World（1993.9）103

　　宮下，北村：アネルバ技報 **Vol. 11**（2005.4）37

19)　小林，北條：真空，**37**（1994）403 とその引用文献.

　　T.Kobayashi,H.Hojo and M.Ono, Vacuum 44（1993）613

20)　藤永，花坂：真空，**11**（1968）112. 酒井：真空，**17**（1974）71, 118.

21)　塩川ら：分析化学，**53**（2004）475, 真空 48（2005）619,

　　真空 50（2007）234, M. Nakamura etal. J. Vec, Sci. Sci

　　19（2001）1105, T, Fajii etal: Anal Chem 73（2001）2937

# 第4章 真空系统

真空装置的基本构成要素中，除了前述的真空容器、真空泵及真空计之外，还有在真空内部实现各种工作的内部机构、阀门、电气端子、机械运动的导入机构、法兰等零部件。把它们组合起来，就构成了我们以制备薄膜为目的的真空装置。本章将从这些真空装置的基础到真空检漏进行叙述。

## 4.1 抽气的原理

如果没有真空容器，在从周围不断得到补充的环境中将空气抽出，压力将会下降到什么程度？秋季的台风就是这种状态，即使消耗了巨大的能量，也只能达到 0.9 大气压。若是想获得真空，无论如何真空容器是必不可少的，其他的必需品还包括真空泵等。如图 4.1 所示，试想如果以抽气速率为 $S[\text{L/s}]$ 对容积为 $V[\text{L}]$ 的容器抽气时，容器内压强 $p[\text{Pa 或 Torr}]$ 将如何变化呢？下面将就如何能快速获得良好的真空进行叙述。假定在 $\Delta t$ 的时间内，压强从 $p$ 降到 $p-\Delta p$，则需要从容器中排出的气体量为 $V\Delta p$，它与真空泵的抽气量 $Sp\Delta t$ 相等。因此，有以下等式：

$$-V\Delta p = Sp\Delta t \qquad (4.1)$$

假定 $t=0$ 时的压力为 $p_0$，则这个微分方程式的解为：

$$p = p_0 \exp\left(-\frac{St}{V}\right) \qquad (4.2)$$

设 $p_0 = 10^5\,\text{Pa}(760\text{Torr})$，$S=1\text{L/s}$，$V=1\text{L}$，画出该曲线，则压强变化如图 4.1（b）中的虚线所示。它显示只要短短的将近 30s 就可达到 $10^{-9}\,\text{Pa}(10^{-11}\,\text{Torr})$（只要对真空装置稍有了解的人就会知道，实际的真空装置根本不可能达到如此程度，抽气需要花费很

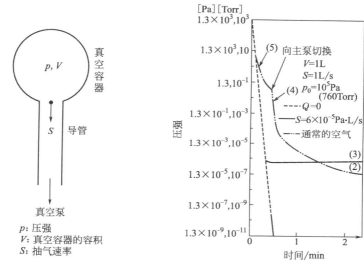

图 4.1(a) 真空容器的抽气　　图 4.1(b) 抽气曲线

长的时间）。这个曲线是以纯粹的真空容器、极限真空压强无任何限制的理想的真空泵以及真空容器没有任何气体放出为前提的。但是实际的真空容器却完全不同，而是如图 4.2 所示，内部的气体不论如何快速抽气，其内表面不断地有气体慢慢冒出。表面的**吸附气体**再释放、泄漏、渗透的气体流入以及真空容器的材料内部**吸藏气体**的放出等都会存在。在实际的真空装置中，容器内压强就被这些流入气体所左右。那么对于存在定常流量 $Q$ 的真空装置内的压强 $p$ 将如何变化呢？在这种情况下，在 $\Delta t$ 的时间内就会有 $Q\Delta t$ 的气体流入，于是微分方程式为：

$$-V\Delta p + Q\Delta t = Sp\Delta t \tag{4.3}$$

其解与式（4.2）的情况类似，可得以下结果。

$$p = \left(p_0 - \frac{Q}{S}\right)\exp\left(-\frac{St}{V}\right) + \frac{Q}{S} \tag{4.4}$$

正如前面所述，这里的 exp 项也在极为短的时间内就会变得非常小，于是可以忽略不计，则 $p$ 只由右边第二项决定，从而进入

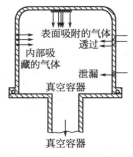

表面吸附的气体
透过
内部吸
藏的气体
泄漏
真空容器

真空容器

图 4.2 通常的真空容器

动态平衡状态，即

$$p = \frac{Q}{S} \qquad (4.5)$$

由此可以看出，动态平衡状态的压强是由 $Q/S$ 决定的！因此要想获得良好的真空，必须使 $Q$ 很小。我们再回到图 4.1(b) 的示例中，假设泄漏 (Leak) 小到可以忽略不计，容器也由理想的不锈钢材料制成，因而可将吸藏气体放出和渗透忽略不计。$1cm^2$ 的不锈钢材料表面会有 $1 \times 10^{-7} Pa \cdot L/s$ ($7.5 \times 10^{-10} Torr \cdot L/s$) 的气体放出，$1L$ 的容器内表面积为 $600cm^2$ 左右，则全部气体放出速率通常为 $6 \times 10^{-5} Pa \cdot L/s$ ($4.5 \times 10^{-7} Torr \cdot L/s$)。因为 $S = 1L/s$，所以 $p = Q/S = 6 \times 10^{-5} Pa$ ($4.5 \times 10^{-7} Torr$)。这就是该系统可以到达的极限真空压强 [图 4.1(b) 的实线]。在实际应用中，粗抽泵会在 $10^{-1} Pa$ ($10^{-3} Torr$) 时切换到主抽泵，随着压强的降低，真空泵的抽气速率也会减小（图 3.1），因此实际上连实线所示的压强也无法达到。其实 $Q$ 也会随着时间而变化，如果要描述压强大概的倾向，则如图中的双点划线所示，关于这个问题，还将在 4.3 节有更详细的描述。

## 4.2 材料的放气

想要制备良好的薄膜，减少 $Q$（随 $p$ 不同而变化）是至关重要的。特别地，一般不使用**烘烤**（在抽气的同时对真空容器加热）时，装置中 $Q$ 的大部分是由 $H_2O$ 构成的，其中的氧成分会使薄膜发生氧化而产生非常严重的影响。近年来，随着材料技术的进步，泄漏、渗透以及吸藏气体已经不再成为问题，但表面吸附气体的再放出则变成最大的问题。这里将对此进行介绍。

关于材料的放气有很多数据[1]，但是这些数据有 10 倍左右的差异并不少见。这是因为测量方法不同，材料的前处理和表面状态

（清洁度、粗糙度）等不同造成的。我们在装置制作时也无法保证使用的材料和表面状况与测试数据时使用的完全相同，因此，也必然与这些数据有相当大的差异。图 4.3 是有机物和金属的放气速率的一个示例。真空装置最常使用的 SUS-304 不锈钢和 A5052 铝合金的前处理和放气速率的示例如图 4.4 所示。例如，在下节所述的由不锈钢制作的直径 600mm、高 700mm 的钟罩（真空容器，参照图 4.6）的表面积约为 1.6m$^2$，加上其内部放置的各种机构，其总的表面积约为 3m$^2$。假定对钟罩的抽气速率为 1500L/s，并假定这些不锈钢表面全部经过化学抛光，根据图 4.4（a）的数据，其 60min 后的 $Q$ 为 $2.5 \times 10^{-6}$[Pa·m$^3$/(m$^2$·s)] 左右，于是可得到 60min 后的压强为 $5 \times 10^{-6}$ Pa（$4 \times 10^{-8}$ Torr）。计算方法：60min 后的气体放出速率 $Q$ 为 $2.5 \times 10^{-6}$[Pa·m$^3$/(m$^2$·s)]，将其乘以总表面积 3m$^2$，并除以抽气速率 1.5m$^3$/s。一般认为，实际工作中由于使用橡胶的 O 形密封圈，前处理也不会非常充分，致使 $Q$ 会略大一些，于是得到的压强也会略高。

如何使 $Q$ 进一步减少？主要措施有①材料选择；②材料的前

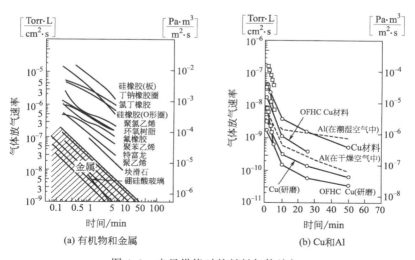

(a) 有机物和金属　　(b) Cu和Al

图 4.3　未经烘烤时的材料气体放气

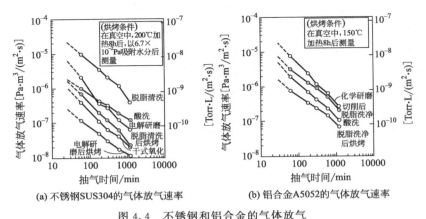

图 4.4    不锈钢和铝合金的气体放气

[由 CANON ANELVA（株）提供：生产技术本部正木宣行・松原靖]

处理；③烘烤（边抽气边加热）三种方法。

①和②可根据图 4.3 和图 4.4 选择，对于装置的构成材料的选用，图 4.4 是很有用的，大多数场合使用电化学抛光的不锈钢，对于装置中使用的零件及基板等可参考电子管元器件前处理的研究成果（表 4.1）[2]，经过氢气处理或酸洗（表层脱皮）后，可得到非常漂亮的表面。另外，绝对不能用裸手触摸，触摸时必须戴手套。

关于③，在对真空容器内部抽气的同时进行加热（烘烤），可以使气体在表面的滞留时间缩短（后述 5.1 节），并迅速向空间释放（同衣服的加热干燥相类似）。表面吸附的气体在短时间内被放出后变得更加清洁，在恢复常温后放气量变得很小，大大减小了 $Q$，图 4.5 给出了烘烤的效果。图 4.5 显示的是将不锈钢用等量的 $H_2NO_3$、HF、$H_2O$ 混合酸进行酸洗后排气，中途用 150℃烘烤[3] 的结果。显然放气速率大幅度减少，特别是水减少到了十万分之一左右。表 4.2 是仅进行脱脂处理与酸洗效果的比较的示例。可以看出酸洗的效果比仅进行脱脂处理要提高 2～3 倍。烘烤的方法通常为在真空容器的外部配置加热器，笔者认为该方法虽然很简便，但是从节能的角度来看，更推荐使用在真空容器内部设置加热器的内部加热方式[4]。

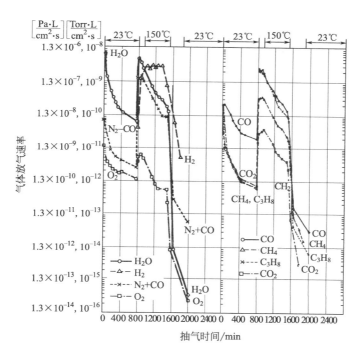

图 4.5 烘烤后不锈钢的气体放气

**表 4.1 试料的处理方法和气体放气量[2]**

| 试 料<br>Ni(0.3g,0.035cm³,1.84cm²) | 加热到 850℃时 5min<br>的气体放气量(任意单位) | | | | |
|---|---|---|---|---|---|
| | 总量 | $H_2$ | $H_2O$ | $CO+N_2$ | $CO_2$ |
| 脱脂处理后,氢处理之前 | 3000 | 1050 | 340 | 2300 | 570 |
| 经 1150℃氢处理并干燥后的物品 | 270 | 50 | 15 | 45 | 50 |
| 氢处理后,被裸手触摸过的物品 | 6000 | 1800 | 348 | 非常多 | 1400 |
| 氢处理后,被裸手触摸后经脱脂处理的物品 | 590 | 220 | 15 | 110 | 70 |
| 氢处理后,戴橡胶手套处置的物品 | 800 | 300 | 250 | 300 | 110 |
| 氢处理后,戴棉手套处置的物品 | 1150 | 550 | 60 | 80 | 200 |
| 在空气中加热的物品 | 1100 | 62 | 110 | — | 380 |
| 经过酸洗的物品 | 290 | 120 | — | — | 55 |

**表 4.2 $Q_1$ 酸洗和仅脱脂 $Q_2$ 时的气体总放气量**（Torr・L/s）

| 气体 | $Q_1$，酸洗处理过的试料 | $Q_2$，仅经过脱脂处理过的试料 | $Q_1/Q_2$ |
|---|---|---|---|
| $H_2$ | $2.88 \times 10^{15}$ | $2.84 \times 10^{15}$ | 1 |
| $H_2O$ | $2.4 \times 10^{15}$ | $3.64 \times 10^{15}$ | 1.5 |
| CO | $1.07 \times 10^{15}$ | $2.80 \times 10^{15}$ | 2.6 |
| $C_3H_8$ | $1.05 \times 10^{15}$ | $9.91 \times 10^{14}$ | 0.94 |
| $N_2$ | $7.25 \times 10^{14}$ | $1.94 \times 10^{15}$ | 2.7 |
| $CH_4$ | $1.95 \times 10^{14}$ | $5.02 \times 10^{14}$ | 2.6 |
| $CO_2$ | $4.4 \times 10^{13}$ | $1.00 \times 10^{14}$ | 2.3 |
| $O_2$ | $6.8 \times 10^{12}$ | $1.17 \times 10^{13}$ | 1.7 |

# 4.3 抽气时间的推算

以蒸镀装置中常用的直径 600mm、高度 700mm 的钟罩（容积 200L）的抽气为例，通常的抽气系统如图 4.6 所示，预先使主泵（扩散泵）启动，阀门 A、C 及 D 关闭，阀门 B 开启。过一定时间后关闭阀门 B，打开阀门 C，对处于大气压的钟罩开始抽气。

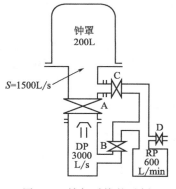

图 4.6 抽气系统的示例

从容积为 $V$ 的真空容器中以抽气速率 $S$ 抽气时，压力从 $p_1$ 下降到 $p_2$ 所需要的时间为 $\Delta t$，则由式（4.2）的变形可得出：

$$\Delta t = 2.303 \frac{V}{S} \lg\left(\frac{p_1}{p_2}\right) \tag{4.6}$$

接近极限压强 $p_t$ 处，可以算出：

$$\Delta t = 2.303 \frac{V}{S} \lg\left(\frac{p_1 - p_t}{p_2 - p_t}\right) \tag{4.7}$$

在图 4.6 中，压强可按表 4.3 分段，同时设定每一阶段的抽气速度 $S$ 便可计算（压强低时，抽气速率也相应较低）出抽气时间。

**表 4.3　抽气时间的计算**

| 阶段 | | 压强(Pa) | $S$ | $V/S$ | $\lg \dfrac{p_1}{p_2}$[①] | $\Delta t =$ (4.6)式 | 备　注 |
|---|---|---|---|---|---|---|---|
| 1 | 粗抽 | $10^6 \to 10^2$ | 600L/min | 1/3min | 3 | 2.3min | 假定抽气速率无变化 |
| 2 | | $100 \to 1$ | 400 | 1/2min | 2 | 2.3min | $S$ 平均为 2/3 左右 |
| 3 | 精抽 | $1 \to 0.1$ | 100L/s | 2s | 1 | 4.6s | 由于压强较高,扩散泵没有充分启动,A 仅有少许开启 |
| 4 | | $0.1 \to 10^{-3}$ | 1500 | 0.133s | 2 | 0.6s | 主真空泵全负荷运转,但是主阀等抽气口的 $S$ 变小 |
| 总计 | | | | | | 4min 41s | |

① 压强栏左边的值与右边值的比。

在 $10^{-3}\,\mathrm{Pa}(10^{-5}\,\mathrm{Torr})$ 以下的压强时,其结果由真空室的放气量所决定,因此根据 4.2 节的数据可以推算出随时间变化的放气量。

表 4.3 中显示的粗抽气所需的时间为 4.6min,主抽气时间为 5s,看起来好像不是很均衡,但对于实际的装置,通过增加式(4.5)$p = Q/S$ 的 $S$ 使 $p$ 降低的手段就意味着要采用较大抽气速率的真空泵。实际上,即使如此也仍嫌不够,因此通常在尽量接近钟罩的入口处设置大型液氮冷阱,通过提高对钟罩内的主要残留成分水的抽气速率来使极限压强降低。

## 4.4　用于制备薄膜的真空系统

如图 1.14 所示,在真空中制备薄膜时,首先将想要制成薄膜的材料分散为原子状或分子状,然后再让它们在基板上重新排列形成薄膜。那么在基板和气化源之间会有哪些残留气体呢?这对薄膜制备是最为重要的。除非能将这些残留气体作为适当的制备薄膜的成分,否则至少不能让它们对薄膜制备产生有害影响,这是真空装置的关键任务。

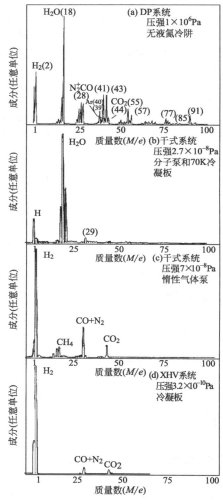

图 4.7　真空装置的残留气体
［数据由 CANON ANELVA（株）提供，
以最多成分为 100 合成］

### 4.4.1　残留气体

在大气的成分中，78％为氮气，21％为氧气，其余 1％为氩气和二氧化碳等，而真空室中的残留气体的比例则与之完全不同。

图 4.7(a) 为用油扩散泵（无液氮冷阱）抽气时的残留气体的示例，主要成分为水（$H_2O$）、氢气（$H_2$）、氮气和一氧化碳（$N_2$ + CO）、二氧化碳（$CO_2$）、氩气（Ar），油扩散泵油的分解生成物（质荷比 $M/e$ 为 45 以上的峰值）等[1]。由于质荷比 $M/e$ 为 45 以上的油扩散泵油的分解生成物对半导体、FPD、光学关联的高品质薄膜造成很严重的问题，所以使用如图 4.7(b) 所示的干式真空泵系列。这时的残留气体在大多数情况下以水为主要成分。当然，由于油扩散泵系列非常经济，将其与液氮冷阱搭配使用的情况也很多。

---

❶　这是抽气数小时后相当稳定状态的数据。刚开始抽气时的水非常多，例如图 4.5 中抽气时间为 0 时，$H_2O$ 比 $N_2$ + CO 多 100 多倍。

例如，像装饰镀膜那样只要简单地将膜制备出来即可的情况下，就常使用油扩散泵。

图 4.7(b) 为用交互式［后述图 6.29(c)］溅射设备制备 Al 薄膜后，停止溅射数小时后的溅射真空室的数据。真空室虽然一直维持真空状态，但是由于使用了如氟橡胶等有机物质的密封，残留气体成分主要是水，油的分解生成物当然无法看到。在大多数场合，水对薄膜是有害的，所以应尽可能除去。在这个例子中，为此目的在溅射室内设置了 70K 的冷凝板，因此虽然主要成分为水，但是其全压只有 $2.7 \times 10^{-8} \mathrm{Pa}$，非常低。

图 4.7(c) 为充分进行烘烤（加热抽气，图 4.5 的示例），用离子泵得到非常良好的超高真空的示例，这样氢气成了残留气体的主要成分。图 4.7(d) 为反复进行烘烤而得到的极高真空的示例，基本上只残留有氢气。像这种通过烘烤将水分排除，残留气体只有还原性的氢气的情况对薄膜制备是很有利的。

### 4.4.2　用于制备薄膜的真空系统

以电子、电气产业领域为代表，为了能够稳定地大批量生产被赋予各种重要功能的薄膜（称为功能薄膜），许多人创造出了无数的制备薄膜的方式方法。从源（Source）的发生方式、薄膜制备工艺到千变万化的真空装置都获得了巨大的发展，令人目不暇接。对此虽然在各章都会作详细的介绍，在这里先对装置的实例作一个入门性的叙述。

后述的图 6.29 将真空装置进行了分类。图 4.8 为在四方箱型的单体式。在这种装置中，打开前门可以安装、取出内部的基板。虽然从主室的内部每次进行基板的更换时都需要暴露大气而让人担心，但只要 10min 左右就可以重新到达 $10^{-4} \mathrm{Pa}$ 的真空度，30min～1h 可以完成一个循环的蒸发镀膜工作。在电子元器件的量产中得到广泛使用，抽气系统以冷凝泵为主（也可以改用油扩散泵）。

最近，以 $10^{-11} \mathrm{Pa}(10^{-13} \mathrm{Torr})$ 的真空度为要求的装置也有很多报道。图 4.9(a) 和图 4.9(b) 为高速系统的示例。如图 4.9(b) 所示，Si 基片通过主阀放入侧室 3min 后达到 XHV，90min 达到了

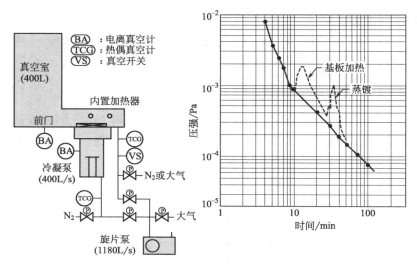

图 4.8    $10^{-4}$ Pa 的高真空蒸镀装置的示例

［由 CANON ANELVA（株）提供，C 7150 箱式］

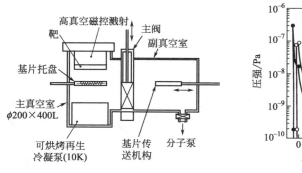

图 4.9(a)    高速 XHV 装置

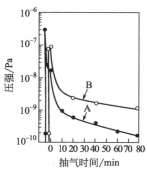

图 4.9(b)    高速 XHV 装置的抽气

A：主阀打开 5min，关闭后（$t=0$）

的抽气曲线

B：$\phi150$ 的 Si 片放入

$\phi150\times6t$ 的托盘（Al）并送入真空室，

主阀关闭后（$t=0$）的抽气曲线

$1 \times 10^{-9} \text{Pa}(7.5 \times 10^{-12} \text{Torr})$ （曲线 B）。该装置的极限真空为 $8 \times 10^{-11} \text{Pa}(6 \times 10^{-13} \text{Torr})$ [5]。

## 4.5  真空检漏

虽说真空装置的设计和制造技术已经相当先进，但泄漏问题仍令人大伤脑筋。恰当的维护对于预防泄漏是非常重要的，一旦发生泄漏时，尽早和准确地找出泄漏部位并对其进行维修是当务之急。一般容易发生泄漏的地方如下所述。

（1）可动部：直线或旋转方向力的传递轴和它的密封部。

（2）玻璃及陶瓷等容易损坏的部分。

（3）焊接波纹管。

（4）法兰和密封圈的密封部位。

（5）焊接部的开裂。

难以进行检漏试验的位置如图 4.10 所示。

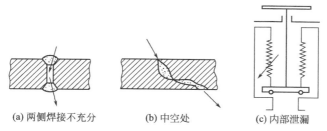

(a) 两侧焊接不充分    (b) 中空处    (c) 内部泄漏

图 4.10  不容易实行检漏试验的场所（↓ 为存在泄漏的位置）

（1）由于两侧焊接不充分，中间形成空隙。这种焊接绝不允许发生。

（2）材料中留有缝隙，要注意材料的伸展方向。

（3）阀门等复杂零件的内部泄漏。

泄漏量的单位与流量相同用 Pa·L/s 或 Torr·L/s 表示。

### 4.5.1  检漏方法

检漏的方法分为加压法和真空法两大类。**加压法**是指向容器内部充入高压气体检查泄漏的方法，如表 4.4 所示。简单地说类似于与查找皮球或自行车轮胎上的孔，在薄膜制备领域一般不使用。**真空法**（表 4.5）是将内部抽成真空查找泄漏的方法。如图 4.11 所示，向被试验体喷吹或涂抹探测气体（试验时的检验用气体），根据侵入真空装置内的探知气体检验出泄漏位置。主要的方法如表 4.5 所示，下面对常用的加以简单说明。

表 4.4    加压法

| 加压物质 | 压强 (atm) | 检验法 | 最小可检泄漏量[①] /(Pa·L/s) | 注意事项 |
|---|---|---|---|---|
| 水 | 4～10 | 表面涂湿 | ～1 | 可使用加入颜色的水 |
| 空气 | 2～3 | 哨音，火苗摇动 | ～1 | 可使用听诊器 |
| | | 浸入水中产生气泡 | ～$10^{-2}$ | |
| | | 用肥皂水涂上去观察冒泡 | ～$10^{-3}$ | 用毛笔涂或用注射器 |
| | | 浸入洗涤剂溶液中冒泡 | ～$10^{-4}$ | |
| 氨气 | 8.2 | 与 $CO_2$ 或 HCl 产生烟雾 | ～$10^{-3}$ | 可在空气导入 |
| 氨气 | 2 | 将蓝色感光纸放置 12h | $10^{-5}$ | 过程中加入氨气 |
| 有机氯化物气体 | | 白金线的阳离子发射 | $10^{-3}$ | |
| 放射性气体 | | 闪烁记数管 | $10^{-10}$ | |
| 氦气 | | 质谱分析仪 | $10^{-5}$ | |

① 压强单位若用 Torr，则除以 133。

表 4.5    真空法

| 检验法 | 探测气体 | 工作压强 /Pa | 最小可检泄漏量 /(Pa·L/s) | 注意事项 |
|---|---|---|---|---|
| 盖斯勒规管 | 酒精、乙炔气体 | 1000～1 | ～0.1 | 液体通常以毛笔涂抹，注射器或装有喷嘴的软塑料容器等使用（图） |
| 独立式皮拉尼真空计 | 丁烷、乙炔气体、酒精 | 2000～0.1 | ～$10^{-3}$ | |
| 独立式电离真空计 | 丁烷、乙炔气体、酒精 | $10^{-1}$～$10^{-5}$ | ～$10^{-5}$ | 气体也以喷嘴吹出使用 |
| 独立式 B-A 真空计 | 丁烷、乙炔气体、酒精 | $10^{-2}$～$10^{-8}$ | ～$10^{-8}$ | |
| 磁场偏转型质量分析仪 | He，Ar，$CO_2$ | $10^{-2}$～$10^{-8}$ | ～$10^{-9}$ | |
| 四极质谱分析仪 | He，Ar，$CO_2$ | 0.1～$10^{-8}$ | ～$10^{-9}$ | |
| 磁控离子泵 | He，Ar，$O_2$ | $10^{-2}$～$10^{-6}$ | ～$10^{-9}$ | |

挤压

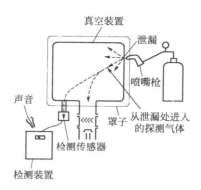

图 4.11 探头法寻找泄漏

**真空计利用法**：一面观察正在使用的真空计或离子泵的电流，一面将酒精、液化气、异丁烷等通过喷嘴吹出，如果真空计的指示发生急剧变化，或使用盖斯勒放电管时放电的颜色急剧改变，表明该处存在泄漏。

**质谱分析仪法**：利用磁场偏转型或四极型等质谱分析仪，一面将探知气体喷出，一面测量真空室内的探知气体分压强变化。通常使用大气中含量最少的 He 气，其他的如有现成的 $CO_2$、Ar 等气体也可以使用。其中特别是把 He 专用的磁场偏转型质量分析仪用于检漏试验的仪器，称为氦气检漏仪。其分析部如图 4.12 所示。现在，因为这种装置简单实用，灵敏度也达到 $10^{-9}$Pa·L/s($10^{-11}$ Torr·L/s)，在真空领域最为常用。图 4.13 为便携式氦气检漏仪的照片。

### 4.5.2 检漏应用实例

尽快找出泄漏点需要很丰富的经验。经常会遇到这样的事：一般人找来找去总是找不出来的泄漏点遇到经验丰富的专家（称为"检漏高手，神人"）一下子就被找出来了。有时候怀疑真空系统有泄漏点存在，可是连着检查了好几天最后却发现没有泄漏点。检漏试验是否有一定的顺序或有一定的规律可循？一般认为如下的做法比较好。

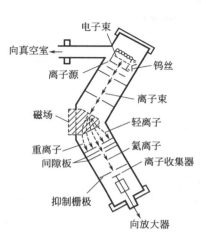

图 4.12　氦检漏仪的检测部分

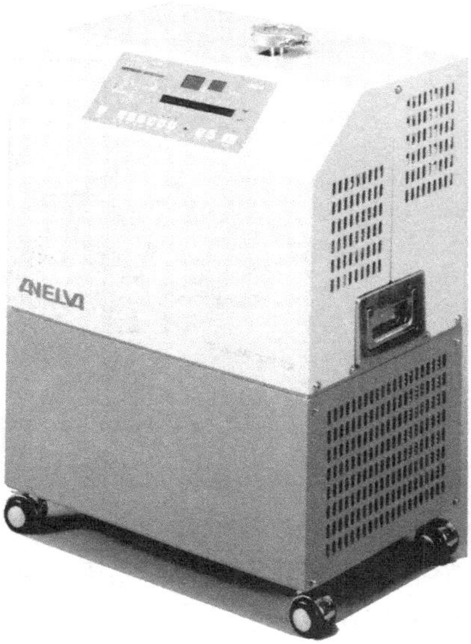

图 4.13　便携式检漏仪〔由 CANON ANELVA（株）提供〕

（1）在使用中装置发生异常，压强急剧上升的情况下，借助装置上的真空计，用酒精（液体）作为检测气体首先检查怀疑发生故障的部位或刚修理或更换新零件的位置，另外再检查前述的容易发生泄漏的位置及部件。

（2）在仍然不能发现的情况下，可用氦罩法或升压法进行确认。

**氦罩法**：如图 4.11 中点划线所示用塑料袋将装置整体罩住，向袋内充入氦气，即将真空装置置于氦气中进行检漏试验的方法。它是在氦气检漏仪或质谱分析仪容易安装条件下最为简便准确的检验方法。

**升压法**：以图 4.6 的系统为例，充分抽气后，将 10 英寸主阀、粗抽阀和放气阀都关闭，用 B-A 真空规测量钟罩内的压强上升，根据压强上升曲线的变化可以判断有无泄漏。通常压强上升如图

4.14 的实线一样变化，该曲线的变化是由于泄漏产生的压强上升与放产生的压强上升的综合结果。如果什么时候出现同时间成比例的直线部分，则说明存在泄漏。没有泄漏的时候，由于只有气体放出，将形成饱和曲线。但放气与泄漏相比可以忽略不计（泄漏较大）时，压强上升曲线将一开始就是同时间成比例的直线。

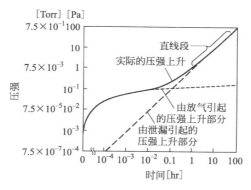

图 4.14　压强上升曲线

另外，熟练之后，仅凭残留气体的分析就能大概判断出有无泄漏（关注 $O_2$ 和 Ar 的峰值，若 $O_2$ 的峰值出现，首先可认为有泄漏。若 $O_2$ 无法确定，但若 Ar 的峰值比平时异常地大许多，也可以认定有泄漏）。由于氦罩法的试验不需要花费很长的时间，在确认有无泄漏时用起来比较方便。

如果有泄漏，则需要**寻找漏点**；如果没有泄漏，则可通过烘烤方式把真空度进一步提高。

（3）寻找漏点：查找泄漏点的方法，只有对怀疑发生泄漏的位置一个一个地检验，别无他法。下面列举应用时的注意事项。

（a）在检查前面描述的图 4.10 中容易发生泄漏的地方时，若使用比大气轻的探测气体（He）时，应由上而下逐步检验（若自下部开始，由于 He 会向上升，可能发生在检查下部时，He 却从上部的泄漏点进入真空容器而发生误判）；用比大气重的探测气体（丁烷、液化气、液体酒精等）时由下而上地逐步检验。

（b）发现一处漏点后，先用透明胶带（不可用探测气体能透过的物品）将漏点先临时覆盖，避免在下面的检验时引起误动作，然后继续检漏。

（c）全部完成后，再一次用氦罩法检验有无泄漏（由于已发现的漏点已经被胶带堵住，除此以外如果没有泄漏，则可判定为无漏）。如果判定再无其他泄漏，则可开始对已知漏点进行修复。

## 参 考 文 献

1)　F. J. Schittko : Vac. Tech., 12（1963）294.
　　そのほか、材料のガス放出に関する文献は下記に集まっている.
　　1961 Trans. 8th Nat'l Vac. Symp. 2 nd Intern. Congr., (Pergamon, 1962) 42
　　1962 Trans. 9th Nnat'l Vac. Symp. A. V. S. (Macmillan, 1963) 293〜348.
　　1963 Trans. 10th Nat'l Vac. Symp. A. V. S. (Macmillan, 1964) 84〜87.
　　B. B. Dayton : 1959 6 th Nat'l Vac. Symp. Vac. Tech. Trans., (Pergamon, 1960) 101
2)　P. F. Varadi : Trans. 8 th Vac. Symp. & 2 nd Interna'l Cong., (1962) 73.
3)　Y. Strausser（山本訳）：真空, 12（1969）389.
4)　職田, 麻蔚：真空, 6（1963）89, 職田, 麻蔚, 菊池：真空, 7（1964）99.
5)　T. Asamaki, T. Kikuchi & K. Ishibashi : J. VAC. Soc. Jap. 37（1994）617

# 第5章　薄膜基础

"**薄膜**"这个词含有非常多的概念。有时为了与厚膜有所区别，常限定其厚度小于 $1\mu m$。形状方面，后述的图 5.4（右下）中所示的截面形状与一般意义的薄膜概念是符合的。同图（左上）所示岛状或称为点状的东西恐怕很难称其为"薄膜"了。它是形成薄膜的初期的岛状构造，或是在 $10^3 Pa$（10Torr）左右的高压强下蒸发（称为"**烟状**"**蒸发**）等获得的不连续膜。另外，也有如图 1.8(a)那样受到基板形状很大影响的情况下的膜。一般来说，"薄膜"这个词包含了这些具有特殊形状的膜，厚度也不作特别的限定，只是讲"薄的膜"，甚至把这些岛结构也统称为薄膜。

通常，我们眼见手摸的物体，大都是在温度变化比较慢，几乎是热平稳状态下制造出来的，可以做到内部缺陷很少，形状也是"块状"的。然而，真空中制备的薄膜是将材料加热到几百摄氏度以上的温度，使之蒸发而形成的（溅射的话，"飞溅"出射时的能量更是比热蒸发大几十倍）。气化后的原子、分子在极短的时间内在基板上冷却形成固体状态。形状也不再是块体，而是几乎可以忽略它们厚度的近于二维的体系了。精练的金属尽管也可以减薄，但真空制备的薄膜与之不同，内部存在大量缺陷。这是薄膜与我们身边一般的物体不同的特殊之处。

本章将叙述蒸发或溅射出来的原子、分子，如何由"气态"经过"液态"转变成固态的过程，如何才能制备出薄膜以及与真空技术的关系等。

## 5.1　气体与固体

在真空装置中，空间的气体分子如果与容器壁碰撞后能立即返回到空间，这种情况下就能很快达到好的真空度。但是如果真空容器中存在水、油等蒸汽分子，它们与容器壁碰撞，能长期停留于器壁表面，然后慢慢地放出来。这时要达到好的真空度就很难。与此相反，制备薄膜时，希望蒸发或溅射气化了的气体原子或分子到达基板后，全部立即停留在基板上成为固体，从而形成薄膜。如此说来，无论哪种场合，气体与固体的相互作用的过程和形式都是十分重要的。

### 5.1.1　化学吸附和物理吸附

气体与固体的结合分**化学结合**（或**化学吸附**）和**物理结合**（或**物理吸附**）两种。化学结合的代表性例子是燃烧，燃烧时伴随着放热。反过来，逆反应时，必然有某种形式给予与燃烧相当的能量。冷天水在窗玻璃上凝结是物理结合的例子。这时伴随有人感觉不到的非常小的发热过程，这一点点热量被户外空气吸收了。由于这过程发热很少，它的逆过程也只要少许加热就可以了。吸附过程也是同样的。物理吸附和化学吸附在发热量方面有数量级的差别。一般也是根据发热量来区别它的。使被吸附的气体回到原来状态，即再放出（脱附），必须给予它与发热量相当的能量。

物理吸附和化学吸附的机理常用"键"理论来解释。化学吸附的情况，物体表面的原子键不饱和，它们与接近表面的原子或分子组成化学键的形式结合（电子共价键、离子键、原子键、金属键等）；物理吸附时，物体表面的原子的键是饱和的，表面是非活性的，与接近表面的原子、分子只是以范德瓦尔斯力（分子力）、电偶极子或电四极子等的静电相互作用而吸附。

气体分子和固体表面之间因引力作用（图5.1的点划线）而互相接近，接近后，斥力又会起作用，而且这个斥力随距离的变小而急剧增加。将两者综合起来的势能曲线如图5.1中的实线所示（其形状因气体和固体的种类不同而各式各样，这里的曲线是其一个例子）。如物理吸附的情况，2个力（引力和斥力）合成起来的势能

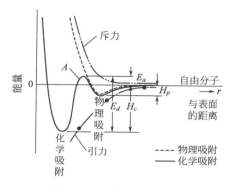

图 5.1  吸附的势能曲线

曲线如破折线所示。吸附分子落在谷底，并在那里附近作热运动。$H_p$ 称为**脱附活化能**（从表面脱附所必需的能量）或**吸附热**。由于掌握的 $H_p$ 数据较少，可以用几乎同数量级的液化热 $H_L$ 替代（表5.1和表5.2）。例如，金属吸附气体的情况，第 1 层与金属的吸附热一般比 $H_L$ 大。但是，在其上面继续吸附几层后，其实已转变为被吸附气体与同质的气体液化冷凝的过程了。这时的吸附热就与 $H_L$（**液化潜热**）相近了。

表 5.1  物理吸附的吸附热 $H_p$ [kcal/mol][2]③

| 被吸附气体② \ 固体① | 氦 (He) | 氢气 | 氖 (Ne) | 氮气 | 氩 (Ar) | 氪 (Kr) | 二氧化碳 | 水 | 氧气 | DOP④ |
|---|---|---|---|---|---|---|---|---|---|---|
| 硼硅酸盐玻璃 | | | | | 2.43 | | | | | 22.4 |
| 多孔玻璃 | 0.68 | 1.97 | 1.54 | 4.26 | 3.78 | | | | 4.09 | |
| 聚偏二氯乙烯活性炭 | 0.63 | 1.87 | 1.28 | 3.70 | 3.66 | | | | | |
| 炭黑 | 0.60 | | 1.36 | | 4.34 | | | | | |
| 氧化铝 | | | | | 2.80 | 3.46 | | | | |
| SUS-304 不锈钢 | | | | 16.6 | | | 15.8 | 22.4 | 17 | |
| 钨 | | | | | 约 1.9 | 约 4.5 | | | | |
| 液化热 $H_L$ (kcal/mol) | 0.020 | 0.215 | 0.431 | 1.34 | 1.558 | 2.158 | 3.021 | | | |

① 吸附气体的固体；② 吸附在固体上的气体；③ 换算成 kJ/mol 时乘以 4.2；

④ DOP：Di-2-ethyl-hexyl phthalate，油扩散泵用油。

表 5.2 液化热和生成热[3]

| 物 质 | 液化热 $H_L$/[kcal/(g·atom)] | 氧化物生成热/[kcal/mol] |
|---|---|---|
| Cu | 72.8 | 39.84($Cu_2O$) |
| Ag | 60.72 | 7.31($Ag_2O$) |
| Au | 74.21 | |
| Al | 67.9 | 384.84($Al_2O_3\gamma$) |
| In | 53.8 | 222.5($In_2O_3$) |
| Ti | 101 | 218($TiO_2$) |
| Zr(锆) | 100 | 258.2($ZrO_2$) |
| Nb(铌) | | 463.2($Nb_2O_5$) |
| Ta(钽) | | 499.9($Ta_2O_5$) |
| Si | 71 | 205.4($SiO_2g$) |
| Sn(锡) | 55 | 138.8($SnO_2$) |
| Cr(铬) | 72.97 | 269.7($Cr_2O_3$) |
| Mo(钼) | | 180.33($MoO_3$) |
| W(钨) | | 337.9($W_2O_5$) |
| Ni(镍) | 90.48 | 58.4($NiO$) |
| Pd(钯) | 89 | 20.4($PdO$) |
| Pt(铂) | 122 | |
| 水 | 9.77 | 68.32：($H_2O·lq$) |
| $In_2O_3$ | 85 | |
| $SiO_2\alpha$ | 2.04 | |
| Lion A | 45 | |
| 硅油 | 约 25 | |

化学吸附则不然，由于发生了前述的激烈的化学反应，分子发生了化学变化（例如，由 2 原子组成的分子能离解成 2 个单独的原子）。与表面接近的分子首先发生物理吸附（图 5.1），再由于某种原因而获得了足够的能量而越过 A 点，发生了化学吸附，并放出大量的能量。$E_d = E_c + E_w$ 被称为**化学吸附的脱附活化能**（见表 5.3）。$H_c$ 被称为**化学吸附的吸附热**（表 5.4），$E_a$ 被称为**为了产生化学吸附所需的活化能**。吸附热与化合物的生成热相近，在没有数据时，就常把它当成生成热使用了。

表 5.3 $\tau_0$ 与脱附活化能[4]

| 物　质 | $\tau_0[s]$ | $E_d[kcal/mol]$ | 物　质 | $\tau_0[s]$ | $E_d[kcal/mol]$ |
|---|---|---|---|---|---|
| Ar-玻璃 | $9.1 \times 10^{-12}$ | 2.43 | Cr-W | $3 \times 10^{-14}$ | 95 |
| DOP-玻璃 | $1.1 \times 10^{-16}$ | 22.4 | Be-W | $2 \times 10^{-15}$ | 95 |
| $C_2H_6$-Pt | $5.0 \times 10^{-9}$ | 2.85 | Ni-W | $6 \times 10^{-15}$ | 100 |
| $C_2H_4$-Pt | $7.1 \times 10^{-10}$ | 3.4 | Ni-W(氧化) | $2 \times 10^{-13}$ | 83 |
| $H_2$-Ni | $2.2 \times 10^{-12}$ | 11.5 | Fe-W | $3 \times 10^{-18}$ | 120 |
| O-W | $2.0 \times 10^{-16}$ | 162 | Ti-W | $3 \times 10^{-12}$ | 130 |
| Cu-W | $3 \times 10^{-14}$ | 54 | Ti-W | $1 \times 10^{-12}$ | 91 |

　　注：Al-玻璃到 O-W 的数据由富永氏提供，Cu-W 到 Ti-W 的数据根据 H. Shelton 的数据推算

表 5.4 化学吸附热和化合物生成热[3,5]

| 组合 | 吸附热/(kcal/mol) | 固相 | 生成热/(kcal/mol) |
|---|---|---|---|
| $W-O_2$ | 194 | $WO_2$ | 134 |
| $W-N_2$ | 85 | $W_2N$ | 34.4 |
| $W-H_2$ | 46 | — | — |
| $Mo-O_2$ | 172 | $MoO_2$ | 140 |
| $Mo-H_2$ | 约 40 | — | — |
| $Ni-O_2$ | 115 | NiO | 115 |
| $Ni-N_2$ | 10 | $Ni_3N$ | 0.4 |
| $Ge-O_2$ | 132 | $GeO_2$ | 129 |
| $Si-O_2$ | 230 | $SiO_2$ | 210 |
| $Cu_2-O$ | 38.89 | | |
| $Al_2O_3$ | | | |
| $TiO_2$ | | | |
| $Ta_2O_5$ | 499.9 | | |
| $SiO_2 g$ | 205.4 | | |
| NiO | 58.4 | | |

　　从广义上来讲，吸附力来源于构成原子的基本粒子之间的电相互作用力。物理性的力是由于有范德瓦乐斯力、电偶极子、电四极子等的静电相互作用，基于这样的力而引起的吸附称为物理吸附。化学性的力产生于离子键、原子键、金属键等的电子共有或电子交换。以这样的力为主的吸附称为化学吸附。

　　想要快速获得好的真空，就希望真空容器中的气体与容器壁的

吸附是弱的物理吸附。而想要获得具有强附着强度（难于剥离）的薄膜时，又希望固体基板和形成薄膜的材料气体之间是强的化学吸附。

### 5.1.2　吸附几率和吸附（弛豫）时间

与表面碰撞的分子，可能被反射回空间，也可能失去动能（将动能交给了表面的原子）而落在图 5.1 所示的势能谷底被吸附住。被吸附的分子由于与固体之间或自身内部进行能量的再分布而最终落在某个能级上。被吸附的分子在表面停留期间，如果获得脱附的活化能，就会离开表面而再回到空间。

吸附几率分物理吸附和化学吸附两种。与表面碰撞后的气体分子被物理吸附的几率称为**冷凝系数**；被化学吸附的几率称为**附着几率**。被物理吸附的分子一部分也可能越过势垒而被化学吸附，但是如果如图 5.1 所示的 $E_a > 0$（$E_a < 0$ 的情况也有），化学吸附的速度受到限制（冷凝系数和附着系数与物理吸附和化学吸附一样，在概念上能够区别，但实际上在许多场合无法区分，平时用语也很易混淆）。

表 5.5 是部分气体的冷凝系数值。虽然表面保持高温状态时的数据不多，但对于气体来讲，大多在 0.1～1 之间。对于蒸发金属可以基本上认为其接近于 1。对于附着率，大多来自高真空中加热到高温的金属的清洁表面的测定数据。一般来说，化学吸附对于表面的结构十分敏感，测定结果如表 5.6 所示，数据比较分散。清洁金属表面的附着率分散在 0.1～1 范围内，温度越高，其值越小。

**表 5.5　300K 时气体的冷凝系数[6]**

| 气体 | 表面温度[K] | 冷凝系数 | 气体 | 表面温度[K] | 冷凝系数 |
|------|------------|---------|------|------------|---------|
| Ar | 10 | 0.68 | $O_2$ | 20 | 0.86 |
| Ar | 20 | 0.66 | $CO_2$ | 10 | 0.75 |
| $N_2$ | 10 | 0.65 | $CO_2$ | 20,77 | 0.63 |
| $N_2$ | 20 | 0.60 | $H_2O$ | 77 | 0.92 |
| CO | 10 | 0.90 | $SO_2$ | 77 | 0.74 |
| CO | 20 | 0.85 | $NH_3$ | 77 | 0.45 |

表 5.6   钨表面氦早期吸附几率[7]

| 测定者 | 样品形状 | $S_0$ | 测定者 | 样品形状 | $S_0$ |
|---|---|---|---|---|---|
| Becker and Hartman(1953) | 线条 | 0.55 | Nasini and Ricca (1963) | 板 | 0.1 |
| Ehrlich(1956) | 线条 | 0.11 | 小栗(1963) | 线条 | 0.2 |
| Eisinger(1958) | 带状 | 0.3 | Ustinov and Ionov(1965) | 线条 | 0.22 |
| Schlier(1958) | 带状 | 0.42 | Ricca and Saini(1965) | 蒸发膜 | 0.5 |
| Kisliuk(1959) | 带状 | 0.3 | Hill, ほか(1966) | 带状 | 0.05~0.1 |
| Ehrlich(1961) | 线条 | 0.33 | Hayward, King and | 蒸发膜 | 0.75 |
| Jones and Pethica(1960) | 带状 | 0.035 | Tompkins(1967) | | |

分子一旦被吸附，能停留在表面多久，可用**平均吸附时间** $\tau$ 来表示（从被表面吸附到脱附的时间平均）。平均吸附时间 $\tau$ 与脱附活化能 $E_d$ 的关系如下式表示：

$$\tau = \tau_0 \exp\left(\frac{E_d}{RT}\right) \tag{5.1}$$

式中，$\tau_0$ 是常数；$R$ 为气体常数；$T$ 为热力学温度。

在实际应用时，大多假定 $\tau_0$ 在 $10^{-13} \sim 10^{-12}$ s 之间（表 5.3）。特别地，在实际工作中经常遇到的物质的 $E_d$ 大多较大，也就是说，$\tau$ 比 $\tau_0$ 对 $E_d$ 更敏感。设 $\tau_0$ 为 $1 \times 10^{-13}$ s，以 $E_d$ 为参数，则 $\tau$ 与 $T$ 的关系如图 5.2 所示。例如，对于如表 5.2 所示的薄膜所使用的物质，如果与

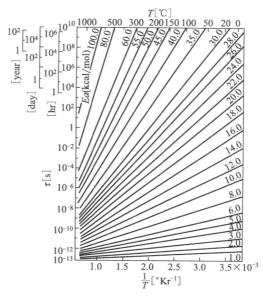

图 5.2   脱附的活化能和吸附时间[1]

脱附活化能 $H_p$ 相近的 $H_L$ 很大，则 $\tau$ 就接近于 $\infty$。从吸附的角度看，就可将其视作为表面物质了。在表 5.3 所示的 Ar-玻璃的情况下，$\tau$ 非常小，于是就可称 Ar 为气体。

实际上，使用什么样的材料，作什么样的处理，在制备真空容器又会产生什么样的吸附等，这类问题绝不简单。特别是物体的表面状态通常是不确定的，更给实际使用带来许多困难。表面放气的问题是真空技术要研究的内容之一。表面放气速率的测定结果数据常常不一致，甚至经常发生这样的事，即利用这些测定数据来制造真空设备却得到了与预期相反的结果。因为测定时的表面与实际使用时的表面不可能情况相同（参见图 4.4，图 4.5）。

在薄膜制备过程中，如后面将要叙述的反应溅射（表 9.1）等技术，原来想利用气体与薄膜材料反应而获得新的高纯材料，结果却常常由于空间存在的残余气体与膜材发生反应而伤脑筋。

薄膜制备的另一个大问题是膜和基板之间的附着强度。当然会考虑尽量创造条件使产生化学吸附以便获得强的附着强度。但是普适性的什么样的条件下制备的膜能获得什么样的结合，获得多大的附着强度这样的研究基本上没有。实际上，现实的通用做法是：针对目标一个一个地研究处理方法、制膜条件，来谋求最佳的工艺条件。这些问题可参阅 6.3 节。

## 5.2　薄膜的生长[9]

由蒸发或溅射而释放到空间的原子、分子一般是气体形式。这些气态的原子、分子到达基板成为薄膜的过程相对来说研究得比较多。下面叙述其工艺过程[8]。

如果用喷雾器向洗干净的玻璃上喷尽量细小的雾，最初在玻璃上形成非常小的小水滴。如果继续喷，小水滴不断胀大，会与相邻的水滴一下子粘连起来（薄膜就被称为**滴状物的连接**）。进一步喷下去的话，越来越大的水滴进一步的粘连合并，最后就在玻璃表面形成一层清洁的水膜。用肉眼观察，最初透明的玻璃上先是出现一层雾，然后逐渐透明，最后形成一层透明的水膜。小水珠刚形成时，水还不连续，难以导电。形成连续的膜后，就容易导电了。如果玻璃板的温度很高，喷上去的雾又不多，与形成水滴相比，蒸发速率更大，不论过多久，也无法形成连续的水膜。

另一方面，如果换用更容易被水浸润的基板，重复以上实验，会发生什么样的现象呢（极端情况就是往水面上喷雾）？这些场合就不会形成小水滴，而是在整个平面上一致地厚度一点点增加。

之所以可以用真空蒸发、溅射等方法制备薄膜，就是因为它们的过程与前面所述的向玻璃基板喷雾的情况相似。这里与雾相类比的就是蒸发、溅射出来的原子、分子，当然肉眼是看不见的。如果用电子显微镜边蒸发边观察，就很容易判明它的过程。对于薄膜生长，大致可分两种情况：一种是小微粒生长过程（称为**成核过程**）；另一种是均匀的膜生长过程（**单层生长**）。

### 5.2.1 核生长

从蒸发源出来的原子以几倍于音速的速度向基板方向飞去，并与基板碰撞［图 5.3(a)①，②］。于是某些原子会被反射出去⑥，但多数原子会停留在就近的基板表面，但不能认为它们已被吸附。一般情况下，它们在将热量传给基板的同时，会在表面迁徙［①，②］，其中一部分与其他的原子结成原子对③或原子团，同时在比一般表面处更容易被捕获的位置（**捕获中心**：表面固有的凹坑、台阶等）被捕获而形成核⑤。这样的核与持续到来的原子或相邻的核合并而不断长大，到达某个临界值以上后，就变得稳定下来（**稳定核**，虽然没有确定的定量值，但一般可以认为在 10 个原子以上）。基板上可以形成许多的核，它们互相接触、合并，（coalescence）形成**岛状构造**（Island stage，图 5.4，一般 8nm 左右，这种尺寸大小电镜可以观察到）。岛与岛再连成一片，片与片之间留下具有海峡状沟道（Channel stage，11～15nm），然后海峡状沟道继续收缩形成一些孔眼（Hole stage，19nm），最后孔眼消失形成连续的膜（22nm）。

有时会出现如图 5.5 所示的那种非常漂亮的岛状构造，通常可称为缀饰（decoration），它根据基板表面捕获中心的分布不同而不同（本例是沿着肉眼看不见的微小的研磨损伤而形成的）。

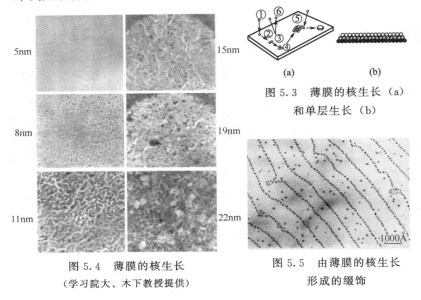

图 5.3　薄膜的核生长（a）
和单层生长（b）

图 5.4　薄膜的核生长
（学习院大、木下教授提供）

图 5.5　由薄膜的核生长
形成的缀饰

可以认为在上述的核生长成膜模式中，晶体的原子间的凝聚力大于与基板原子之间的结合力（对于水来讲，相当于基板是疏水性的）。碱金属卤化物上金属膜的生长是这种典型的模式。

蒸发镀膜与溅射镀膜情况有很大的不同。溅射镀膜时，岛小而多（核密度大），其结晶方向基本上由最初结晶方向决定；而蒸发镀膜时岛大而疏（核密度小），岛在合并时方向往往发生变化（例如在 NaCl 单质上制备金膜的场合）。

## 5.2.2　单层生长

图 5.3（b）是蒸发镀膜时以单原子或单分子层一层一层地堆积成膜的情况。在这种情况下，成膜的物质与基板物质的化学性质相似，成膜物质原子与原子之间的凝聚力与基板原子的结合力相近。但是如果膜和基板物质晶格常数相近的话，也属于这种情况（对于

水来讲，相当于基板是亲水性的）。例如，金基板上镀银膜，钯基板上镀金膜即属于这种情况。

## 5.3　外延-基板晶体和生长晶体之间的晶向关系

大多数场合生长的薄膜是晶体。其中所有原子或分子规则排列的称为**单晶膜**，由许多小晶体集合在一起形成的膜称为**多晶膜**（多数情况下"岛"是单晶，但有时也会是双晶。这样合并后就不可能得到单晶，于是就形成许多晶体集合在一起）。至于在怎样的条件下就一定能得到单晶膜，迄今为止也不能完全确定，形成的基本上是多晶膜。

要得到单晶膜一般需要用单晶基板，利用基板的结晶性影响来生长单晶。多晶基板或玻璃那样的无定型基板上要生长单晶膜是极其困难的。

基板的晶体上生长其他晶体的情况，沿着基板晶体的某个确定的方向生长的现象称为**外延**（epitaxy）或叫做**外延生长**（exitaxial growth，**定向排列**或**平行生长**），生成的膜称为**外延膜**。一般情况下，膜晶体的原子面与衬底晶体的原子面平行。例如，岩盐 $NaCl$ 上生长银膜即（001）Ag/（001）NaCl 的情况。

为了达到外延生长的目的，一般的蒸发法是不行的。必须让基板达到某个温度以上，达到合适的真空度等条件。至于到底必须有哪些条件，至今尚不能一概而论。衬底晶体的原子间距和膜的原子的间距的匹配是重要条件，曾认为其失配系数●必须在大约 15% 以内。但如今看来，也不见得必须如此。例如，有时失配系数即使比较大，或者说即使存在失配系数比较小的排列方向，结果生成的却是失配系数较大的排列方向［Ag 的（110）方向和 NaCl 的（100）方向平行时，且失配系数只有 3%；但是却是（001）Ag//（001）NaCl 容易外延生长，这时失配系数为－28%］。

---

　❶　设基板的原子面间距为 $a$，生长的膜的原子面间距为 $b$，则 $[(b-a)/a]\times100\%$ 称为失配系数。

下面叙述外延生长的条件的影响。

### 5.3.1 外延生长的温度

要实现外延生长，基板必须加热到一定的温度 $T_e$ 以上，达不到这个温度就不可能实现外延生长。但是，如果所处的其他外延生长条件不一样时，$T_e$ 也会相应变化。表 5.7 和表 5.8 就是那样的例证。

**表 5.7 劈裂的卤化钾晶体上生长金属膜的优先方向与基板温度的关系**

| 金属 | 衬底 | 优先方向 |  |  |  |
| --- | --- | --- | --- | --- | --- |
|  |  | 温度[℃] |  |  |  |
|  |  | 0　　　　　100 | 　　　200 | 　　　300 |  |
| Au | KCl | - - - - -·(111)$_s$, | (001)$_w$ —— (001) — |  |  |
|  | KBr | - - - - -·(111)$_s$, | (001)$_w$ ——— (001) — |  |  |
|  | KI | - - - - (111)$_s$, | (001)$_w$ ——— (001) — |  |  |
| Ag | KCl | ———————(001)——————— |  |  |  |
|  | KBr | ———————(001)——————— |  |  |  |
|  | KI | ———————(001)——————— |  |  |  |
| Cu | KCl | - - - - -(001)- - - -┼—— (001) — |  |  |  |
|  | KBr | - - - -·(001)- - - -┼—— (001) — |  |  |  |
|  | KI | - - - - (001)- - - - -┼— (001) — |  |  |  |
| Pd | KCl | - - - -·(001)- - -┼——————(001)——— |  |  |  |
|  | KBr | - - - -·(001)- - -┼——————(001)——— |  |  |  |
|  | KI | - - - - -(001)- - -(001)$_s$, - - - - -(111)$_w$ - - - - - - - - - - - -┼— (001) — |  |  |  |
| Ni | KCl | ————————(001)————————————┼—— (001) — |  |  |  |
|  | KBr | - - - - - - - -(001)- - - - - - - - - - - -┼—— (001) — |  |  |  |
|  | KI | - - - - - - - -·(001)- - - - - - - - - |  |  |  |
| Al | KCl | :====(111):==┼—┼-(111), (001)— |  |  |  |
|  | KBr | ==========(111):=========┼—┼--(111), (001)— |  |  |  |
|  | KI | ==========:(111)============== |  |  |  |

注：--- (hkl) ---：(hkl) 斑点图形和 Debye 环混合的结构

=== (hkl) ===：基本上是纤维结构

— (hkl) —：单晶

s：强；w：弱

### 5.3.2 基板晶体的解理

在早期的研究工作中，常常先在大气中**解理**基板晶体［即用机械方式折裂使晶面露出来。真空中解理的例子如图 5.6(b) 所示，图

**表 5.8　NaCl 解理面上金属膜生长的优先方向和衬底温度的关系**[11]

| 蒸发金属 | 蒸发时的真空 | 解理 | 优先方向　温度[℃]　0　100　200　300　400 | | | | |
|---|---|---|---|---|---|---|---|
| Ni | 高真空 | 空气中 | ------(001)----+------(001)- | | | | |
| | | 真空中 | ----(001)·--+------(001)- | | | | |
| | 超高真空 | 空气中 | -----(001)---+----(001)- | | | | |
| | | 真空中 | ----(001)·-+-----(001)- | | | | |
| Pd | 高真空 | 空气中 | ------(001)-----+----(001)- | | | | |
| | | 真空中 | -----(001)---+----(001)- | | | | |
| | 超高真空 | 空气中 | --(001)--+------(001)- | | | | |
| | | 真空中 | --·(001)--+------(001)- | | | | |
| Cu | 高真空 | 空气中 | --------------(001)----------+--(001)- | | | | |
| | | 真空中 | --·(001)-+-------(001)- | | | | |
| | 超高真空 | 空气中 | -----　(001)$_s$,　　(111)$_w$---- | | | | |
| | | 真空中 | -----　(001)$_s$,　　(111)$_w$---- | | | | |
| Ag | 高真空 | 空气中 | ----(001)-----+----(001)- | | | | |
| | | 真空中 | ------(001)------ | | | | |
| | 超高真空 | 空气中 | -------　(111)$_s$,　　(001)$_w$------ | | | | |
| | | 真空中 | ------　(111)$_s$,　　(001)$_w$------ | | | | |
| Au | 高真空 | 空气中 | ---------　(111)$_s$,　　(001)$_w$---+--(001)- | | | | |
| | | 真空中 | (111)$_s$,　　(111)$_w$,--+-(001)- | | | | |
| | 超高真空 | 空气中 | ===========(111)===== | | | | |
| | | 真空中 | ===========(111)===== | | | | |
| Al | 高真空 | 空气中 | ----------　(111)$_s$,　　(001)$_w$------------- | | | | |
| | | 真空中 | ==:(111)==+-(111)------+- (111)$_s$,　　(001)$_w$ | | | | |
| | 超高真空 | 空气中 | ----(111)$_s$,----(001)$_w$--------+-(111)- | | | | |
| | | 真空中 | ==(111)==+------(111)- | | | | |

注：记号的含义与表 5.7 相同。

中用电磁铁吸引铁片 D 使晶体断裂，露出新鲜的 A 面，B 面]，再将其放入真空中，在其上制备薄膜。也许本书读者早已知道，这种做法，会在十分重要的基板晶体表面吸附上各种各样的气体，无法获得相当新鲜的表面。而如图 5.6 所示的是一个将晶体解理后立即镀膜的实验研究例。可将空气中解理的外延温度记为 $T_{e,\text{air}}$；真空中解理的外延温度记为 $T_{e,\text{vac}}$，如表 5.9 所示。可以看出，真空中解理的外延温度比空气中解理的外延温度低许多。真空中解理及蒸

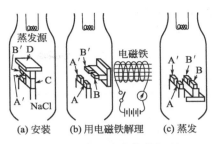

图 5.6 真空中晶体的解理

**表 5.9 由于在真空中解理衬底晶体而导致的临界温度 $T_e$ 的下降**

| 蒸发金属 | $T_{e,\mathrm{air}}/\mathrm{℃}$ | $T_{e,\mathrm{vac}}/\mathrm{℃}$ | $T_{e,\mathrm{air}}-T_{e,\mathrm{vac}}/\mathrm{℃}$ | 晶向关系 |
|---|---|---|---|---|
| Ni | 370 | 100 | 270 | |
| Cu | 300 | 50 | 250 | |
| Ag | 150 | 0 | 150 | $[100]_{\mathrm{metal}}//[100]_{\mathrm{NaCl}}$ |
| Au | 400 | 280 | 120 | |
| Al | | 100 | | $(111)_{\mathrm{Al}}//(001)_{\mathrm{NaCl}}$ <br> $\begin{cases}[1\ \bar{1}\ 0]_{\mathrm{Al}}//[110]_{\mathrm{NaCl}}\\ [1\ \bar{1}\ 0]_{\mathrm{Al}}//[110]_{\mathrm{NaCl}}\end{cases}$ |

发时的真空度为 $10^{-2}\sim10^{-3}\mathrm{Pa}(10^{-4}\sim10^{-5}\mathrm{Torr})$，以后称为高真空范围。

### 5.3.3 真空度的影响

在 $10^{-3}\mathrm{Pa}(10^{-5}\mathrm{Torr})$ 的真空中解理的表面，在 1s 以内就会被残余气体覆盖一层单原子层。一般可以推想如果在更高的真空度下（如 $10^{-5}\sim10^{-7}\mathrm{Pa}$）解理晶体后蒸发，那么 $T_e$ 可望进一步下降，但这个推想未必一定正确（见表 5.8）。从表中可以看出，对于 Ni 和 Al 来说，在高真空中蒸发（外延）和在超高真空中蒸发的结果几乎没什么差别。但是对 Cu、Ag、Au 来说，在超高真空中与基板（001）面平行生长单晶膜就非常困难，即意味着只要与Cu、Ag、Au 有关，要获得良好的外延生长膜就必须对衬底的表面进行适当修饰。

### 5.3.4 残留气体的影响

那么采用什么气体来进行修饰为好呢？关于这个问题，有如下实例。

① 在 $2.7 \times 10^{-8}$ Pa 以下的气压环境中解理 NaCl，导入 $8.0 \times 10^{-3}$ Pa（$6.0 \times 10^{-5}$ Torr）的 $H_2O$，然后在 361℃ 蒸发 Au，在（001）方向获得了单晶的外延生长[12]。

② 在 $10^{-6}$ Pa 气压以下，解理 NaCl，导入 $10^{-3}$ Pa（$10^{-5}$ Torr）的 $N_2$、$O_2$、$H_2O$，再在上面蒸发 Au，只有导入 $H_2O$ 情况获得了优异的结果[13]。

也就是说，在 NaCl 上外延，$H_2O$ 确实起着重要的作用。

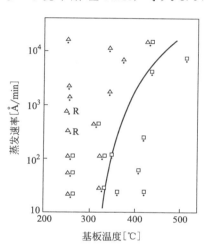

图 5.7　金蒸发外延的温度和
蒸发速率的关系

□：平行方向；△：(111) 方向；R：任
意方向；平均膜厚 50nm；基板：
真空中解理的 NaCl 单晶

### 5.3.5 蒸发速率的影响

一般来说，如果蒸发速率低，则 $T_e$ 也较低。如图 5.7 所示，在 NaCl 晶体上蒸 Au 的情况，NaCl 上平行方向（□记号处）蒸发速率如果较低，那么在较低温度下就可实现外延生长[13]。

### 5.3.6 基板表面的缺陷——电子束照射的影响

就像水蒸气的吸附在外延生长中起重要作用一样，基板表面的杂质、缺陷的存在，在外延生长中也扮演着重要角色。表面用电子束照射起的作用特别大，这是因为电子束照射能在表面形成许多缺陷，这对蒸发镀膜核形成阶段起重要的促进作用。例如，NaCl 上 150℃ 温度情况下蒸镀 Au 时，如表 5.8 所示，外延生长本来无法发生，但是如用几十电子伏（eV）的电子束照射，那么在膜生长初期粒子就能按（001）方位排列，进而生长成连续膜，即实现了外延生长[14]。

### 5.3.7    电场的影响

有报道认为[15]，蒸发过程中，在与衬底平行或垂直的方向加一定的电场，能促进粒子的熔融，从而有利于外延生长。这是由于被蒸发的原子中存在少量离子，从而静电引力在起作用的缘故。

### 5.3.8    离子的影响

若将蒸发原子离子化，可以在更低的温度下实现外延生长[16]。而且，可以简单地实现在绝缘物上单晶膜的生长[17]。

### 5.3.9    膜厚的影响

并不是不论膜多厚都能实现外延生长。一般超过了某一厚度，原子排列规则性逐渐变弱，进而开始无规则排列，单晶膜就消失了。

### 5.3.10    晶格失配

在单晶基板的表面按规则排列的原子上，外来的原子（蒸发原子）一个一个地排列起来，于是就长成了单晶膜。依据这种想法，当然希望基板（衬底）的原子间隔和由外来原子生长的膜的原子间隔相等（即零失配）。但是，最近在 Si 上外延生长 Al 时，虽然失配达 25%，但还是能够进行单晶膜的外延生长。这就意味着可以不单纯地从失配约为零的角度考虑问题。Al 与 Si 的晶格常数之比为 3∶4，恰好是整数比，这种晶格常数比为整数倍的情况，容易实现外延生长（参见 10.6.2 Al-CVD）[18]。

## 5.4    非晶膜层

非晶态[19]构造是指与玻璃类似的不具有结晶构造的固体，具有与单晶、多晶等不同的物理特性。

### 5.4.1 一般材料的非晶化（非薄膜）

非晶质材料的制备方法有两种。一种是将容易非晶化的合金熔融，然后以每秒 $100\sim1000℃$ 的速度急剧冷却的方法（熔融状态的原子作无规则运动，以快于它们构成晶体所需时间的速度急剧冷却，形成固态物质）。另一种方法用于等离子体 CVD、溅射、蒸发等薄膜制备领域。即在薄膜生长时使其急剧冷却，形成非晶固态物质。利用这样的方法最初制成的一些非晶物质（玻璃除外），特别是金属，在自然界找不到天然形成的。不能说只要用人工方法，无论什么材料都能容易地非晶化，目前获得的非晶质材料主要是一些合金。代表性的有 Au-Si、Pd-Si、$Cu_{40}Zr_{60}$，称为 $Fe_{20}B_{20}$ 的铁系金属、称为 $Co_{90}Zr_{10}$ 的 Co 系合金以及 $Ni_{78}Si_{10}B_{12}$ 的镍系合金等。

由于不具有结晶结构，在很大范围内在宏观上看非常均一（虽然也许有热不稳定性等若干问题存在，后述），这就意味着不存在晶粒间界带来的问题。这样，原有的合金特性以及在电、磁、力学和化学特性等很多方面都获得了提高。一旦非晶化，就可以制备出如下所述的优异材料（非晶质材料的特长）。

（1）高强度、高硬度，同时具有高韧性及高延展性的材料。

（2）虽然与晶体金属相比，本质上更活泼，但是如果少量加入 Cr 这样的能形成纯化膜的金属，就会具有显著的耐蚀性。

（3）由于具有阻止磁畴壁运动的结构而且没有不均匀性，所以本质上具有软磁性，因而它是磁损失小、涡流损失小的材料（可应用于各种电磁产品）。

（4）电阻率高，电阻温度系数 TCR 小的材料，其中甚至有一些材料的 TCR 几乎为零（TCR≈0）（甚至发现一些超导材料而受到关注）。

（5）与单晶相比，非晶质材料可看做具有无数的缺陷的集合，因而具有高的化学活性的材料（这方面有望用于催化、储氢等领域）[20]。

但是另一方面，作为缺点，非晶质材料存在热和化学不稳定性，加热后会再结晶而丧失上述优点；另外，例如耐氢性也较差。

但是只要能克服上述缺点，就能获得具备上述优点的材料。

### 5.4.2 非晶的定义

**非晶质**（无定形）是相对于**晶体**（单晶，多晶，双晶）来讲的。其实在非晶质（无定形）内部也不一定就如我们想象的那样，原子是一个一个你东我西地完完全全的无规则排列。而是保持着"对门 3 间邻居 2 间"那样的规则（**短程有序**），而在宏观尺度上（称为**长程秩序**，犹如一个村，一个镇）是无序的（**长程无序**）。所谓"长距离"是指在几十个原子层的范围，即在由几十个原子构成的集团内部是规则排列的，全体来看，处于无序状态。

### 5.4.3 非晶薄膜[21]

以所谓"微电子（ME）革命"为代表的半导体元件，自从三极管发明以来，基于高纯、高度完整的 Si、Ge 等的晶体制备技术而获得了飞速的进步与发展。其中以杂质控制、薄膜技术为核心的器件制造技术的进步的重要贡献当然就更不用说了。可是，近年来与制造单晶完全相反的方向，即所谓的非晶质半导体越来越受到关注，已经有许多的应用产品。非晶质材料在制造过程中，"急冷"是不可缺少的条件，而薄膜形成过程对于这一点是最适合不过的了（表 1.1）。

非晶质半导体（或薄膜）除以上特征以外，还具有：

（1）由于无需原子作规则排列，所以在玻璃、金属上大面积（几米×几米）制备这样的半导体薄膜非常容易。

（2）非晶质半导体的电特性可以由制备薄膜所使用的材料的原子种类或组合以及组合比例自由地确定。

由于这两大特征，诸如屋顶上的太阳能电池（与单晶半导体太阳能电池相比，可称为巨大的大面积），大型平面显示器（FPD），电子复印用的"感光鼓"（这个面积也是相当大的），图像传感器等许多器件已经实用化。这些非晶质薄膜采用等离子体 CVD 法、溅射等方法制成。以后各章将详细加以叙述。

### 5.4.4 非晶 Si 膜的多晶化[22]

为了实现液晶显示的高分辨率、高响应速率，就要求这些显示器件使用的薄膜晶体管小型化和高性能化。

α-Si 薄膜由于其易于大面积、均一地制备而被广泛使用。为了改善晶体管的特性，一般采用载流子的迁移率比 α-Si 高的多晶。

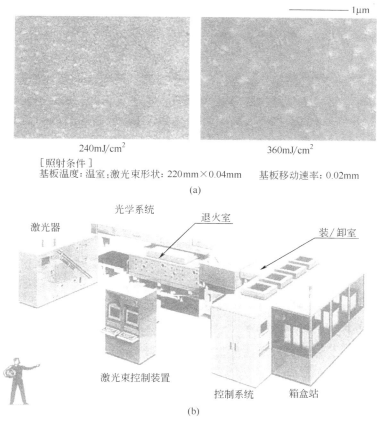

图 5.8 非晶 Si 的多晶化（日本制钢所提供）
基板温度：室温；电子束形状：220mm×0.04mm；基板传送速率：0.02mm/Shot（照射周期）

于是有必要使 $\alpha$-Si 多晶化，通常采用激光束照射的方法。

图 5.8(a) 表示对厚度为 40nm（±5％）的 $\alpha$-Si 薄膜，用 40$\mu$m× 220mm 的激光束照射后的结果。可以看出，能量密度为 360mJ/cm$^2$ 的激光束照射效果比能量密度为 240mJ/cm$^2$ 的更优异（室温下）。

图 5.8(b) 是进行多晶化的大批量生产型的装置照片。用这种方式制备的薄膜称为**低温多晶硅膜**，已在大型的平面显示（FPD）、笔记本电脑、数码相机以及手机终端等领域实现了实用化[22]。

## 5.5  薄膜的基本性质

单晶膜在以固体元件为中心的电子学领域扮演着重要的角色。但是通常使用的薄膜占压倒多数的还是多晶膜。它们在使用前都经过了各种各样的严格的表征实验。这里将叙述其基本性质（有时需要将其制成薄膜，有时不必）。利用退火等热处理技术，发挥薄膜"薄"的这个特长，可产生出许许多多的器件。

### 5.5.1  电导

金属的电导是由于金属内部的自由电子沿着电场的反方向流动而引起的[23]。电子沿着电场反方向虽然被加速，但由于与晶格发生碰撞，失去从电场那里得到的能量，所以速度受到限制。这种与晶格的碰撞使晶格的振动激烈起来，温度升高。这也是金属的电阻随温度的升高而变大（正的电阻温度系数）的主要因素。

薄膜的生成过程与在热平衡状态下制造的金属体材料完全不同。以前述的岛状构造为例，在急热急冷的状态下制备的薄膜中存在很多缺陷，从而电导就具有与体材料不同的特别的性质。薄膜的电导要考虑到类似于气体中电子的平均自由程 $\lambda_f$（一般数十纳米）与膜的厚度 $t$ 的关系。

（ⅰ） $t < \lambda_f$

在岛状结构的薄膜中，电子沿着岛流动，必须以某种方式越过微晶晶粒之间的空间。如图 5.9 所示，电阻率（或**电阻**）非常

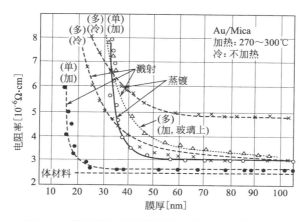

图 5.9　单晶膜和多晶膜的厚度和电阻率的关系

大[24]。随着 $t$ 增大到几十纳米（$\lambda_f \sim t$），电阻率急剧下降，但是由于晶粒间界的接触电阻仍起很大作用，电阻率仍然远远大于体材料。晶格间界可能吸附气体或被氧化，如果是具有半导体特性的情况，随着温度上升，电阻变小。另外如果是单晶膜，往往用高温处理过，不存在晶粒间界问题，电阻率一般较小。蒸发与溅射相比，由于溅射的核密度比较高，当然它的电阻率就比较小。

（ⅱ）$t \gg \lambda_f$

当薄膜厚度增加时，电阻率逐渐接近体材料值，但一般比体材料值略大。这是由于晶粒间界的接触电阻、晶体中存在的晶格缺陷的密度比体材料大等原因的综合结果。

### 5.5.2　电阻率的温度系数（TCR）

一般来说，金属薄膜的电阻温度系数 TCR 在厚度很薄时为负，厚度较厚时为正。厚的膜的 TCR 接近体材料，但不会与之相等。如图 5.10 所示为在 $10^{-3}$ Pa（$10^{-5}$ Torr）真空条件下，用蒸发法在玻璃基板上镀的 Ti 薄膜的电阻随温度变化的情况。曲线是温度从液氮温度变化到 200℃ 时，单位面积电阻（方块电阻）为 5.5～375Ω（换算成厚度是 35～480nm）的 Ti 薄膜的电阻变化的情

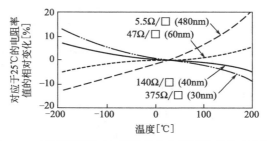

图 5.10 不同厚度的 Ti 蒸镀膜的电阻随温度的变化[24]

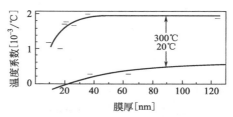

图 5.11 基板温度为 20℃和 300℃时蒸发的 Cr 膜的厚
度与温度系数的关系[25]

况[24]。可以看出，一般在厚度为几十纳米时 TCR 由负转变为正。
TCR 不仅与厚度有关，而且还随着蒸发时的温度不同而不同（参
见图 5.11)[25]。制备电阻膜时，一般希望电阻率温度为零。为此
必须仔细地调节蒸发或溅射的条件，有时甚至采用在活泼性气体
$N_2$ 中制备薄膜的方法。众所周知，Ta 的电阻最稳定，常采用后面
的图 9.30 所示的数据。那是在 500℃左右的高温情况下制备的相
对较厚的膜，TCR 也为零。

　　薄膜的结构随着温度会发生非可逆的变化，与之相对应的电
阻、电阻的温度系数也会发生变化，这些变化在膜厚较小时特别激
烈。这个现象一般认为是岛状或接近隧道状结构的薄膜的粒子在基
板上发生了再蒸发、重构或氧化等化学变化等原因引起的。即使膜
比较厚时，晶格缺陷的变化也是非可逆的。薄膜的 TCR、电阻率
等对于温度的可逆变化，只能在一定的范围内，这与体材料是非常
不同的。

### 5.5.3 薄膜的密度

**薄膜的密度**一般比体材料的低，所以同样重量的膜，比体材料制备的膜厚。这个问题解释起来有点像绕口令，即根据重量来计算膜厚时，必须事先测定密度，而测定密度又必须先知道膜厚。图 5.12 是 Cr 膜的厚度与密度的关系例子[25]。

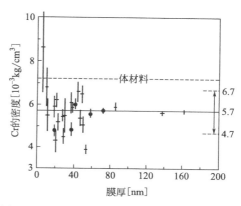

图 5.12 $10^{-3}$ Pa（$10^{-5}$ Torr）真空度下蒸发的 Cr 膜的厚度与密度的关系（本例的情况，薄膜密度处于 $5.7 \pm 1$ 之间，大约为体材料的 79%，体材料为 7.2）

### 5.5.4 时效变化

与通常的金属那样制备时充分退火从而消除了各种缺陷不同，薄膜制备后会慢慢地发生变化，这是在制作时由于快速急冷而在薄膜内部留下了各种缺陷和畸变等引起的。使用薄膜时，都希望它的时效变化越小越好，为此，必须对制备条件作各种研究。例如，将在后文中讲到的 TaN 电阻膜，要通过长时间的加速寿命实验来决定制备条件（参见图 9.30）。

薄膜越薄，时效变化越大。图 5.13 为玻璃基板上室温时蒸发的金膜（原始厚度为 36nm）的电阻率和膜厚的**时效变化**情况。由

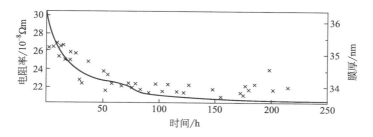

图 5.13 Au 蒸发膜的电阻率和膜厚的时效
变化（线为电阻率，点为膜厚）

此可见，仅仅在室温中放置，就不光是电阻率会发生变化，连膜厚都改变了[26]。

如图 5.13 所示，在一般情况下，时效变化在初期非常剧烈。所以薄膜制备完成后，用一定的高温处理几小时（根据膜厚和基板的材质而定），然后再放置，以后的变化会相对较小。这就叫做"老化"过程。

### 5.5.5 电解质膜

电解质薄膜多数为化合物。对化合物采用蒸发或溅射方法时，被蒸发或溅射出来的物质在飞行途中是否能保持原成分或发生因分解而气化等不十分清楚。但可以想象，至少其中一部分会发生分解。这些薄膜都被用作绝缘，其中所含缺陷比金属膜多得多，而且成分也会发生偏离（与体材料相比），所以通常它们的绝缘性、介电特性与体材料相比大大劣化。为了消除这些缺陷，必须在薄膜制备后进行后处理。图 5.14 为分别使用热氧化、蒸发、溅射方法制备的 $SiO_2$ 薄膜的红外吸收特性[27]。发生这样的吸收特性的差异的原因虽然尚不十分清楚，但热处理后各种方法制得的膜与热氧化法制得的膜的吸收特性就基本相同了，又因为成分原本就基本相同，所以可以认为造成吸收特性不同的原因是结构的差异引起的。

从制备方法的角度来讲，用溅射方法制备电介质膜比较容易，用电介质靶直接溅射，一般成膜速率可达到 $100\sim200nm/min$。另

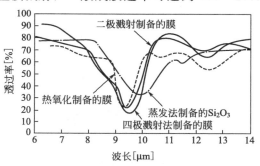

图 5.14 $SiO_2$ 表明的红外吸收特性

外也可用反应溅射方法制备电介质膜。

## 5.6　薄膜的内部应力

平常我们使用的各种各样的制品虽然是在良好的热平衡状态下制造出来的，但也有相当的内部应力残留在其中。与此相比，大多数薄膜是在非热平衡状态下形成，并且是从岛状构造开始合并在一起长大而成的。各个岛状物，可能是固态，也可能是液态，合并形成薄膜时，并不是处在热平衡状态下，而且形成薄膜后也没有慢慢退火。所以在真空中制备的薄膜，可以说必定有内部应力残留[28]，当然其大小因制备条件而定。图 5.15 是一个典型的例子[29]，其中**纵轴代表平均应力❶**，横轴为膜厚，基板为玻璃，膜材质为银。应力为正，即为张力，对膜起收缩作用；应力为负，则为压应力，对膜起膨胀作用。实际上，如图 5.15 所示情况，蒸发膜中往往留下张力，但是溅射膜中大多数存在的是压应力。

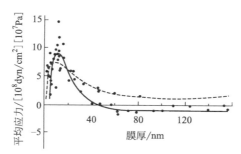

图 5.15　蒸发和溅射的银薄膜中残留的平均应力
┅蒸发：0.3～0.8nm/s；──溅射：0.52nm/s（溅射压强较高时）

产生应力的机理至今尚不完全清楚，用电子显微镜对蒸发过程进行观察，岛的合并大量进行时，应力急剧增加，岛的合并过程完成后，应力达到极大值。两个小岛合并时，互相牵拉，而且合并后

---

❶　薄膜的单位长度上的应力称为全应力 $S$，将全应力 $S$ 除以膜厚度 $d$，得到膜的单位横截面积的平均应力 $\sigma$，称为平均应力。

总面积变小（例如缩小 10%）。所以，认为合并时的互相牵拉是产生应力的机理[28]。其他也有热应力说、晶格缺陷说等理论。

关于溅射成膜，在膜很薄时发生的机理基本上与蒸发的情况类似，但是对于最终为什么残留的是压应力，永田[29]等作了如下的解释：对于反应溅射，① Mo-($N_2$＋Ar) 体系的溅射过程中，是由于 $N_2$、Ar 被埋入膜中以及在基板上发生了氮化反应；而② Mo-Ar 体系的溅射过程中，是由于 Ar 被埋入了膜中。最近的高速溅射方法也发现残存在膜中的是张应力。所以残留的到底是什么样的应力，还须视薄膜制备条件而定。

## 5.7　电致徙动

由于电流而引起的原子移动现象被称为电致徙动（简称为EM)、电致迁移或电场致扩散。物质中以浓度梯度作为表观驱动力引起的原子的移动称为扩散现象。而 EM 是电子的流动（即电位梯度）为驱动力而引起的原子移动[30]。物质中原子移动也可因薄膜中残留的应力而引起，这种应力引起的原子移动被称为**应力徙动**（Stressmigration)。

这些现象并不仅仅存在于薄膜中。在 IC 领域，布线微细化后，即使很小的电流，其电流密度也相当大。所以就不能忽略电致徙动的因素，以至于造成布线断裂，引起 IC 失效。例如，宽 $0.3\mu m$、厚 $0.3\mu m$ 的布线中，即使流过 1mA 这样微小的电流，其电流密度也将达到约 $1\times10^6\,A/cm^2$（$1\times10^{10}\,A/m^2$)。如在这个条件下使用，通常几十至几千小时后，布线就会断裂（加速寿命试验就用这个条件）。所以 IC 在实际使用时，所用的电流密度要小于它（当然还要依使用的布线材料而定），从而实现长寿命。

图 5.16 为由于电致徙动而引起的断线的实例。从图（d）中可以看出，Al 由于徙动现象而向中部及左下部移动，从而形成了小丘状凸起。

对 IC 来说，提高**耐电致徙动性能**十分重要，因而人们围绕这个

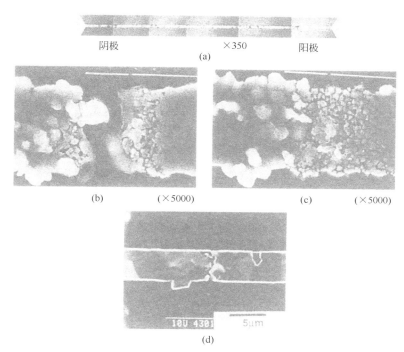

图 5.16 Al 布线由于电致徙动而断裂的例子(a) $1\mu$mt×$10\mu$mw×
$1$mmL 的 Al-Si 线的断裂;(b)和(c)断裂部的放大照片[31];
(d)断裂部位由于原子移动而形成了小丘的又一实例
（由 NEC Electronics Corporation 提供）

问题展开了大量的研究[32]。耐电致徙动性能与采用的材料相关，但
即使是同一种材料，它还随晶体形成的方式方法、晶粒大小等的不
同而不同。特别地，耐电致徙动性能还受到布线的复合结构的支配。
图 5.17(a) 将 Al 和 Al-0.5％Cu 布线作了对比。加入 0.5％ 的 Cu，
使耐电致徙动性能提高了几十倍。图 5.17(b) 是 TiN（0.1$\mu$m）/Cu
或 Al-Si-Cu(0.4$\mu$m)/TiN(0.1$\mu$m) 的三明治结构的情况。采用 Cu 与
采用 Al-Si-Cu［与图（a）中采用的 Al-0.5％Cu 性能相差不多］相
比，在布线宽度差别不大（分别为 $W=1.2\mu$m 和 $W=0.9\mu$m）的情
况下，可以看出抗 EM 性能相差大约 100 倍[33]。由上可知，在电流

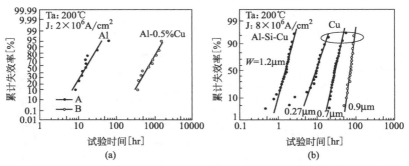

图 5.17 由电致徙动引起的布线的累积失效率和试验时间的关系

(a) 对于 Al(5％)-Cu 体系，在试验温度 200℃、电流密度 $2 \times 10^6$ A/cm² 的条件下，

1000h 有 70％的连线断裂。对 Al 线，断裂时间更早；(b)对于 Al-Si-Cu

的线宽与图(a)中的 Al-Cu 相当，而 Cu 线的线宽不同。由于

电流密度 4 倍于图(a)，失效加速，寿命就更短了

密度较高的场合，布线采用以 Cu 为主体材料是有利的[32]。

# 本章小结

为了便于理解薄膜制备的基础概念，下面以一个人到列车上就座作为例子来打比喻。图 5.3(b) 中的 ●比作座位，把 ○比作就座的人。人们进入车内，首先寻找一个感觉似乎不错的位子（捕获中心）前去就座，坐下来如果感觉很好［这个状态势能低，即势谷（图 5.1)］，就坐定下来了；坐下来感觉如果不好（相当于这里的势能高，即没有到达势谷），就想换一个座位（相当于再分布），站起来向其他地方走了（即发生了再蒸发）。

薄膜制备时，正如上面比喻的，就是四处寻找好的位子。如果都能坐到一个如意的位子上，那么相当于能够结成优良的晶体（单晶膜）。当然这种情况也无法获得具有特殊性质的材料。事实上，●和○的关系通常并不是处于上面讲的那样简单的对应关系。首先，有可能 ●的温度比○的熔点低很多。例如，Au 的熔点为 1063℃，基板的温度充其量 500℃左右。用水作为例子，如果 ●（衬底）处在－20℃以下的温度（如冰箱的制冷管就处在这个温度左右），这时若将湿的手指触摸它，就会立即被冻在上面，不用强力拉，手指就脱不下来。其实薄膜形成时，四处选席位的余地是没有的，○立即就被牢牢地粘在基板上了。实际上，○的温度与火炭差不多，虽然不至于一接触就被冻住，但也不是可以像在空的车厢内慢慢寻找好位子那样状态良好。要使○作规则排列，无论如何要让●保持在一个适当温度（外延温度）以上。

从完全规则排列的角度来讲，实际制备薄膜时情况其实是非常糟糕的。首先是温度的影响。当●和○接触时，不管那个位置是座位还是床，要○一下就被牢牢粘住，●的温度就必然非常低。这就像上下班高峰时，人们一窝蜂冲进地铁车厢，迅速找个位置，东倒西歪地手吊在这里，脚却站在那里，不可能处于舒舒服服的有条不紊的排列状态。对薄膜来讲，内部必然存在大量缺陷和很大的畸变。为了消除这些缺陷和畸变就需要加热处理（就像列车开动后，哐当哐当地不停摇晃，吊着拉手的位置和脚站的位置就可以进行调整了）。即使如此，也不能完全消除缺陷，内部仍会有大量缺陷存在。

从作为"座位"的衬底的角度来看，在一般情况下，也比不上像在真空中劈裂（图 5.6）那样清洁，也没有做过适当的表面修饰（例如在真空中劈裂并在表面用 $H_2O$ 修饰，5.3.4），还往往受到一定程度的污染。一般的薄膜就是在这样的衬底上制备出来的，其内部就类似于满员的列车车厢内部，乘客○要忍耐着许多不自然的挤压，从而薄膜内部就有相应的畸变和应力残留。由于不是整整齐齐的规则排列，密度也相对较低。这些都与通常的温度缓慢变化的熔炼或消除了畸变的物体大相径庭。

还有一点必须指出，真空中除制备薄膜的目标原子（如 Al）外，还有许多其他气体分子（如 $H_2O$、$H_2$、$CO$、$CO_2$ 等）存在。为了避免或尽量减少它们与 Al 反应从而制备出高纯度的 Al 膜，在镀膜过程中无论如何必须保证空间有足够高密度的 Al 原子存在，使其他气体分子数目与之相比可以忽略。另外，附着速度也不可无限地降低（图 8.18），而应该适当提高附着速度，尽量改善真空度。当然，一般来说不可能无限地提高真空度，所以通常都利用适当加大成膜速度的方式。

## 参 考 文 献

1) 熊谷，富永，辻，堀越：真空の物理と応用，裳華房（1970）.
   高石：真空, **9**（1966）175, 228, 274, 310.
   小栗：真空, **10**（1967）47, 85.
   川崎：真空, **10**（1967）276.

2) G. Ehrlich : 1961 Trans. 8 th Natl. Vac. Symp. 2 nd Intern. Congr. Vac. Sci. Tech., p 126.（Pergamon, 1962）
   J. P. Hobson : Brit. J. Appl. Phy., **14**（1963）544.
   American Institute of Physics Handbook（McGraw-Hill, New York, 1957）

3) R. C. Weast : Handbook of Chemistry & Physics 49 th ed.（Chem Rubber Co.）

4) G. Tominaga : Japan. J. Appl. Phys., **4**（1965）129.
   H. Shelton & A. Y. H. Cho : J. Appl. Phys., **37**（1966）3544.

5) G. Ehrlich : Brit. J. Appl. Phys., **15**（1964）349.

6) J. D. Dawson & J. D. Haygood : Cryogenics, **5**（1965）57.

7) D. O. Hayward, D. A. King & F. C. Tompkins : Proc. Roy. Soc., **A 297**（1967）305.

8) 薄膜生长相关参考文献
   犬塚・高井：薄膜成長の話（1990），早稲田大学出版部
   本庄，八木，渡辺：金属物性基礎講座，14 巻（1974）薄膜・微粒子の構造と物性，丸善
   渡辺ら：材料科学講座，6 巻（1969），薄膜・表面現象・朝倉書店.
   八木：日本物理学会誌，28（1973）108.
   八木：固体物理, 7（1972）150.

9) 生地，永谷，魚谷：応用物理，44（1975）142.
   木下・口弼・竹内：固体物理
   K. Kinoshita et al : Jpn. J. Appl. Phys. 6（1967）42

10) T. Kato : Japan. J. Appl. Phys., **7**（1968）1162.

11) S. Ino, D Watanabe & S. Ogawa : J. Phys. Soc. Japan, **19**（1964）881.

12) R. W. Adam : Z. Naturforsch, **21 a**（1966）497.

13) K. Mihama, H. Miyahara & H. Aoe : J. Phys. Soc. Japan, **23**（1967）785.

14) D. J. Stirland : Appl. Phys. Letters, **8**（1966）326.

15) K. L. Chopra : Appl. Phys. Letters, **7**（1965）140, J. Appl. Phys., **37**（1966）2249.
    M. Mihama & M. Tanaka : J. Cryst. Growth, **2**（1968）51.
    K. L. Chopra, L. C. Bobb & M. H. Francombe : J. Appl. Phys., **34**（1963）1699.

16) 例えば T. Itoh : Proc. Intern. Ion Eng. Conf. **2**（1983）1149.

17) 例えば，秋山：第 1 回次世代産業基盤技術シンポジウム予稿集（1983）161.
    高浜：idid 185.

18) T. Kobayashi, et al : J. Vac, Sci, Technol. **A 10** (3) (1992) 525.
    関口, 小林：月刊 Semiconductor World, (1989. 9) p 39.

19) 例えば, 中村編集：日本の科学と技術 3-4, 特集アモルファス 24 巻 (1983)
    日本科学技術振興財団, 科学技術館.

20) 増本：ibid 20.

21) 浜川：ibid 59, 桑野：ibid 70, 河村：ibid 79, 松村：ibid 86.

22) 小林, B. Fechner：ファインプロセステクノロジー・Japan' 99. 専門技術セミ
    ナーテキスト B 5 (1999) 33

23) 中井：金属物性基礎講座, 14 巻 (1974) 189, 薄膜・微粒子の構造と物性, 丸
    善, 神山, 管田編：薄膜ハンドブック, 日本学術振興会薄膜第 131 委員会,
    オーム社 (1964) II—31.

24) F. Huber : Microelectronics and Reliability, **4** (1965) 283.

25) P. G. Gould : British J. Appl. Phys., **16** (1965) 1481.

26) Y. Fujiki : J. Phys. Soc. Japan., **14** (1959) 1308.

27) 麻蒔：電子材料 (1967. 6) 1.
    P. D. Davidse : Symp. on the Deposition of Thin Films by Sputtering, cosponsored by the Univ. of Rochester & CVC, (1965) 75.

28) 馬来, 木下：応用物理, **35** (1966) 283.

29) 生地, 永田：応用物理, **42** (1973) 115.

30) 日本金属学会編：金属便覧, 丸善㈱ (1990), p 136, p 140
    剣持, 中島：材料科学, **13** (1976. 8) 107

31) E. NAGASAWA & H. OKABAYASHI : NEC RESEARCH & DEVELOPMENT,
    No 59 (1980. 10) p. 1〜11

32) 在每年召开的如下会议上会有许多论文发表．
    Int'l. Conf. Solid State Devices & Materials, VLSI Multilevel Interconnection
    Conf., Int'l Electron Device Meeting., 春・秋 応用物理学関係連合講演会.

33) Y. Igarashi, T. Yamanobe & T. Ito : 1995 SSDM (1995) 94.

# 第6章　薄膜的制备方法

薄膜的制备除这里要讲的利用真空来制备的方法以外，还有诸如电镀、大气中印刷涂敷、机械方法等许多方法。它作为一个重要的产业，不断地获得发展。在所有方法中，真空制备法作为一种先进薄膜制备技术占有十分重要的地位。它在以电子学为核心的知识产业、电子工业、钟表业、照相等光学产业中是不可或缺的重要技术。为此，真空法制备薄膜本身及其相关的应用研究非常热门，层出不穷的新技术、新方法不断得到开发和利用。

## 6.1　绪　　论

代表性的利用真空来制备薄膜的方法（以后就简称为薄膜制备方法）大致有如表 6.1 所示的蒸发法、离子镀法、溅射法和气相反应法。其他还有制备特富龙等有机薄膜的聚合法、电离聚合法以及制备一些特殊金属单体薄膜的热分解法等。本章主要叙述表中所列的 4 种方法。至于在液体中进行的电镀法将在第 12 章中详细叙述。

蒸发法

将水烧得不停地沸腾，产生的蒸汽附着在窗玻璃上会形成一层"白雾"。蒸发与之类似。这个方法的基本要素要有与烧水锅相当的坩埚，加热的加热器，让蒸发出来的蒸汽附着的基板。一般在坩埚和基板之间放置一个挡板，不让蒸发刚开始时的杂质到达基板，过一定时间后再移开挡板，让目标物质到达基板并附着，从而形成薄膜。对蒸发物质进行加热的方法，主要采用对钨等高熔点材料通电产生热量的方法（电阻加热法）和电子束加热法。为了防止这些被

表 6.1 真空薄膜制备方法

| 方法 | 蒸发法 电阻加热 | 蒸发法 电子束 | 离子镀 | 溅射法 二极 | 溅射法 磁控 | 气相法 |
|---|---|---|---|---|---|---|
| 原理图 | （原理图） | （原理图） | （原理图） | （原理图） | （原理图） | |
| 源的稳定性 | 几乎每次要更换或添加 ① [3] | 同左 [4] | 与蒸发法相同 [4] | 几个月到一周换一次 [1] | 几天到一周换一次 [1] | 气体随时补充 [2] |
| 制备薄膜的材料 | 高熔点物质不可 [3] | 除有机物之外无限制 [2] | 同上 [2] | 几乎无限制 [1] | 同左 [1] | 氧化、氮化、碳化、硼化等化合物，组分化单，很稳定 [3] |
| 基板材料 | 任意 | 任意 | 任意 | 任意 | 任意 | 要求能耐受反应温度 |
| 附着速度 μm/min | ~1 [2] | ~1 [1] | 与蒸发法相同 [1 or 2] | ~0.1 [3] | ~1 [1] | ~1 [1] |
| 附着强度 | 良 [1 (3)] | 良 [1 (3)] | 优 [1] | 优 [1 (2)] | 良 [1 or 2] | 优 [1] |
| 膜厚分布 | 良 [3] | 良 [3] | 良 [3] | 优 [1] | 良 [2] | 可 [3] |

续表

| 方法 | 蒸发法 | | 离子镀 | 溅射法 | | 气相法 |
|---|---|---|---|---|---|---|
| | 电阻加热 | 电子束 | | 二极 | 磁控 | |
| 膜的面积 | 大 | 大 | 大 | 大 | 大 | 小 |
| 膜的纯度 | 可 ③ | 优 | 与蒸发法相同 ① or ③ | 良 ② | 良 ② | 良 ② |
| 绕进 | 可 ③ | 可 ③ | 良 ② | 优 ① | 良 ① | 优 ② |
| 外延 | 可能 | 可能 | 可能 | 可能 | 可能 | 可能 |
| 掩蔽 | 容易 ① | 容易 ① | 困难 ② | 困难 ② | 容易 ① | 困难 ③ |
| 膜厚控制 | 容易 ① | 容易 ① | 容易 ② | 容易 ② | 容易 ② | 容易 ② |
| 环境压强 | $10^{-2}$Pa （$10^{-4}$Torr）以下 | 同左 | $10^{-3}$～1Pa [$10^{-5}$～$10^{-3}$Torr] | $10^{-2}$～1Pa [$10^{-4}$～$10^{-3}$Torr] | 1Pa [$10^{-3}$Torr]以下 | 大气压以下 |
| 优点 | 简便，掩膜可，坩埚可 | 高熔点物质可，掩膜可，高纯度，高速 | 附着绕进良 | 附着良，任何材料可成膜、溅稳定、连续化容易 | 同左 高速、连续化容易 | 可制备缺陷少的致密薄膜 |
| 缺点 | 化合物、合金等成分改变；坩埚污染 | 化合物、合金等成分改变 | 基板温度上升 | 低速 | | |

① 表中□内的数字表示优良程度的顺序，附着强度对离子轰击充分离子轰击基板和加热情况下所有方法几乎没有区别，但如果不进行这些处理，将按拔（ ）内的数字顺序。

② 不用的场合也存在。

加热到高温的物质燃烧或膜的氧化,蒸发过程必须在真空环境中进行。蒸发源一般是"点源",类似光源里的点光源,这样附着的薄膜离源越近的地方就越厚,边缘部分较薄,要获得均匀厚度的薄膜必须花很大的工夫(以后专门叙述)。

溅射法

如果将一个球砸到碎石路上,碎石就会飞溅出来。溅射法就是利用这一现象。与球相当的是在靶附近产生的等离子体(荧光灯内部也存在)中的离子,与碎石相当的就是靶表面的原子。溅射法就是将这些原子"溅射"出来,让它们附着在靶附近的基板上形成膜。等离子体是在靶的周围形成 $10\sim10^{-4}\,\mathrm{Pa}$($10^{-1}\sim10^{-6}\,\mathrm{Torr}$)的真空,同时在基板、真空容器与靶之间加一个几百(高速或四极溅射)到几千伏电压而产生的。由于靶的面积很大,与光学中的面光源相似,一般容易得到厚度均匀的薄膜。另一个特点是没有必要提高靶材的温度。单纯加电压的溅射是二极溅射,加正交的电场和磁场的高速化的溅射称为磁控溅射。

离子镀

离子镀方法是在采用的坩埚蒸发(这一点与蒸发法相同)的同时,再将相当于在溅射中的靶作为基板而制备薄膜的方法。从这个意义上讲,离子镀可称为蒸发法和溅射法的"儿子"。在这个方法中,使用离子对基板进行溅射(这一点与溅射法类似),但只要蒸发速度大于溅射速度,就一样能制备出薄膜来。由于离子的溅射有清除杂质的作用,并同时能使基板升温,一般来说得到的薄膜的附着强度较大。单纯地在基板上加一个直流电压的方法称为直流(DC)法。若在基板和坩埚之间加一个高频线圈,即使在很高的真空度下也能进行离子镀,这种方法称为高频法。其他还有许多借助于离子的蒸发法,这些都被称为离子助蒸发法。更进一步地,还有利用离子将表面转变成其他化合物或在表面制备化合物等薄膜制备方法,称为表面氧化、表面改性等。

气相生长法

气相生长法就是将含有需要的元素的气体（反应气体）送到处于高温的基板表面，使其发生分解、氧化、还原或置换等化学反应，从而在基板上形成薄膜的方法。例如想要制备 Si 的薄膜，选容易气化的 Si 的化合物，如 $SiCl_4$ 等（一般氯化物容易气化），将其加热气化并与氢气混合（称 $H_2$ 为携带气体），送至加热到 $1000 \sim 1200℃$ 高温的基板表面，表面上就发生如下的分解反应：

$$SiCl_4 \longrightarrow Si + 4HCl$$

这样 Si 就会在基板上附着。在这个领域，诸如采用与等离子体组合、光助化学反应、在反应气体中加入其他新的物质等，技术上正在获得飞速的发展（参见第 10 章）。

在实际工作中，以上这些方法的特征可以被充分灵活地运用。对于电阻加热蒸发法来说，由于装置相对便宜，适合于一般简单的薄膜的制备。除少数特殊的以外，用于制备薄膜的材料大多能满足本方法的要求。对于高纯膜、绝缘物、Al 的高速蒸发或高熔点材料，基本上都要用电子束蒸发的方法。离子镀方法作为可获得最大附着强度的技术，在 20 世纪 70 年代前便开始热火朝天地发展起来，一时作为无公害镀膜技术而万众瞩目。最近又被用于制备化合物薄膜和分子束外延等技术中（参见第 8 章）。溅射法的源的稳定性、耐用性与电镀技术相仿，把一个很大的板材或棒材（靶）安上，可持续使用几天几夜，对于连续性生产非常合适。正是这种连续性生产的优点，IC 产业的各道工序、大型电子部件的生产、光学、钟表工业等基本上在产业领域被广泛使用，成为薄膜生产的核心技术。同时仍不断地边使用边进行着各种各样的改进。气相反应法可用于制备 W、Si、Al、Cu 等单质以及氧化物（如 $SiO_2$）、氮化物（如 $Si_3N_4$）、碳化物（如 TiC）等稳定的化合物薄膜，在半导体领域应用最多。最近又由于使其与等离子体、光化学反应等技术相结合而获得了更加飞速的发展。在显示元件、能源领域用于制备非晶硅、大尺寸显示器件和太阳电池薄膜，已经实现产业化应用。

# 6.2　源和膜的组分——如何获得希望的膜的组分

对薄膜技术工作者来说，源（指蒸发源、溅射靶，以后就称为源）的材质和制成的膜的组分之间的关系是最重要的关键问题之一●。通常总是希望制备得到的薄膜都具有一定的性质，为此，总是希望将源材料毫无改变地制备成薄膜，或者干脆在薄膜形成时与特定的气体反应（反应溅射或反应蒸发），使之具有一定的特性。这里将叙述源的材质和薄膜的材质将是否发生变化。

最笼统的讲法是蒸发和离子镀时变化较大，而溅射时变化不大。为便于理解，我们将盐水当作表 6.1 中的原理图所示的坩埚或靶。用蒸发或离子镀方法时，只有水会被蒸发出来；而若用溅射法，由于是将液体溅飞出来（这里用小石头投进去代替离子轰击就可以了），食盐也就被溅出来散布在基板上了。气相法是根据所希望制备什么样的薄膜来决定使用气体的成分，这一点请参照第 10 章。

## 6.2.1　蒸发和离子镀

对单种金属和不会分解的化合物，除了担心坩埚材料会作为杂质少量地混入以外，基本上可以放心地使用蒸发和离子镀的方法。特别地，如果使用电子束蒸发，由于坩埚处于水冷状态，混入杂质的问题基本上不存在。但是对于合金，只有特定材料在特定温度下蒸发（图 6.1 坡莫合金 1200℃蒸发）可以做到与源材料的组分同比例蒸发，除此之外蒸发过程中组分都会发生变化（如图 6.2 Cu/Ni 合金，即**阿范斯电阻合金**的蒸发，图 6.3Cr/Ni 合金的蒸发，表6.2 的 Ni 合金蒸发[1]）。为了达到蒸发时组分不发生变化的目的，可以采用每次将材料微量地送入处于高温的坩埚，使之在瞬间全部

---

●　最初，人们以为只要把与想要制备的薄膜成分相同的物质作为源，就能在基板上制备出同样的东西来。

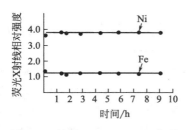

图 6.1   坡莫（Permalloy）合金
蒸发膜的组分变化

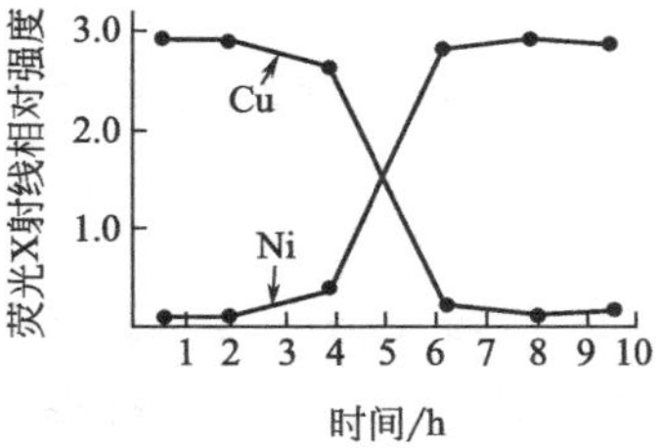

图 6.2   阿范斯电阻合金
蒸发膜的组分变化

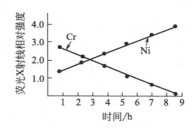

图 6.3   镍铬合金蒸发膜的组分变化

蒸发完，这就是所谓的**闪蒸法**。如果能解决好坩埚材料作为杂质混入的问题，这种方法将是一个很好的解决组分变化的对策（第8章）。

表 6.2   Ni 合金和它的蒸发膜的组成

|  | 坡莫合金<br>［Fe/Ni］ | 阿范斯电阻合金<br>［Cu/Ni］ | 镍铬合金<br>［Cr/Ni］ |
|---|---|---|---|
| 母材料 | 0.43 | 1.27 | 0.36 |
| 钨丝加热法 | 0.22 | 1.65 | 0.60 |
| 氧化铝坩埚 | 0.31 | 1.06 | 0.46 |

### 6.2.2   溅射法

对于溅射法，由于是将靶表面的材料原样地溅飞出去，可以认为能获得成分与靶材料大致相同的薄膜（如图 6.4）[2]。但是随着靶的温度上升，靶合金的某一成分会处于可自由扩散的运动状态，

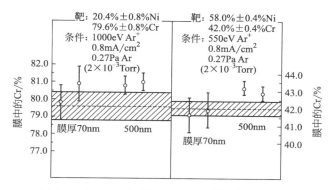

图 6.4 20Ni-80Cr 及 58Ni-42Cr 的溅射膜的组成

这样就造成溅射速度随材料的不同而有所差别，使膜的组分发生变化（图 6.5）。所以溅射时必须设法不让靶的温度上升[3]。

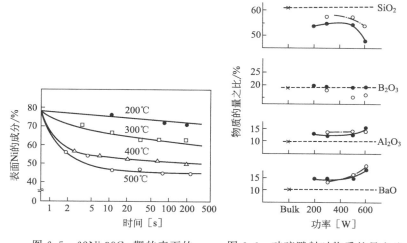

图 6.5 62Ni-38Cu 靶的表面的 Ni 成分随溅射时间的变化

图 6.6 玻璃溅射时物质的量之比 与溅射功率的关系

像玻璃这样的材料也会发生如图 6.6 所示的若干变化[4]。这里的数据不但随功率而变化，而且随基板放置的位置不同也有若干变化。除玻璃外，像透明导电薄膜（ITO）、高温超导材料这样的氧化物在溅射时存在从靶材产生的氧负离子的问题（请参照 9.5.3：氧化物的溅射）。

# 6.3 附着强度

在实际工作中，作为薄膜制备者，最伤脑筋的就是附着强度问题。影响附着强度的因素有：

① 基板和膜的搭配；

② 基板的前处理；

③ 基板的除气（加热或轰击）；

④ 成膜温度；

⑤ 膜的结构（是否引入接触金属）等。

虽然说这些因素可以基本决定附着强度的问题，但深入到细节，还需由实验来决定。

薄膜与基板之间的附着力有前章所述的：a. 离子键，b. 原子键，c. 金属键，d. 分子键（范德瓦尔斯力），e. 偶极子键等。通常总是千方百计地创造各种条件以期望达到 a～c 那样的化学结合，无论是清洁基板表面还是使其升温都是为了这个目的。在金属基板上制备金属膜时，使表面充分洁净，膜和基板界面上两者互相扩散形成合金层，结果显示出极强的附着强度，其附着强度几乎与合金的断裂强度差不多。当基板是玻璃等无机物（主要是氧化物）时，要获得好的附着力，最好配合使用使基板上的氧等与附着在基板上的金属原子发生化学反应的工艺过程。实际成膜时，到底什么情况下形成离子键，什么情况下形成金属键，一般很难清楚区分。但事实上如今人们对于采取哪些措施可以使附着力增强已经相当了解，下面将就这些方法一一叙述。

## 6.3.1 前处理

油脂类使得附着力极差，也必须像小粒垃圾一样彻底清除。一般来讲，还要进一步去除掉一层表面层，即所谓"剥表皮"（对金属来讲，表面会有各种各样的化合物，特别是斑斑点点的氧化层存在），露出洁净的表面后放入真空设备再进行镀膜。薄膜和基板之间绝对不能留有异物。

通常未经处理的基板表面都粘附有小粒垃圾和油脂。虽然小粒的垃圾不一定影响薄膜的附着力，但可以引起针孔、电子器件断线、短路等问题，必须彻底清除。

表 6.3 列出了去除异物的方法和其后的干燥方法。其中薄膜制备时经常用打 * 号的方法，关于这些方法下面将逐一说明。近年来，由于大量采用新材料，清洗带来的副作用也必须引起注意，这个问题可参阅相关参考文献。

**表 6.3　主要的清洗和干燥方法**

| 物　理　清　洗 | 干　燥　方　法 |
| --- | --- |
| 用刷子擦洗 | 气刀干燥 |
| 超声清洗 * | 高速旋转甩干 * |
| 高速粒子劲吹 | 热风干燥 |
| 流体喷射清洗 | 真空干燥 |
| 等离子体清洗 * | 红外干燥 |
| 化　学　清　洗 | 置　换　干　燥 |
| 清洗剂、溶剂清洗 | 异丙醇蒸气置换水干燥 * |
| 酸、碱清洗 | Marangoni 干燥 * |
| 功能水（氢水、双氧水、电解离子水） | |
| 受激准分子光源处理 * | |

（ⅰ）超声清洗[6]

将 Al 箔放入液体中进行强力超声波清洗，很快就会由于强大的清洗力而出现如图 6.7 所示的孔洞。这就说明进行这种强力的清洗，可以清除物体表面的异物。这种清洗效果来源于空化现象和液体分子的振动而产生的加速度、局部的高温高压。

当在液体中施加超声振动时，以微小的气泡为核而形成的无数近似于真空的"空化气窝"，而且随着超声波振动持续进行着绝热的膨胀、压缩变化。这些空化气窝被超声波的高压部压碎的

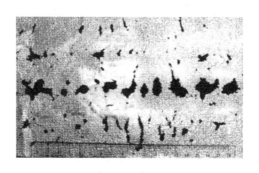

图 6.7　由于超声清洗而侵蚀的铝箔

（25℃，自来水中，26kHz，45s）

瞬间产生了强大的冲击力。这个冲击力就会将异物冲下来（前面讲的会把铝箔冲破），产生洗净效果。除这样的空化效应外，液体分子也随着超声波而振动，产生的最大加速度在频率为 28kHz 时可达到 $10^3 g$（$g$：重力加速度），950kHz 时可达到 $10^5 g$。所以这种高速振动也是产生强大清洗能力的原因。另外，**空化气窝**由于绝热压缩，会产生**局部的高温高压**，它促使污染物发生物理、化学反应，也大大有利于污染物的清除。综合几种效应，甚至是几种效应会互相协调增强，更加增强了清洗效果。如果使用清洗剂作为超声工作液体，效果更佳。

在电子管材料领域，经常用脱气试验和同位素示踪的方法对这种清洗处理方法进行定量研究[7]。

（ⅱ）处理后的物品绝对不允许"裸手"触摸

表 4.1 是金属镍的各种处理后的放气实验数据。由此可见，裸手触摸过的东西沾污最严重，用氢气处理东西（金属常用）和用酸清洗去除表面层的东西，在所有处理方法中效果最好[8]。

（ⅲ）"兆赫声波"清洗[9,10]

一般的超声波清洗，特别是频率为 20～100kHz 时，前述的"空化"效应非常强烈，铝箔会发生如图 6.7 那样的破裂孔洞，会对高精密的电子器件造成损伤。于是人们研究开发了 1MHz 左右的所谓的**"兆赫声波"清洗法❶**。其对超高密度电子元器件造成致命损害的粒子的清洗效果特别显著，是一种去除微粒污染的必不可少的技术，图 6.8 是一个实例。

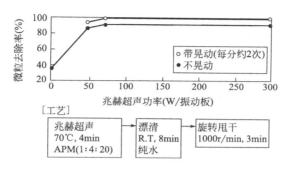

处理前粒子数：10000 个/8 英寸 Si 基板；

APM：氨水、双氧水（例如，氨水：双氧水：超纯水＝1：4：20）

图 6.8 采用适当功率的兆声波清洗几乎可完全清除粒子沾污

频率增高可抑制空化气窝的发生（这时要发生气窝至少要 $500W/cm^2$ 那样高的功率密度，而实际上只使用 $5W/cm^2$ 的功率密度）。同时，①频率为 1MHz 时，由振板向水中发出的疏密波向被清洗物体发射，这时水分子被加速达到 $10^5 g$ 的加速度，平均 1 秒 $10^6$ 次对被清洗表面来来回回地擦洗；②使水的一部分以 $H^+$、$OH^-$ 的离子形式存在，提高了水的清洗能力；③一方面，通常水分子以几个到几十个组成集团（分子团），这样水分子的振动速度会变小，妨碍超微细孔中的清洗，兆赫级的超声可细化这种分级；另一方面，虽然因为这些原因不能去除粘得很牢的污染物，但是对以范德瓦耳斯力这样弱的力而附着在基板上的污染粒子的去除却发挥了超乎意料的优异效能。现在兆赫超声清洗已成为基板清洗的最后阶段的重点技术。常常将 20kHz 左右的超声清洗和兆赫超声清

---

❶ 当频率达到 1MHz 时，要产生"空化气窝"效应，至少需要 $500W/cm^2$ 那样高的功率密度，起初从常识上考虑认为这种条件是不可使用的。但是后来的研究发现使用这个频率可使粘在基板上的粒子充分去除，于是这个方法就被广泛使用了。

洗根据污染程度组合起来使用。一般大多对玻璃基板先用 28kHz，后用 1MHz 清洗组合使用，而对 Si 基板，因为是在原本就比较干净的基础上的进一步清洗，大多单采用兆赫超声清洗。

（ⅳ）受激准分子光源照射处理

基板清洗接近尾声时，最后阶段大多使用酒精干燥［参见 6.3.1（ⅵ）］。干燥后表面常常会残留少许酒精。为了去除这些残留酒精，常采用干式分解法，特别是采用紫外线或受激准分子激发光处理非常有效。图 6.9 就是为此而开发的光源。图 6.10 表示经过 2min 的照射，可以基本上去除有机残留物。

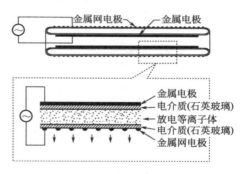

图 6.9  电介质隔离放电准分子激发
光源的构造和发光原理

（ⅴ）等离子体清洗

等离子体处理的效果非常好，大都在成膜之前直接进行，作为成膜工艺的一个步骤［参阅后面 6.3.2（ⅱ）中轰击效果］。

（ⅵ）干燥处理

除准分子激发光处理和等离子体处理以外，清洗处理时若使用**液体物质（湿处理法）**，这时作为最后一步必须将纯水等一切液体物质一次性地从表面清除。不这样处理的话，如果在表面留有水滴，那么大气中含有的酒精等易溶于水的气体就会溶解在水滴中，水蒸发后留下水渍，使好不容易进行的清洗工作前功尽弃。为此，常采用不含微粒的干净空气，使其成刀状吹出，赶走液体等许多干

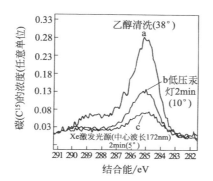

图 6.10　准分子激发光照射后，无碱玻璃上有机物的减少（XPS 分析结果）

a—乙醇清洗后残留了相当多的有机物，38°是水的接触角；

b—低压汞灯照射 2min 后有较大减少；c—准分子

激发光照射后进一步大幅减少

燥处理方法（表 6.3）。

乙醇和水非常容易互溶，将残留有纯水的基板置于乙醇或乙醇蒸气中，水被乙醇置换，而置于高温中的乙醇被迅速干燥，这常作为清洗工艺的最后一步。

另一种干燥方法是**马兰古尼干燥法（Marangoni）**。如图 6.11 所示，将基板从纯水中提拉到氮气和乙醇的混合蒸气中的方法。这时在气体和水的交界处，乙醇以图中所示的箭头方向流动，使基板上不留水滴，得到干燥。这个方法也是在清洗干燥的最后一道工序时采用。

（ⅶ）实际的清洗设备

清洗设备常常配合工程目的不同而多种多样。图 6.13 是大型基板（平面显示 PDP 用的 1m 见方左右）的清洗设备和工艺流程的实例。由于如此大的基板要从清洗槽中进进出出，进行一道道工序，所以设备非常庞大，不仅制造困难，安置空间也要详加考虑。

图 6.11　马兰古尼
干燥法

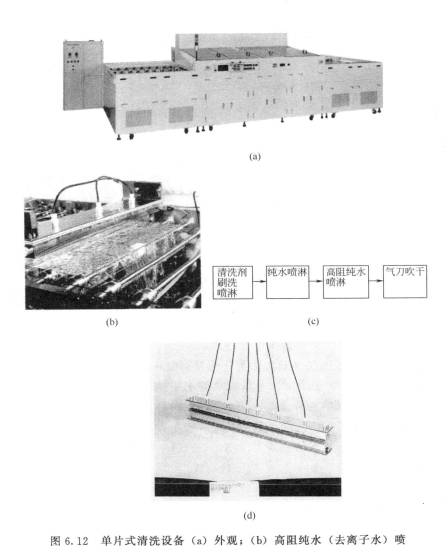

图 6.12 单片式清洗设备 （a）外观；（b）高阻纯水（去离子水）喷淋（喷淋装置喷出的水在基板上流动的样子）；（c）清洗工序实例；（d）使清洗液压强最小（相当于超声波波长，即几毫米）时，使洗液的消耗量相当于通常的 1/10，并且可两面清洗的装置（基板从中央的狭缝中通过）

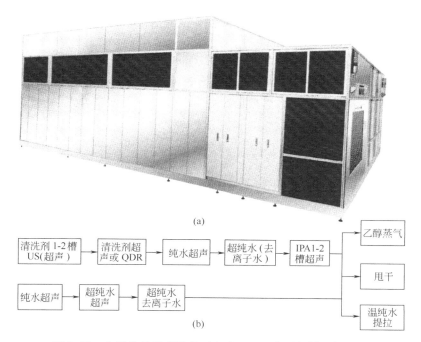

(a)

清洗剂 1-2 槽 US(超声 ) → 清洗剂超声或 QDR → 纯水超声 → 超纯水 (去离子水 ) → IPA1-2 槽超声 → 乙醇蒸气

纯水超声 → 超纯水超声 → 超纯水去离子水 → 甩干

→ 温纯水提拉

(b)

图 6.13　大型批处理式设备（カイジョー公司提供）每分钟
可处理 2 枚 1m 左右见方的大型基板

（a）外观（内部放置收纳几十枚 1m 左右见方的基板的箱盒，根据清洗工序，依次
经过多个清洗槽）；（b）清洗工序实例；QDR：Quick Dampling Rinse（快速阻尼漂洗）

图 6.12 是被清洗基板经过长长的超声清洗器下方的情形[9]。清洗液一般每小时需要几吨，但经过适当的过滤等再处理后，可循环使用。

图 6.12 是清洗量比较小时采用的**单片式清洗设备**。基板置于左侧的滚轴上，边移动边清洗，如（b）所示。对于比较小的基板，就采用浸入清洗槽中清洗的方法，但对于大的基板，采用从长的喷淋头下面通过的方式。以前一般的清洗设备，用水量非常大，而采用如图 6.12 的设备清洗，用水量可减到从前的 1/10 以下，另外还开发了两面同时清洗的喷淋装置（d）[10]。

图 6.13 是可容纳几十枚 1m 左右见方的大型基板的盒式清洗设备。收纳有基板的盒通过一个一个清洗槽依次进行一道道清洗工

序的清洗。清洗能力大约为每分钟 2 枚，是高量产型设备。

## 6.3.2 蒸发时的条件

桑原等采用如图 6.14 所示的附着强度试验装置，将圆柱形棒用环氧粘接在薄膜上，然后用拉力将其拉倒，根据拉力大小进行附着强度研究[11]。

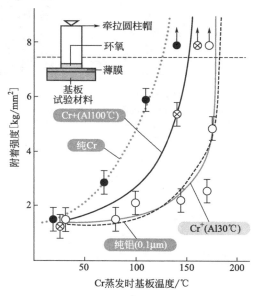

图 6.14 基板温度对附着强度的影响[11]，其中"Al 100℃"
是指蒸发 Cr 后，蒸发 Al 时的温度为 100℃

（ⅰ）蒸发时基板温度

如图 6.14 所示，在铁基板上蒸发 0.1μm 厚的 Al，基板温度超过 150℃ 时，附着强度急剧增加（虚线，Al）。当仅蒸镀 Cr 时，如点连线所示，随着基板温度升高，附着力显著增大。还研究了在 Al 与铁之间先蒸镀一层 Cr 的情况，如果在蒸 Al 前先蒸大约 30nm 的 Cr，结果是：在 30℃ 时与光蒸 Al 相似，附着力基本上没有增大，但是到 100℃ 时与光蒸 Al 相比，附着力显著增强了。这种情况下，剥离发生在 Al 与 Cr 之间。

（ⅱ）轰击效果

若将基板置于等离子体氛围中，表面将由于受到离子、电子的轰击而变得更加洁净。图 6.15 是轰击时间与附着强度之间的关系图。一般来讲，轰击（哪怕时间很短）也能大大增加附着强度。

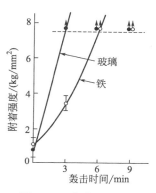

图 6.15　轰击对附着强度的影响

图 6.15 是玻璃基板的例子，有机物基板的效果也非常显著。图6.16(a) 是在有机薄膜上镀 Cu 以制备柔性印刷电路基板的设备。在这个设备中，最初用 ECR 离子源向聚酰亚胺进行离子辐照，图 6.17 表示表面出现了 $\diagdown C{-}O{-}$ 的悬挂键的峰。图中还显示了依次进行 $O_2$ 等离子处理、Ar 等离子处理以及 $N_2$ 等离子处理后的情况。处理后表面形貌的扫描电子显微镜照片如图 6.18 所示。表面粗糙度大小随 $O_2$ 等离子处理、Ar 等离子处理、$N_2$ 等离子处理的依次逐渐增加。这样再蒸镀 Cu 膜，其附着强度可获得显著改善（如图 6.16）。这个例子说明依靠表面悬挂键的化学吸附和表面粗糙度增加两个因素大大增强了附着强度。其他借助离子轰击改善附着强度的例子很多。这种方法被称为**离子助蒸发镀**（Ion beam assist deposition，IBAD，参见第 8 章）。

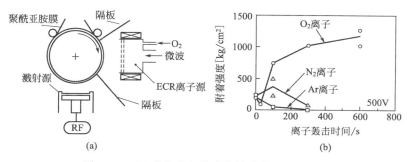

图 6.16　(a)薄软片上的卷绕镀膜装置示意图；
(b)轰击离子种类与附着强度关系

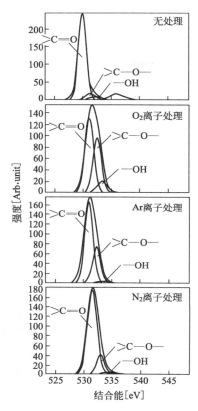

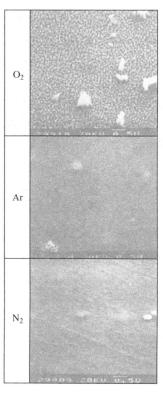

图 6.17 聚酰亚胺表面的 XPS 分析结果 ($O_{1s}$ 特征峰)

图 6.18 聚酰亚胺表面的 SEM 观察结果 (离子不同, 照射 时间同为 600s)

另外, 也可在薄膜制备后再用高速离子轰击, 甚至通过离子注入使表面薄膜材料与基板材料互相混合, 从而增加附着强度或实现表面改性。这种技术称为 "离子渗" (Ion mixing, 参见 8.8 节)。

### 6.3.3 蒸发法和溅射法的比较 (基板不加热情况)

一般来讲, 溅射法比蒸发法的附着强度大。在用乙醇超声清洗后的玻璃基板上, 以 20nm/min 的速度淀积 0.2μm 厚的膜, 用

"划痕"试验来表征它的附着强度（装置如图 6.19），实验结果如图 6.20 所示。无论是 Ag、$SiO_2$ 还是 Ni，都显示出溅射法制备的膜的附着强度显著比蒸发法的大。虽然详细的原因没有研究，但是采用蒸发法时，基板未加热是一种最坏的薄膜制备条件。而若采用溅射法，10min 左右以后基板的温度会自己升高许多；电子轰击基板起到清洁作用；溅射出来的原子或分子的能量要比蒸发时高出50 多倍，这些都是溅射法本身自然而然产生的有利条件。也许正是这些差别才使得溅射法可获得较高的附着强度。

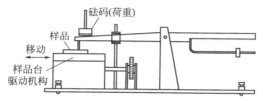

图 6.19    表征薄膜附着强度的"划痕"试验装置示意图

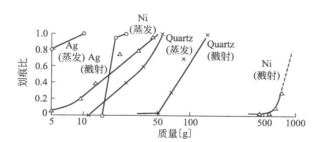

图 6.20    各种薄膜的划痕强度，划痕比的定义为：划过长度为 $a$，
被剥离长度为 $b$，则划痕比为 $(a-b)/a$

### 6.3.4    蒸发、离子淀积、溅射的比较（加热、离子轰击等都进行情况）

宫川等为研究金属膜的润滑作用，对蒸发、离子淀积、溅射等方法进行比较[14]。严格调控对膜的性质有极大影响的离子轰击和由轰击引起的温度上升（大约 5min 上升 125℃），使各种方法的实验条件相同。测定了各种方法制得的膜在真空中的摩擦系数和一直

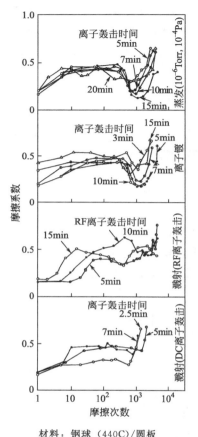

材料：钢球（440C）/圆板
SUS-304＋Au600nm）

摩擦条件：压强 $10^{-6}$ Pa（$10^{-8}$ Torr），
荷重 1kg，速度 0.1m/s 的滑动

图 6.21 SUS-304 不锈钢上蒸发、
离子镀、溅射金膜的滑动摩擦特性
（这里 3 种方法没有显著差别，
溅射法稍差）

到膜破裂的摩擦次数，实验结果如图 6.21。三种方法之间没有什么显著的不同，但是从强度的角度看，制得的膜的寿命按照蒸发、离子淀积、溅射的次序变长。宫川等认为摩擦性质主要依赖于制得的金膜中气体的含量[●]。虽然没有测定它们的附着强度，在本例中，由于金膜和下面的衬底之间有互扩散层存在，这一点对附着强度有决定性作用。由于轰击的清洁作用及成膜时温度都控制在基本相同的条件下，所以认为附着强度也基本相同。作为润滑膜，目前随着材料研究的进展，已经获得了比金膜的耐久力高 100～1000 倍的润滑膜（Ag、$MoS_2$ 等）[15]。

如何才能获得附着力强的膜，从方法上讲不能一概而论。但以下几点至少对增强附着力是有利的，在许多场合经常采用。但是对具体对象的最合适条件，还要由实验来确定：

（1）基板的前处理；

（2）成膜前用电子、离子轰击以及基板预加热；

（3）成膜时，基板加热；

---

● 蒸发法膜中含气量最少，离子镀次之，溅射法最多。

（4）衬底和膜之间加入过渡金属层（如 Cr、Ni、Ti、Ta、Mo、W 等）。

# 6.4 台阶覆盖率、绕进率、底部覆盖率
## ——具有陡峭台阶的凹凸表面的薄膜制备

近来在高集成度的 IC 电路中，愈来愈多地碰到需要在带有陡峭台阶、孔洞开口很小却很深的基板上镀膜或在孔洞中埋入金属这样的需求。

对蒸发法来说，从源出发的原子、分子遵从点源规律，直线前进。像几何光学那样的阴影部分很难有原子、分子附着。溅射法是面源，于是原子、分子可以从多个方向到达基板，不存在阴影部分的问题。但是即使这样，原子、分子还是很难在很深的孔洞中附着。而 CVD 法利用在表面上反应的原理，由于是沿着表面附着薄膜，所以台阶或很深的孔洞的侧面及底部也容易生成薄膜。图 6.22是溅射法与 CVD 法的台阶覆盖率的比较实例，效果非常明

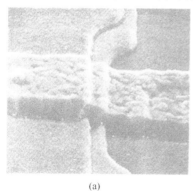

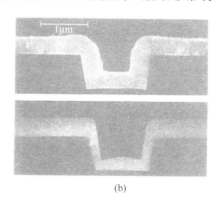

(a)                  (b)

图 6.22 用高速溅射和 CVD 法制备薄膜的台阶覆盖率

（a）在台阶状结构表面上溅射法制备的 2%Si-Al 膜的台阶覆盖率（溅射条件：
压强 0.27Pa，成膜速度 300nm/min，基板温度 150℃，膜厚 1.2$\mu$m。可以
看出即使在几乎垂直的面上也很好地附着薄膜）；（b）凹坑内部的薄膜
覆盖情况（上图为 CVD 法，下部为溅射法），可以看出即使溅
射法也有很好的覆盖率，而 CVD 法覆盖特性更为优异

显，特别是 CVD 法效果更好。

最近要求在**纵横比**（深度与入口处直径之比）很大的又深又细的孔的内部溅射入尽量多的原子的技术在集成电路工艺中越来越重要。这时非常注重**底部覆盖率**（孔的底部形成的膜厚和孔入口附近形成的膜厚之比）。图 6.23(a) 是底部覆盖率 $\beta$ 的定义，图（b）是采用 CVD 方法的一个实例，由于这种方法膜的生长是沿着表面进行的，所以孔洞里长的膜几乎与孔洞外一样厚。图（c）的下图是由自溅射技术制得的薄膜，得到的 $\beta=100\%$[17]。但是对于蒸发、溅射这样的方法，由于是用在离开孔洞的地方将材料气化然后

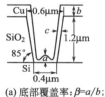

(a) 底部覆盖率：$\beta=a/b$；
侧面覆盖率：$\gamma=c/b$

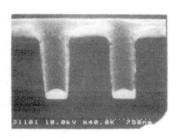

$p=3.0\times10^{-1}\mathrm{Pa}$, 入口孔径0.6μm，纵横比2，膜厚0.2μm。与下图相比，气压较高，所以底部覆盖率约为30%

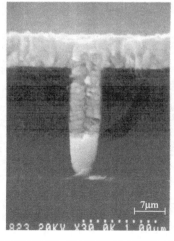

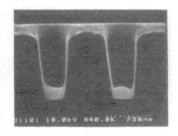

$p=3.0\times10^{-1}\mathrm{Pa}$, 入口孔径0.6μm，纵横比2，膜厚0.2μm。与上图相比，气压较低，所以底部覆盖率约为100%

(b) 表面敷层W膜。Si上的SiO₂孔中和SiO₂表面采用CVD法的W膜生长平坦化

(c) 自溅射法的底部覆盖率

图 6.23   采用 CVD 和自溅射法的孔洞填埋技术

送入孔洞的方法，使材料气体沿同一个方向飞行（成束状）的技术变得十分重要，以在表面进行化学反应而形成薄膜的 CVD 法，基本上不存在这样的问题❶。

# 6.5　高速热处理装置
## （Rapid Thermal Annealing，RTA）

如前所述，薄膜的"薄"绝对是个优点，但是正如 1.6 节所描述的那样，在制备过程中无论如何都会经过"急速冷却"的过程，于是薄膜就会表现出 1.6 节所描述的一些不利特性。为解决这些问题，经常采用热处理（退火）技术。

一般的热处理采用如图 10.2 所示的热氧化装置，慢慢地升温到一定温度后再降温。但是对多层薄膜或是制备晶体管时用的离子注入层等薄层进行退火时，如果热处理时间过长，多层膜之间或离子注入层会发生扩散而破坏原先的膜层结构设计。于是产生了"灯光加热退火"的**快速热处理装置**［RTA，如图 6.24（a）］。在基板的上、下两面十字交叉地放置灯管组，用它们发出的热辐射在短时间内均匀地加热、冷却基板，可以在秒量级的时间里进行温度控制［图（c）］。由于这个装置使加热升温、冷却时间变短，可以实现尖峰状的加热，在几秒时间里完成热处理工艺［图（c）、（d）尖峰状快速热处理］。最近，连那样的处理都嫌时间太长了，于是开发出了使用 Si 容易吸收的白光，可以进行毫秒量级的快速温度控制的装置。这样的装置称为**闪光灯退火装置**（FTA，Flash Lamp Annealing）。用 Xe（氙）白色闪光灯代替图 6.24（a）中的上部灯组，而拆除下部的灯组，采用加热板进行预加热。实际的毫秒量级热处理结果见图（c）、（d）中标有 FLA 的曲线。图（d）表示的是 10nm 薄层的 B 元素离子注入层的热处理结果，与灯光辐射热处理相比，闪光灯热处理优点更加

---

❶　参考 9.4.4 节（ⅳ）。

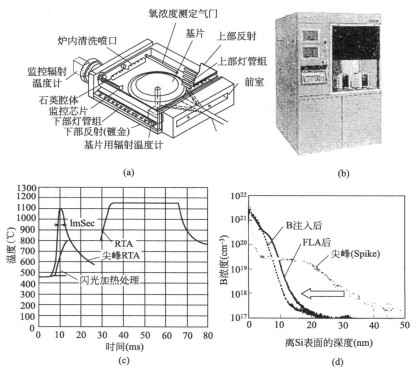

图 6.24　（a）灯光辐射热处理（RTA）的装置原理图；（b）装置外观；
（c）几种热处理方式的温度特性；（d）经闪光灯热处理（FLA）或尖峰
灯光辐射热处理后 B 的浓度分布比较

明显。

## 6.6　等离子体及其在膜质的改善、
　　　新技术的开发方面的应用

　　等离子体的应用是第二代薄膜技术的主角，在膜的生长、薄膜
加工技术方面巧妙利用等离子体，对超 LSI 产业及电子器件产业
起关键作用。

**等离子体**（Plasma）[❶] 的定义为：离子和电子混合共存并整体保持电中性的一种物质状态。在电离了的分子、原子（即离子）和电子的共存的空间（等离子体）中，除了离子、电子外，还必定存在各种各样的由于它们与中性原子、分子碰撞而生成的激发状态的原子、分子，游离态原子（称为"基"）统称为**激发活性种子**。它们都具有非常活泼的化学活性。例如，甚至将化学上非常稳定的 $CF_4$（用于冰箱制冷介质）等离子体化后会产生 F（F 基），这时的等离子体的化学活性就变得非常大，以至于可以用来刻蚀典型的化学稳定物质，如 $SiO_2$、$Si_3N_4$ 等（参见第 11 章）。也就是说它能使化学上非常不活泼（惰性）的物质转变成化学上非常活泼的物质。更进一步，巧妙地组合利用等离子体中的离子、电子及各种各样活性粒子，可以在许许多多的领域衍生出各种各样的新技术来。

## 6.6.1　等离子体

在一个空间制造等离子体的基本方法是让具有一定动能的电子通过这个空间，使其与气体分子碰撞产生离化或激发（不一定离子化而是处于激活状态）[❷]。电子与气体分子碰撞并不是全部离子化，离子化的只有一定的几率，称为**离化几率**。离化几率与电子具有的能量有关[19]（如图 6.25 所示，电子能量为 100eV 左右时最大）。不产生离化的碰撞就使分子受激处于激发态，激发态的原子、分子就可能形成**活性基团**[20]，这样就使等离子体具有了活性能力。受激的原子、分子经过一个非常短的时间后，会回到原先的稳定态，

---

[❶]　所谓等离子体，在解剖学、生理学领域可解释为血浆（Blood plasma），生物学领域可理解为原形质（Protoplasma）。在物理学领域意为奇异的流动体，是固态、液态、气态之外的物质第 4 形态。

[❷]　其他还有用加热气体方法产生等离子体的热等离子体；还有用激光加热固体或气体产生等离子体的方法，不过目前为止尚未在薄膜领域得到应用；另外用二极放电、磁控管放电产生等离子体的方法请参见麻蒔的《薄膜の本》（日刊工业新闻社，2002，第 72～73 页）。

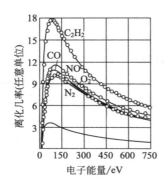

图 6.25    电子能量和
离化几率关系

这时就会发出原子、分子的特征性的美丽的光束，称为**辉光**，它是等离子体的副产品，图 3.29 是其中之一。

在一个大气压的空气中，空气分子运动的平均自由程大约为 670nm，即平均每行进 670nm 就要发生一次碰撞，如此频繁的碰撞使得空气分子的运动速度不可能很高。与之相比，100eV 的电子的速度为每秒 2000 万千米极高速，相当于温度为 115 万摄氏度。由于电子很小，在空气中电子的自由程最长，大约为空气的 6 倍（确切地说是 $4\sqrt{2}$ 倍）。为了产生等离子体，必须让电子更易运动，即必须降低压强，以增大电子的平均自由程。

过于频繁的碰撞使运动电子的速度（温度）难以上升，即基本上与气体的差不多。如果降低压强，就可使电子有效地获得加速从而提高速度，于是将速度换算成温度后比空气的温度高出许多（1eV 相当于 $1.15 \times 10^4 {}^\circ C$），如图 6.26 所示。通过对比纵轴所表示的各种物体的温度，可以体会到电子的温度（能量）竟有如此之高！一旦进入这种状态，我们所希望获得的具有活性的等离子体就

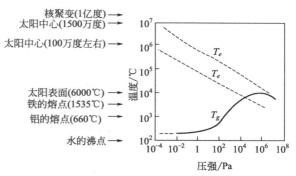

图 6.26    等离子体中电子的温度（$T_e$）极高

产生了。于是就可以充分利用存在于其中的离子、活性基团等了。图 6.27 是电子能量及其各种**碰撞截面**的实例，碰撞截面越大，越容易产生活性基团[21]。从中可以看出，一般激发在比离化能量低得多时（一般 10~60eV 时最大）相对容易发生。由于这种状态下气体处于相对低温，所以称为**低温等离子体**。与此相对应，气体处于高温时的等离子体称为**高温等离子体**。低温等离子体中虽然气体处于低温状态，但是由于存在许多离子、受激粒子、活性基团等活性中心，等离子体中可以在低温时就发生一般在高温时才发生的化学反应。

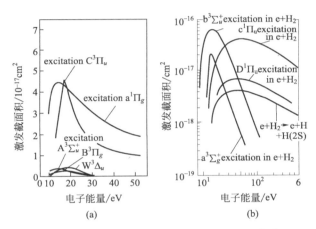

图 6.27 电子能量和等离子体的激发截面[21]

(a) 通过电子碰撞从 $N_2$ 基态直接激发到各种状态的碰撞截面（截面愈大，激发愈容易）；(b) 通过电子碰撞激发到 $H_2$ 的各种状态的激发截面

### 6.6.2 等离子体的产生方法

产生等离子体的基本原理是让电子具有使气体电离或激发的合适能量，并让它们能够有一个利于高密度均匀分布的形状。等离子体不仅在薄膜领域，而且在核聚变、照明、等离子合成、表面处理等许多领域都有广泛的应用。不同的领域用不同的方式产生等离子体，所以方式种类繁多。在薄膜领域最常采用的方式有：热电子放

电、二极放电、磁场会聚（磁控管）、无极放电以及 ECR 放电 5 种
（图 6.28）。进而在这些方式中，又会根据使用直流电源还是高频
电源，而冠以"直流……式"或"高频……式"等称呼。另外，也
常常把这些方式组合起来使用（特别是磁场，在各种场合都被采
用）。电极的形状也有板状、线圈状等许多变化。

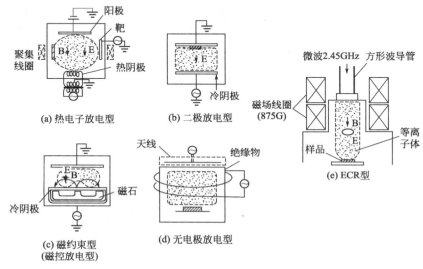

(a) 热电子放电型　　(b) 二极放电型

(c) 磁约束型
(磁控放电型)　　(d) 无电极放电型

(e) ECR型

⊖ 高频电源；▨ 基板；▦ 等离子体；▢ 反应室；E 电场；B 磁场

图 6.28　产生等离子体的基本方式

（ⅰ）热电子放电型

从热阴极发射出来的电子在流入阳极（正极）之前与气体分子
碰撞，使之离化或被激发，从而产生等离子体，通常还采用会聚线
圈来会聚等离子体。这种方式使用的气压范围大致在 $100 \sim 0.01 \text{Pa}$
（$1 \sim 10^{-4} \text{Torr}$）之间。

（ⅱ）二极放电型

当离子轰击冷阴极时，有电子从冷阴极放出，这些电子在飞向
阳极的过程中与气体分子发生碰撞，从而产生等离子体。而在产生
等离子体的离子之前，最初的电子是宇宙射线等放射线、光、电场

等在阴极表面或空间触发的。以这些为开端，在很短的瞬间大量增殖（雪崩效应），从而产生了等离子体。通常在 $100\sim1Pa(1\sim10^{-2}Torr)$ 气压范围内使用。

（ⅲ）磁场会聚型

**磁控管放电**是这种形式的代表。其原理虽然与二极型相同，但是从阴极发射出来的电子不能直接飞向阳极，而是在空间被正交的电磁场捕获（被俘获），围绕磁力线作螺旋运动。过程中不断与气体分子碰撞，而每碰撞一次只能向阳极前进一点点距离（可以认为，如果不发生碰撞，就不会接近阳极），最后形成等离子体。由于电子处于被俘获状态，不能直接飞向阳极，大大增加了与气体碰撞的机会，所以可以产生密度很高的等离子体，非常有发展前途。与热阴极相对照，它与二极放电型一样被称为冷阴极型。这种方式可在 $10\sim10^{-12}Pa(0.1\sim10^{-14}Torr，极高真空)$ 范围内使用。

（ⅳ）无电极型

这种类型是在由绝缘物（通常为石英）做成的管子的侧面绕上线圈，通过它向管子的内部导入高频电磁波，从而产生等离子体。最近开发了螺旋波（helocone）、电感耦合等离子体（Inductivelly Coupled Plasma，ICP）等方式，可以产生高密度、大面积的等离子体，受到广泛的关注[22]。人们设计开发了各种各样的电磁波发射器（无线）（参见图 11.26）。此种方式可在 $1000\sim0.1Pa(10\sim10^{-3}Torr)$ 范围内使用。

（ⅴ）ECR 型(Electron Cyclotron Resonance)

这种类型是将微波（通常为 2.45GHz）送入等离子体室，使之放电，在振荡器的轴向加磁场，电子以磁力线为轴，边作回旋运动，边由电场加速。通过调节最合适的磁束密度（磁场强度），使电子绕磁力线的旋转频率和微波频率匹配而共振（Electron Cyclotron Resonance），这样电子能有效吸收微波的能量，从而产生等离子体。这种方式可用冷阴极且可在高真空下产生等离子体，使用范围：$1\sim10^{-3}Pa(10^{-2}\sim10^{-5}Torr)$。

### 6.6.3 基本形式和主要用途

产生等离子体的基本形式和工作压力范围以及主要用途如表 6.4 所示。它们的电极形状及实际结构由后章详述。

**表 6.4 产生等离子体的基本结构和工作压力范围以及主要用途**

| 基本形式 | 工作压强范围/Pa（Torr） | 主要用途 | | | | | | 备 注 |
|---|---|---|---|---|---|---|---|---|
| | | 溅射 | 离子镀 | CVD | 刻蚀 | 等离子体聚合 | 表面处理 | |
| 热电子放电型 | $100\sim0.01$ $(1\sim10^{-4})$ | | ◎ | | | | | 存在热阴极的寿命问题 |
| 二 极 放电型 | $100\sim1$ $(1\sim10^{-2})$ | △ | △ | ◎ | ◎ | ○ | ◎ | 用得最普遍 |
| 磁控管放电型 | $10\sim10^{-12}$ $(10^{-1}\sim10^{-14})$ | ◎ | | △ | ○ | | △ | 由于是高密度,有发展前途 |
| 无电极放电型 | $10^3\sim0.1$ $(10\sim10^{-3})$ | | | ◎ | ◎ | ◎ | ○ | 由于电极不暴露在等离子体中,污染小 |
| ECR 型 | $1\sim10^{-3}$ $(10^{-2}\sim10^{-5})$ | ○ | | ○ | ◎ | | | |

# 6.7 基板传送机构

从人类居住的大气空间将基板送入进行薄膜制备、处理的真空室内部,或从真空室取出基板的(基板的传送)方法多种多样(图6.29)。最简单的是如图 6.29(a) 所示,将大气充入真空室,打开真空室的门,再将基板放入或取出。但是这种方式每次要对真空室进行长时间再排气,费时耗能,效率不高,薄膜性质的稳定性也往往得不到保证。为了获得性质稳定的薄膜,让主真空室一直保持真空,而在其旁边另设一个副真空室,放入基板后,对副真空室排气,达到预定真空度后再打开它与主真空室之间的阀门,将基板传送入主真空室 [图 (b)],主真空室不暴露于大气中。更有甚者,

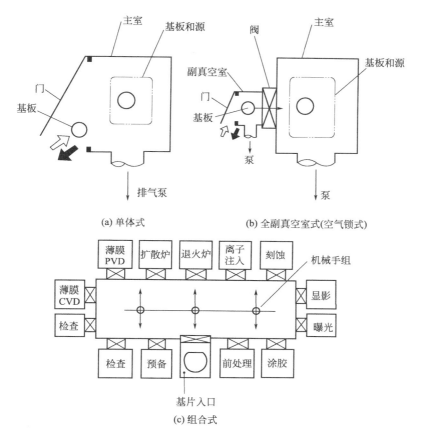

(a) 单体式        (b) 全副真空室式(空气锁式)

(c) 组合式

图 6.29 薄膜制备的真空设备

Si 片从入口处送入真空系统，依靠机械手按照预定工艺步骤一步步
进行工艺处理，例如在同一真空室中一次性地将清洁处理、
涂敷光刻胶、曝光、显影、扩散等工艺全部
处理完毕（也可以是其中一部分）

还有薄膜制备完成后不暴露大气，立即在同一真空室内进行刻蚀这
样的做法［图（c）］，这样可以防止氧化、吸收水分等，被称为**组
合式**，先进工艺程序常采用这种方式。期间基板的传送全部由机械
手进行。

# 6.8 针孔和净化房

在薄膜制备中，针孔是影响薄膜性质和附着强度的最大难题之一。为了减少针孔，首先要解决的是去除房间和使用的水系统中的尘埃。为此要建立净化房，另外还要防止在净化房中产生尘埃。例如，旋转式机械真空泵排出的气体中混有油颗粒，所以要用管子将其导出室外；又如旋转式机械泵的传动带等运动部件会产生尘埃，所以就使用没有传动带的直联泵或干脆将泵放置在净化房外；净化房中要实行严格的人员管制；要使用塑料质纸张或不会产生尘埃的其他材料；使用圆珠笔而不能使用铅笔等。使用的水必须是经过过滤处理的超纯去离子水。另外要排除在真空室内产生尘埃的因素，即要经常仔细清洁真空室内部。因为粗排气时一下子打开阀门，真空室内会产生乱气流，引起尘埃微粒乱飞，因此即使打开阀门的动作也必须缓慢地进行。如果万一产生了针孔，就必须重新用超声清洗机充分清洗基板，重新镀膜。由于再次镀膜时，尘埃再次粘在上次同一位置的概率是非常低的，这样就能消除因尘埃而引起的针孔。针孔的发生可能是基板的问题，也可能是其他前处理过程中产生的问题。但不管怎么说，对于 2000nm 厚的膜，每 100cm² 面积内，将直径为 0.1μm 左右的针孔控制在 1 个以下是做得到的。

那么房间里的尘埃是些什么东西呢？显然不能全部归结为大气中的漂浮物，但就其中大小而言可用图 6.30 来表示，这里就笼统地把它们称为大气漂浮尘埃了。一般来说，大气中粒径小的尘埃比较多，粒径大的尘埃比较少，其粒径和单位体积内存在的数量分布如图 6.31 所示，可以看出它们呈线性关系。例如城市的大气中，0.5μm 以上大小的尘埃每升有 17.7 万个，而 0.1mm 以上的尘埃每升只含有 4 个左右。如果在这种环境中制备薄膜，那么薄膜中的针孔恐怕就像夜空中天上的星星那样多了。地球上大气中尘埃最少的地方恐怕要数两极和格陵兰岛了，即使在陆地影响很小的大洋正

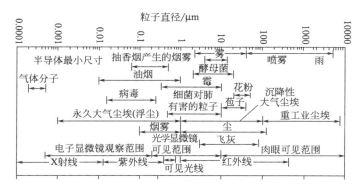

图 6.30 大气中尘埃粒子尺寸对比

无水过滤膜难以完全去除直径为 $0.05\sim0.2\mu m$ 的粒子（其实

可去除 99.7%），对其他范围的离子有更高的去除率

中，每升体积内也含 $0.5\mu m$ 以上的尘埃 2500 个。要制备薄膜和精密产品，无论如何必须去除尘埃。图 6.31 是 JIS 和美国的关于尘埃的标准，目前全世界都采用这个标准。薄膜制备到底必须在什么样的环境中进行没有一概而论的标准，对于对针孔特别敏感的半导体工业，通常考虑是 5～6 级的房间内再使用比 3 级更好的净化台（无尘工作室）的方式，而一般不直接使用 3 级的净化房间（从经济角度考虑）。总之，都是从薄膜制备的必要性出发来考虑净化房的设计[23,24]。

净化房中的空气是通过无水过滤器去除尘埃的。

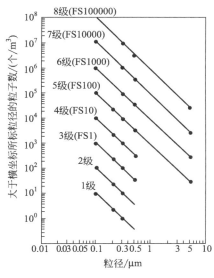

图 6.31 尘埃粒径和

空气清洁度级别

## 参 考 文 献

1) 上田，疋田，山本：応用物理，**32**（1963）586.

2) W. L. Patterson & G. A. Shirm : g. Vac. Sci. Technol. **4**（1967）343

3) H. Shimizu, M. Ono & K. Nakayama : J. Appl. Phys., **46**（1975）460.

4) 下元，西村：真空，**8**（1975）191.

5) 洗浄関係の参考文献
   洗浄技術入門：工業調査会（1998）
   表面処理技術便覧：表面技術協会，日刊工業新聞社（1998）
   工業洗浄技術ハンドブック：リアライズ社（1994）
   森永：応用物理，**70**（2001）1067

6) 高橋：超音波洗浄技術，前記5）洗浄技術入門 156 頁

7) H. A. Stern : Vacuum, **11**（1961）66

8) P. F. Varadi : Trans. 8 th Vac. Symp. & 2 nd Interna'l Cong.（1962）73

9) 高橋：超音波 TECHNO（1994.7）p 36

10) 高橋：第 9 回ファインプロセステクノロジ・ジャパン 99 専門技術セミナー
    テキスト，B 3（1999）96，"超節水高洗浄力超音波シャワーとその洗浄装置"

11) K. Kuwahara, S. Nakahara & T. Nakagawa : Trans. JIM Supplement, **9**（1968）1034

12) 米本，佐藤，根本，御田：真空 **3**（1993）337.

13) 青島，細川，山本：真空に関する連合講演会講演予稿集，26 p-16（1970）.

14) Y. Miyakawa, M. Nishimura & M. Nosaka : JSLE-ASLE Intern'l Lubrication Con-
    ference Preprint, June, **10**（1975）p. 33.

15) 宮川，弘田，吉川：トライボロジスト，**38**（1993）46.

16) VTA 社販売資料守屋：Semicon. World（1983.2）34.

17) T. Asamaki et al : Jpn. J. Appl. Phys, **33**（1994）4566，麻藤，三浦：電子情報
    通信学会論文誌 C-II，**J 78-C-II**（1995）319.

18) 樹山：電子材料（2004.3）42.

19) J. T. Tate & P. T. Smith : Phys. Rev. **39**（1932）270.

20) 例えば，J. S. Chang & R. M. Hobson, 市川，金田　訳：電離気体の原子・分子
    過程，1982，東京電気大学出版局．雑誌 Semiconductor World 1982 年 6 月号
    上有关于等离子体技术的专辑．

21) Y. Itikawa et al : J.Phys. Chem. Ref. Data. **15**（1986）985.

22) 菅井：応用物理，**63**（1994）559.

23) JIS-B 9920，近藤工業（株）カタログ

24) 杉田：応用物理 **72**（2003）636.

# 第 7 章 基 板

熠熠生辉的钻石、青翠欲滴的绿宝石、蓝茵茵的美丽的蓝宝石和绚丽的红宝石，都因为它们是单晶才得以如此的美丽迷人。如果不是单晶，钻石就是碳，绿宝石就是白乎乎的陶瓷，而蓝宝石、红宝石就是氧化铝陶瓷或者粉末。当然，制备薄膜时基板材料不一定非要用单晶。实际上人们在大多数场合宁愿采用非晶材料，如玻璃。总之不管是晶体还是其他材料，总是根据特定的需要而采用相应的合适的材料来作为基板。

通过加工将天然晶体原石制成首饰，使得它潜在具有的美丽凸显出来。类似地，制备用于构筑具有优异特性的器件的薄膜时，用单晶作为基板，通过加工将其潜在功能发挥出来，制备出可称为"科学与工程学的精华"的元器件及其系统。不过这里制造的不是"美"，而是超乎想象的"功能"。

代表性的例子有半导体 Si、Ge、GaAs 等，正是利用这些单晶，可以制备出高性能的器件。为此，人们可以制造出大量的被称为"工业之粮食"的半导体元器件及其系统。记忆元件、计算元件、放大、检波、发光元器件等都是由单晶制备出来的。如今世界各地的任何一个家庭中都有几样这些东西吧？作为计时标准的石英振荡器（石英就是 $SiO_2$ 的单晶）就是由石英制备的；还有 ADP、$LiNbO_3$、$LiTaO_3$ 和 ZnO 等压电材料，利用将电能（$E_e$）转化成机械能（$E_m$）的超声波器件、耳机、扬声器等；或反之将机械能转换成电能的麦克风、检波（拾声）器以及利用将电能-机械能-电能变换的各种滤波器等不胜枚举。这些东西，姑且不谈那些方面的专家，即使在一般人眼里也称不上什么"美丽"，但它们发挥的功能却是重要而强大的。

如果想制备大型器件和系统，常使用可以容易做成大尺寸的玻璃作为基板（到目前为止，还无法制备出尺寸像玻璃那样大的单晶来）。尺寸达数米见方的巨型显示装置也是使用玻璃这样的非晶材料基板来作为构筑器件和系统的出发点。

# 7.1 玻璃基板及其制造方法

玻璃是硅氧化物（$SiO_2$）、铝氧化物（$Al_2O_3$）、碱金属氧化物和碱土金属氧化物等构成的无定形物质（非晶质）。玻璃断面泛蓝的称为**蓝板玻璃**（一般作为窗玻璃等建筑材料），断面发白的（无碱）称为**白板玻璃**。无论是哪一种都可以作为电子器件的基板，主要取决于使用的目的要求和价格。经济实用的蓝板玻璃虽然含有碱金属成分，但只要对器件没有不利影响就可采用（如等离子显示）。在单模阳极型的液晶显示等器件中也常采用表面用氧化硅系列的膜保护的蓝玻璃。在表面制备硅晶体管（液晶显示器）的场合，为了防止碱金属的影响而采用白板玻璃。这些玻璃可以用浮法、流孔下引法、溢流熔融法等制造。图 7.1 是代表性的玻璃基板。

图 7.1 玻璃基板

如图 7.2 所示是**浮法**玻璃生产示意图。将熔融的玻璃流入处在的还原性气氛中的熔融的金属锡上面，使熔融的玻璃浮在平坦的液态金属锡上面（所以叫做浮法）。这个方法可以大批量产业化生产。首先玻璃料在熔解炉中熔解，去除气泡等缺陷，然后使它流到悬浮

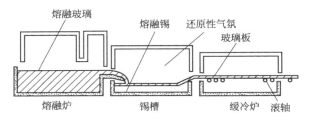

图 7.2 浮法玻璃生产示意图

路径的熔融金属锡上面并延展开来，通过巧妙地调控玻璃的表面张力、重力、玻璃两端的牵引力，可以获得平坦的预期厚度的玻璃。如要求微米级起伏或担心金属锡的污染时，可再进行研磨和抛光工序。

**流孔下引法**（Slot Down Draw）如图 7.3 所示。熔炉里熔融的玻璃从下部的槽中被牵引出来，可通过改变槽宽来改变玻璃的厚度。由于玻璃表面可能会受到槽口表面的细微损伤和凹凸不平引起的影响，可以再进行研磨加工。

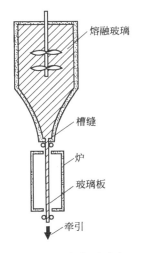

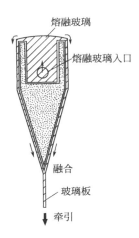

图 7.3 流孔下引法
示意图

图 7.4 溢流熔融法
示意图

**溢流熔融法**（Fusion）就是使熔融后的液态玻璃流过由耐火材料制成的渡槽（垂直切面如图 7.4 所示，三角形切面与纸垂直，可以很长，成渡槽状），并让其从图中所示的左、右两边溢出，溢出的熔融玻璃沿着两边流下在下端融合成玻璃（这就是熔融法的由来）。这种方法制备的玻璃表面不接触滚轴等物体，所以不会造成表面沾污和损伤，而且连小小的起伏弯曲都没有。作为器件基板，性能非常优越。液晶显示屏大都使用这个方法制备的白板玻璃。

## 7.2 日常生活中的单晶制造及溶液中的晶体生长

将热的食盐饱和溶液放置一个晚上慢慢冷却，在金属针尖上就能结出立方的晶体来。如果偶尔能获得边长为 1cm 的 "大晶体" 来，就会无比的高兴。这也许是每个人小时候都会有过的经历（学校做实验时也许使用明矾）。

这个方法因为是从溶液中制备晶体，所以称为**溶液生长法**。工业上生产 KDP、ADP 等压电晶体也都是使用这个方法，这时使用的装置如图 7.5 所示。在温度相对较高的左边容器内将原材料溶解，右边温度稍低的容器内在晶种（籽晶）上生长出晶体来（左边头天晚上放入，右边第二天早上可取出）。

图 7.6(a) 是被称为**水热合成法**的另一种溶液生长法的装置。图（b）显示的是许许多多水晶正在生长的样子。这种装置使用像

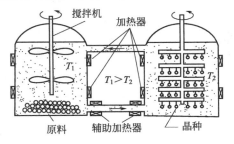

图 7.5 回流法生长晶体的例子

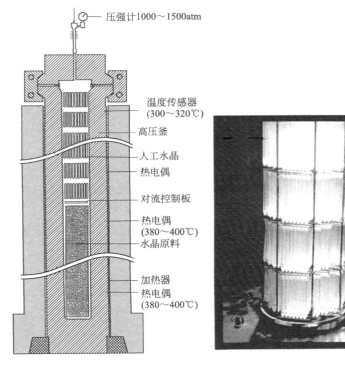

(a) 水晶的生长装置      (b) 水晶培育部的壮观的水晶

图 7.6 水热合成法的水晶生长装置［日本電波工業（株）提供］

大炮炮筒那样的高压容器，晶体培养部的支柱上附有许多水晶的籽晶（晶种），加入由天然水晶成分和碱的水溶液（80％左右的 NaOH 或者 $Na_2CO_3$）组成的原料，再加热使温度升高到 350℃ 左右。这时候由于热膨胀，内部压力升高到 1000atm 左右。这时使原料部分温度再升高 20～30℃，内部形成对流，过饱和溶液中的水晶成分就在水晶培养部的籽晶上析出长大，形成大颗粒的水晶。用这种方法制备出的水晶，经过加工可以用于钟表、滤波器等压电效应制品。

此外，也有将目标物溶于溶剂中，使溶剂蒸发而析出晶体这种方法（**溶剂蒸发法**：如食盐的析出）。

# 7.3　单晶提拉法——熔融液体中的晶体生长[3,4]

一言以蔽之，这种方法就是将目标材料融解，用各种方式使之冷却而形成固态晶体的一种单晶制备的方法。随着材料的不同，具体的制备方法也千差万别。

## 7.3.1　坩埚中冷却法

如果将材料加热使之熔解后冷却，材料有可能从液态以晶体形式转变成固态。图7.7为示意图，图（a）是最简单的方法，至于什么材料可以使用这种方法取决于自然规律；图（b）的方法相对较合理，可以制备出较大的晶体。

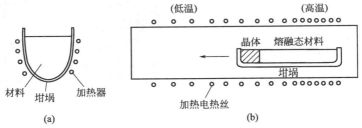

图7.7　坩埚冷却法示意图

（a）简单坩埚冷却法，缓慢冷却时，某处固化部分结成晶体；

（b）水平区熔法，先使材料熔融，然后在具有温度梯度分

布的炉中从高温端慢慢向低温端移动，于是从低温

部开始依次慢慢结晶（当然，纵式的也有）

## 7.3.2　区熔法（Zone Melting，Flot Zone，FZ法）

制备单晶时，一般都希望在晶体中掺入一定量的杂质。例如，掺入了万分之一到百分之几的 $Cr^{3+}$ 的翡翠就呈现出非常深的翡翠绿来。但是对用于电子元件的半导体而言，杂质越少越好。通过添加特定的**掺杂剂**可制备 n 型或者 p 型半导体，但在添加之前，希望

纯度越高越好，即要求纯度在 99.999999999％（11 个 9）以上。

刚开始研究晶体管时，半导体的纯度只能达到 90％，现如今之所以能够得到如此高纯度的单晶是得益于前人长期的研究积累。如图 7.7(a) 所示，通常从坩埚底部开始冷却，固化时杂质向熔融部分析出（分凝或叫偏析❶），于是先固化的部分纯度较高。如想进一步提高纯度，可重复上述过程，当然，单纯用这种"熔-固"方法，无法期待获得很高的纯度。

据说 1952 年美国 Bell 实验室的 William G. Pfann 在午睡时被什么东西发出的"咣当"一声惊醒，突然闪出一个念头："难道一定要同时全部熔融吗"❷？于是就在如图 7.8(a) 所示的用石墨或者高纯石英做的舟中，加入材料，用高频线圈加热其中的一部分使之熔融（区熔）。这个线圈以很慢的速度移动（每小时几厘米的超慢速度）经过之后，固化之处获得了良好的晶体，而将杂质留在了熔融部分中。最后将集中了杂质的左端切除。经过几次这样的操作，非但晶体的纯度得到了飞跃的提升，而且还可以用这个方法制备出单晶❸。

半导体产业希望有能在更高温度下稳定工作的器件。于是不久就将这个技术从 Ge 转移到 Si 的提纯和加工❹。由于 Ge 的熔点为 937.4℃，Si 的熔点为 1410℃，在如此高的温度下，具有一定化学活泼性的 Si 将与接触处的舟材料发生反应或者舟中的杂质会融入 Si 中，使纯度降低，导致上述方法无法使用。所以半导体产业希望克服这个问题，使区熔法能在高温下运行。

享利·休里尔（Henry Theurer）在 1956 年提出使用熔融物不

---

❶ 由熔融液体铸造物件时，最初固化的外周部纯度较高而具有金属光泽，而后凝固的内部由于杂质较多而容易产生"砂眼"等，就是这个原因。

❷ 菊池诚［半導体の話］NHKブックス（1967）。

❸ 这个装置在 Ge 晶体管时代被广泛采用，在半导体的产业化方面发挥了巨大作用。

❹ Ge 晶体管在 50℃左右，Si 晶体管在 150℃左右仍能正常工作，大型计算机、火箭等内部会迅速升到高温，为此推动了 Ge 时代向 Si 时代的发展。

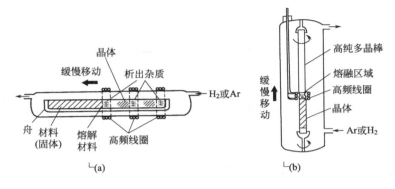

图 7.8　区域熔融法

（a）区熔提纯法装置，高频线圈加热，杂质集中于熔融部分，材料提纯
同时固化后成为单晶；（b）悬浮区熔法（Float Zone，FZ 法）
由于该方法中，材料不与坩埚直接接触，需要
高温下处理的材料（如 Si）大多采用此法

与任何东西直接接触的所谓的"悬浮区熔"法的方案［如图7.8(b)所示］。在这个装置中，将籽晶置于最下部，上部为高纯度的多晶 Si 棒，将 Si 棒一端用高频线圈加热熔融，在适当的条件下与籽晶接触，熔融区随着线圈恒定地向上移动，在线圈经过后材料固化结为单晶（当然也可以使线圈固定不动而使原材料和单晶部分移动）。这个装置可以用于提纯 Si，也可以用于制备单晶 Si。这个技术对现在 Si 时代的到来曾起过非常巨大的促进作用。

悬浮区熔法的熔融区尺寸基本上与晶体的直径相同。用这种方法生长出的单晶纯度高，虽然内部可能有微小的涡状缺陷存在，但后来克服了这个缺点，被广泛用于批量生产 Si、Al、$BaTiO_3$ 等单晶。

### 7.3.3　旋转提拉法（切克劳斯基 Czochralski，CZ 法）[4]

半导体等产业想要提高生产效率和扩大产量，希望在大的基板上（图7.10）同时制备大量的元器件；当然还希望晶体缺陷越少越好。为此目的，开发了旋转提拉法（直拉法，如图7.9）。在坩

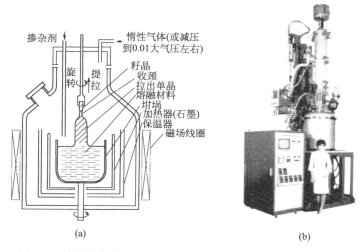

图 7.9　旋转提拉法（Czochralski，CZ）的原理图（a），（b）为
　　　　实际装置照片［国际电气（株）提供］

图 7.10　Si 单晶棒（a）和 Si 基片（b）［（株）SUMCO 提供］

埚中放入大量的多晶并使之熔融，将籽晶的下端与熔融的液体接
触，一面慢慢旋转（12r/min），一面向上提拉。最初上拉时（速度
大约为几毫米/分钟），直径很细，这是为了去除籽晶中的位错或
者抑制位错的发生（Nechicy 法，缩颈法），然后上拉速度放慢，
温度也稍稍降低，使直径放大至所要求的粗细。现在直径为
300mm 的 Si 单晶正成为生产的主流。图 7.10 就是用这种方法生

产出的 Si 单晶棒 ［图 (a)］和经过切片、研磨、车圆加工后的 Si 片 ［照片 (b)］。Si 基片的直径如图 1.16 所示，每 10 年左右就变大一次。随着 Si 基片变大，相应的各种各样的技术也不断发展进步。

直径为 300mm 的单晶拉上来后重达 200～300kg；直径 400mm 的重达 400～500kg，而上述那样的籽晶（颈部直径大约只有 3mm 左右）附近的构造无法承受如此大的重量。为了解决这个问题，利用如图 7.11 所示的在颈部加一个"颈托"支撑的解决方案，用以支撑几乎全部的重量[5]，另外，为了提高单晶的质量，利用磁性线圈来抑制熔融材料中的对流，这种方法称为磁性直拉法（M-CZ）。

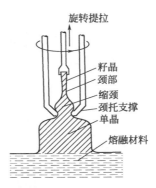

图 7.11    加有"颈托"的大直径单晶提拉示意图

## 7.4    气相生长法

### 7.4.1    闭管中的气相生长法

如图 7.12 所示，在封闭管中，原料置于高温部，使其升华或者蒸发，升华或蒸发的蒸气转移到保持在较低温度的衬底晶体上生长成为单晶。这种方法常用于化合物半导体的晶体生长或者在实验室中单晶的培养。

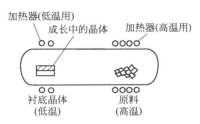

图 7.12 闭管气相生长法示意图

## 7.4.2 其他气相生长法

气相生长方法很多，如使用后面将要叙述的分子束外延法 MBE（第 8 章）可以生长自然界不存在的单晶；又如 CVD 法（第 10 章）也是经常使用的气相生长法；再如，也可以利用固体再结晶的方法来生长单晶，这可以参考本章所附的参考文献。

## 7.5 石英玻璃基板

光学（包括使用激光）曝光用掩膜版（Mask）通常使用透光的玻璃、石英玻璃等。在线宽较大的时代，通常采用钠钙玻璃（青板玻璃：soda lime glass），但是这种玻璃的线膨胀系数大（$10^{-5}/℃$）。边长为 100mm 的玻璃，温度每上升 1℃，就会延伸 $1\mu m$。

现在采用短波长光，于是采用能透过短波长光的石英玻璃。石英玻璃的线膨胀系数为 $4×10^{-7}/℃$。这样，边长为 100mm 的石英玻璃，温度每上升 1℃，也会延伸 40nm，所以曝光过程中温度的控制非常重要。

石英玻璃基板由石英棒加工而成，石英棒的制备方法如图 7.13 所示。将

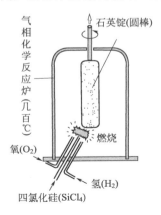

图 7.13 合成石英
的制备方法

四氯化硅（SiCl₄）在氢、氧火焰的高温中分解，石英棒一边旋转，一边向上提拉。制得的圆棒经过①侧面打磨、②切成薄片、③电炉中填入成型器中加热熔解（1800℃）成型等进一步的加工而成石英板。

## 7.6 柔性基板（Flexible）

随着有机电致发光（EL：electroluminescence）的发展，将自己团团围住的犹如身临其境的显示器就有可能实现，这种显示器需要用到柔性基底。

图 7.14 为挠性基板之一。表 7.1 列出了它们的热特性。

图 7.14 挠性基板

**表 7.1 有机 EL 用挠性基板的热特性**

| 基底膜种类 | 最高加工温度 | 热膨胀系数 | 热 收 缩 |
|---|---|---|---|
| 聚乙烯环烷酸盐类 | 155℃<br>180℃（几分钟） | 15ppm/℃ | 155℃时 0.1％以下 |
| 聚碳酸酯类 | 180℃ | 73ppm/℃ | 180℃时 0.01％ |

表 7.1 中的薄膜材料（0.1mm 厚度）表面镀有无机材料，用以提高它们的耐温性能。希望实现在温度为 60℃、湿度为 90％的

环境中寿命达到 1000h 以上的目标。

**参　考　文　献**

1)　山崎・川上・堀監修：カラー TFT 液晶ディスプレー（1996），共立出版
　　安藤ら：最新プラズマディスプレイ製造技術（1997），プレスジャーナル
2)　特許出願公告　昭 42-23356，昭 54-40566
3)　鹿島・平野：応用物理，**63**（1994）1114，柿本：応用物理，**65**（1996）704，
　　垂井(監修)：半導体プロセスハンドブック（1996）プレスジャーナル
4)　村岡：応用物理，**66**（1997）673
　　柿本：応用物理，**65**（1996）704
5)　专利号　1851653（1994）

■ 单晶制备相关参考书
　　黒田：結晶は生きている（1987），オーム社
　　河東田：半導体結晶（1987），丸善
　　大川：結晶成長（1987），裳華房
　　西永：結晶成長の基礎（1997），培風館

# 第8章 蒸 镀 法

真空蒸镀法最初是为了防止兵器光学镜头的表面反射，而被用于在光学镜头上镀氟化镁。欧美国家在太平洋战争前，日本在太平洋战争时开始使用这一技术。作为最早使用的薄膜技术，如今各种各样的场合甚至连塑料模型都在使用它，在薄膜制备诸多方法中被应用得最为广泛。

## 8.1 蒸发源[1]

蒸镀时，一般要使蒸镀材料（以下称蒸镀材料）的蒸气压达到 $1Pa(10^{-2}Torr)$ 左右，用温度来讲，即必须将材料加热到比熔点温度稍高。当然也有比熔点温度低的情况，如能升华的材料（Cr、Mo、Si、Mg、Mn 等）；还有必须比熔点温度高很多的情况（Al、In、Ga 等）。如果要得到更高的蒸发速率，就需要用更高的温度。

将蒸镀材料置于丝（电热丝）、板（舟）、容器（坩埚）上加热时，如果坩埚的材料会和蒸镀材料反应生成合金的话，坩埚很快就不能用了，每次都必须更换。而且生成合金后，因为坩埚的材料会蒸发出来，薄膜的纯度就会降低。所以要尽量避免这些问题，要注意坩埚的材料和形状。特别是对纯度有很高要求的情况下，最好使用电子束蒸发源。至今还在进行各种研究开发，推动技术不断进步。

### 8.1.1 电阻加热蒸发源

电热丝和舟等直接通电，利用电热的方法总称为**电阻加热蒸发源**。电热丝和舟主要由 W、Ta、Mo、Nb 等高熔点金属制成。有时也用 Fe、Ni、铬镍合金（Bi、Cd、Mg、Pb、Sb、Se、Sn、Tl 等的蒸镀）和 Pt(Cu) 等金属。使用目的不同，它们的形状也各式各样，如图 8.1 和图 8.2 表示。

| 图 | 典 型 应 用 | 备　　注 |
|---|---|---|
| （a）发夹（U 字）形灯丝 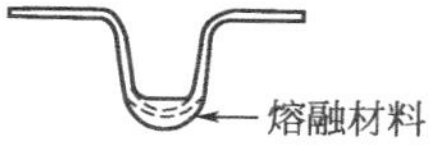 <br> 熔融材料 | 用于铸型技术的 Pt、Pb 合金的蒸发等，最简单的例子 | 熔融蒸发物变成小滴，所以被称为点源。蒸气一般被认为是金属从灯丝的脚部向上流动的时候被放射出来的 |
| （b）正弦波状灯丝  <br> 熔融材料 | 平面镜用的 Al 蒸发等 | 只可以使用与加热丝浸润的金属，设计不好的话，蒸发材料会熔解积存，部分会发生合金反应 |
| （c）多股螺旋状灯丝 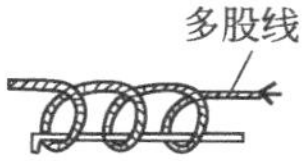 <br> 多股线 | 用于线状 Al 被蒸发的时候等。是用得最多的形状 | 多股线的灯丝的蒸发表面积比较大。为了防止蒸发物变成小滴后造成圈间导通，圈的间隔必须足够大。蒸发物熔融的时候，均一分布于电热丝的一部分也可以（例如 Pt） |
| （d）圆锥篮形灯丝 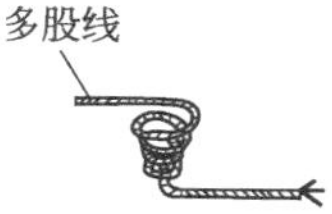 <br> 多股线 | 粒状或者压粉的金属比较有效。容易升华的金属（如 Cr）和高熔点的灯丝金属不浸润的金属（如 Ag，Cu）等比较合适 | 和加热丝浸润的金属（如 Ti），至少必须避免造成线间导通的情况 |
| （e）直线形 W 加热 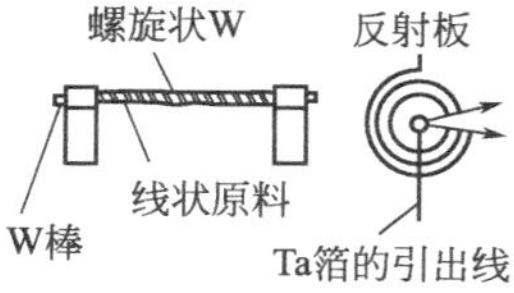 <br> 螺旋状W　　反射板 <br> 线状原料 <br> W棒　　Ta箔的引出线 | 作为和加热丝表面浸润或者能和加热丝材料形成合金的金属（如 Al、Pt、Ni、Cr 等）发热源相当有效 | Ta 箔和 W 棒不互熔，而且接触电阻小 |
| （f）芯线＋多股线 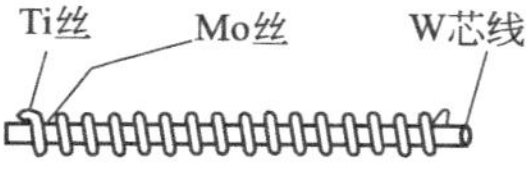 <br> Ti丝　Mo丝　W芯线 | 钛泵等长时间低速蒸发 | 在芯线上将蒸发材料（Ti）和容易浸润的发热体（Mo）紧密缠绕 |

图 8.1　线状加热蒸发源[1]

| 图 | 形　状 | 备　注 |
|---|---|---|
| 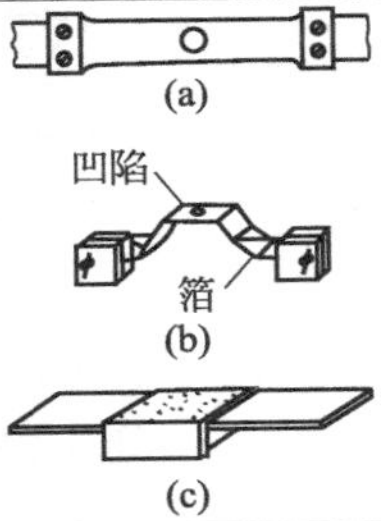 (a) <br> 凹陷 <br> 箔 <br> (b) <br> (c) | 用于从表面蒸发的场合 | 经常用于金属和电介质的蒸发。最近也常用于热喷涂铝等材料在表面上形成长寿命形 <br> (b)在高温下不变形 <br> (c)尽管用于粉末状物质时必须防止飞散，但使用起来非常便利 |
| 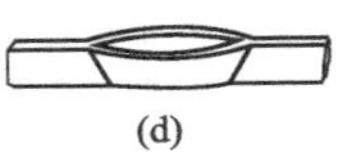 (d) | 舟状 | 虽然适用于电介质和金属的大量蒸发，但是不适合如 Sn 等马上熔化且和加热器浸润的金属的蒸发。理由是熔化的材料也变成了导电的小电阻 |
| 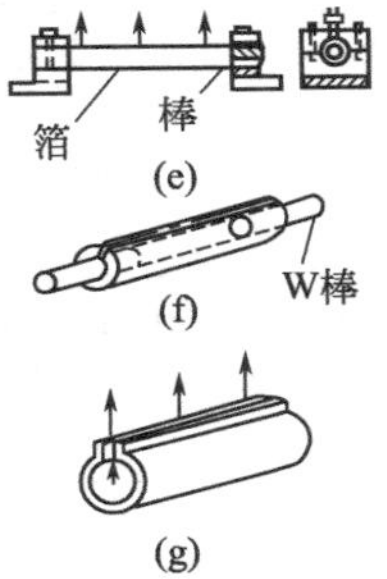 箔 棒 (e) <br> W棒 (f) <br> (g) | 圆筒状 | 加热器内部基本上和黑体内部一样。比较适合如 $SiO_2$ 这样的低热传导及红外线吸收很少的物质 <br> (g)蒸气放射具有良好的方向性 |
| 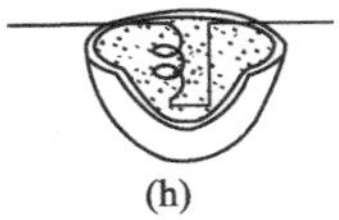 (h) | 灯丝和坩埚的组合 | 通过灯丝的热辐射来蒸发粉末样品，粉末基本上不会飞散 |
| 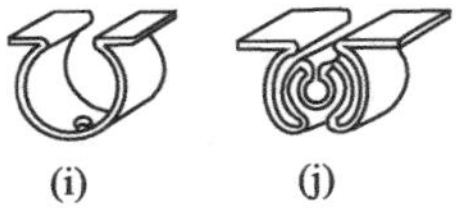 (i)　(j) | Tolansky 形 Jacques 形 | (i)用于水平蒸发 <br> (j)由于热辐射被遮蔽，热效率比较高，容易获得高温 |
| 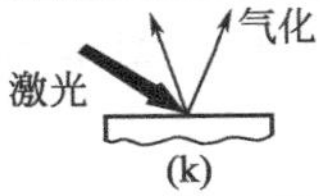 气化 <br> 激光 (k) | 源:板状 热源:激光 | 不能忽略源的相分离的小的合金和超导用的氧化物等必然有相分离的场合使用 |

图 8.2　箔状加热源

### 8.1.2 热阴极电子束蒸镀源

以上不论哪一种都是用加热器或坩埚加热。坩埚的材料有混入到膜中的可能性，作为电子器件用的薄膜常常产生很多的问题。解决这个问题的方法是将蒸镀材料置于水冷的坩埚中，并利用电子束直接加热［图 8.3（a）］。这种方法能够获得高纯度的薄膜。图 8.3（c）是蒸镀速率的示例。如果希望既不产生纯度问题，又要能小功率高速率蒸镀的话，就可如图 8.3（a）所示那样在蒸发材料和坩埚之间再放置一个钽皿。通常 E 形电子枪被称为 E 枪。大型化、大功率化设计后能具有高速蒸镀的能力，常被用于金色纸、银色纸的塑料薄膜上的 Al 的蒸镀［图 8.3（b）］。

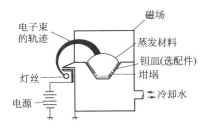

图 8.3（a）　E 形电子枪的原理

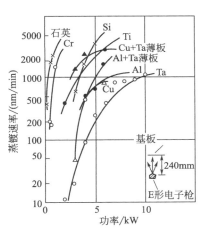

图 8.3（b）　E 形电子枪的工作
状态。中间发光的部分是电子
束照射的 Al 高温熔解部分
（由日本电子提供）

电子枪：980—7101，10kW E 形电子枪

试作量：5cc，其中 Si 2cc，石英 4cc

工作压强：（1.3～2.7）×10⁻³Pa
［(1～2)×10⁻⁵Torr］

图 8.3（c）　10kW E 形电子枪的
蒸镀速率（由 Canon-ANELVA 提供）

### 8.1.3 中空阴极放电（HCD）的电子束蒸发源

在需要有活性气体（$O_2$、$N_2$ 等）掺入的情况下进行电子束蒸镀时，利用**中空阴极放电电子束源**比较好。在很多薄膜领域中利用这项技术，如等离子体显示器的放电电极 MgO 膜保护层的制备以及用于改善硅钢板磁性的 TiN 薄膜的大量生产等。

图 8.4(a) 是其原理图。使孔中保持比较高的压强（20～200Pa），加上负电压后，内部放电生成高密度等离子体；与之相对，在蒸发源（阳极）加上正电压，电子束（含有离子的情况有时也被称为等离子体状态）就能被抽取出来，再用这个电子束加热蒸发坩埚中的 MgO、Ti 或者 TiN。图 8.4(b) 是一个利用磁场形成的带状电子束加热蒸发 MgO 的例子。这种蒸发源的宽度能达到几米，用于硅钢板上 TiN 的高速蒸镀以改善铁板的铁心损耗状况[2]。

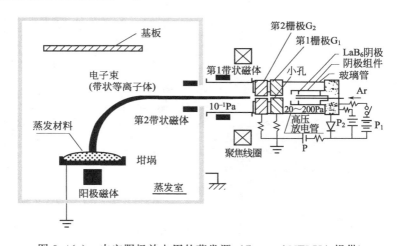

图 8.4(a)　中空阴极放电用的蒸发源（Canon-ANELVA 提供）

启动电源 $P_1$，则 $G_1$、$G_2$ 等和阴极组件间开始放电，
阴极组件上升至高温（约 1000℃），$LaB_6$ 阴极和坩埚之间形成大电流、
大功率的放电，坩埚被加热。然后阴极的温度通过 $P_2$ 维持放电，
电子束（带状等离子体）被抽取出来加热蒸发材料

图 8.4(b)   通过中空阴极放电形成的电子
束加热 MgO（Canon-ANELVA 提供）

## 8.2   蒸发源的物质蒸气分布特性和基板的安置

从上述的各种各样蒸发源蒸发出来的材料的去向（蒸气分布情况），对于不同的蒸发源有很大的区别。如图 8.5 所示，有从蒸发源出来后向各个方向均等蒸发的**点源**［图（a）］和只向一半空间蒸发的**微小平面源**［图（b）］。

当从蒸发源开始以每秒 $m[g/s]$ 的速率蒸发时，若是**点源**，则是向所有的方向均等蒸发的，而若是**微小平面源**，即使在蒸发的那个半空间内，向各个方向的蒸发也是不均等的，而是由于蒸发面的影响而遵从余弦定律。和蒸发面的法线成 $\phi$ 角度的立体角 $d\omega$ 内的放射的蒸发量 $dm$ 有以下公式[1]。

点源 $$dm = m\left(\frac{d\omega}{4\pi}\right) \qquad (8.1)$$

---

❶   详细计算结果请参考文献[1]，关于 $m$，请参照 2.5 节。

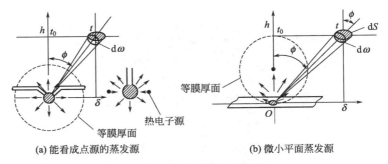

图 8.5　点源和微小平面源

微小面源　　　　　　$$dm = m\cos\phi\left(\frac{d\omega}{\pi}\right)$$　　　　　　(8.2)

设离源的正中心距离为 $h$ 的平面上的膜厚为 $t$，正上方中心处的膜厚为 $t_0$ 时，膜厚分布通过计算（图 8.5）可由以下公式给出。

电源　　　　　　$$\frac{t}{t_0} = \left[1 + \left(\frac{\delta}{h}\right)^2\right]^{-3/2}$$　　　　　　(8.3)

微小面源　　　　$$\frac{t}{t_0} = \left[1 + \left(\frac{\delta}{h}\right)^2\right]^{-2}$$　　　　　　(8.4)

此结果可用图 8.6 表示。从这个结果可以知道，当要求 $t/t_0$ 在 $\pm 5\%$ 时，在 $\delta$ 大的场合，$h$ 就必须大。从另一方面来说，若 $h$ 很大，膜厚大致相同。但是薄膜的附着速率就变得很小，没有了效率。要解决好这个问题，必须找很多的窍门。

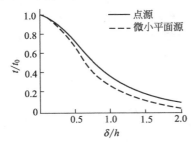

图 8.6　点源及微小平面源
的膜厚分布比较

首先是点源的场合，很显然以源为中心的球面上膜厚是一定的，若在球面上放置许多的基板，效果一定较好。但是对点源来说，一次性放置很多的蒸发材料比较困难，若要制备厚膜或在大量基板上制膜的情况无法使用。这时常使用舟或者坩埚，这样一来，微小平面源的具有相同分布特性的等厚膜面和点源大不相同，变成了叠加在微小平面源上的球面❶。因此在这个球面上配置多个基板比较好（图 8.7）。由此发展出两个方法。第一是在如图 8.8 所示的半球面上放置很多基板，围绕 $\theta$ 的中心轴旋转的方法。想要以尽量高的蒸发速率蒸镀，蒸镀材料尽量垂直基板入射时，蒸发源和基板要放得近一些。那时的膜厚分布和基板的有效设置角的关系如图 8.8 所示。

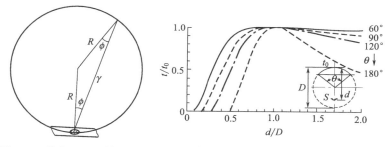

图 8.7　微小面源的等厚膜面　　　图 8.8　旋转球面夹具和膜厚分布

　　另一个方法是如图 8.9 所示，在绕中心轴公转的同时，也围绕 P 轴自转（称为**行星夹具**）。这个方法的膜厚分布和图 8.7 的场合在原理上是一样的，但由于自、公转的原因，膜厚分布更加均匀。

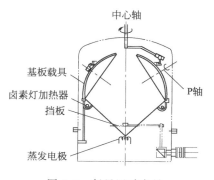

图 8.9　行星运动夹具

---

❶　通过式(8.2) 和图 8.5，膜的密度 $\rho$，厚度为 $t$ 时，$\mathrm{d}m = \rho \cdot t \cdot \mathrm{d}S$，$\mathrm{d}\omega (\cos\phi \cdot \mathrm{d}S)/r^2$ 及 $r = 2R\cos\phi$，$t = m/(4\pi\rho R^2)$，因此当 $R = $ 定值（球面）的场合，$t$ 也是定值。

由于蒸发材料的入射角度随基板的自转而变化，对改善集成电路中的阶梯覆盖率非常有利。

以上讲的都是用了一个微小平面源，也可采用如图 8.10 所示的将多个蒸发源呈环状配置（**环形源**）。这时直观上也许会觉得膜厚分布也应该是环状分布的，但是通过详细计算却可得到如图 8.11 所示的那样，在 $A=R(=1)$ 范围内有很好的分布。要达到这样的分布，不用多个蒸发源也可以，而是如图 8.12 所示，将蒸发源放在外侧使基板旋转，效果也不错。最外周的基板倾斜是为了改善环状源在外侧的分布。

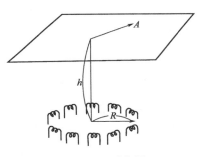

图 8.10 环状源

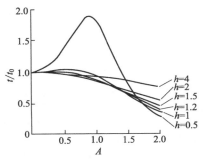

图 8.11 环状连续点源（环状源）的放射特性（$R=1$ 的场合）

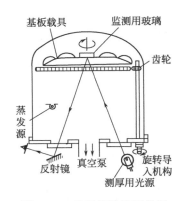

图 8.12 基板旋转的环状源

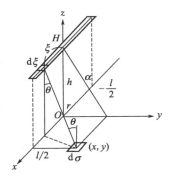

图 8.13 基板平行放置的细长形平面蒸发源

　　如果基板类似于胶片那样有一定宽度而且很长，那时常采用如图 8.13 所示的长蒸发源（一点点连续配置的场合比较多），在它的下面，基板常沿 $y$ 轴方向行进。这种结构的膜厚分布如图 8.14 所示。

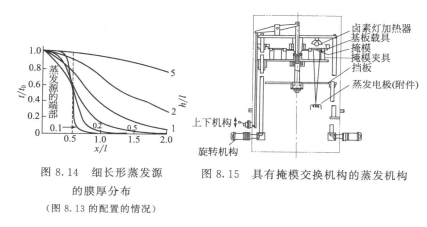

图 8.14　细长形蒸发源
的膜厚分布
（图 8.13 的配置的情况）

图 8.15　具有掩模交换机构的蒸发机构

　　除以上所列外，基板的配置方法还有很多。例如，天文台用的直径 8m 的透镜镀膜的场合，若采用环状源也需要有直径 10m，高 3m 的巨大的真空容器❶。这样一来，基板和蒸发源距离势必很大，于是蒸镀速率下降，常常不能形成良好的薄膜。于是采用的方法就是：在距离基板较近的地方放置很多的蒸发源，间隔基本上相同（为了使放置的密度一样）。图 8.15 的结构是蒸镀时将掩模紧贴基板，在蒸镀同时形成图形的例子。掩模固定在掩模夹具上，通过上下机构可稍微上下调整，再通过旋转机构的旋转来实现移动。

# 8.3　实际装置

　　这里所述的机构，都能在图 4.8 和图 4.9 所示的装置内安装。图 8.16 表示的装置的真空钟罩的直径为 20cm，全部装置能放在一

---

　　❶　设置在夏威夷岛冒纳凯阿山顶（4025m），1997 年开始工作，环状源的灯丝数大约 300 个，总共分布有 8 个环，基板-蒸发源间的距离为 2m。

图 8.16 桌上型蒸镀装置的例子

图 8.17 箱式镀膜机的例子

张桌子上。实际的装置从这样小的到非常巨大的都有。最近全部设计成箱式的装置也很多（图 8.17）。

这些装置操作步骤基本如下。

（1）基本安置（或者与已经蒸镀完的基板交换）。

（2）抽气（不同的抽气系统操作不同，自动抽气的场合仅仅按一下按钮就可以了）。

（3）基板加热（需要快的情况下，从抽气一开始就加热，注意些的话，到高真空后再开始加热）。

（4）蒸发源除气（使用蒸发源蒸镀时的 30％～100％ 的功率，压强将如图 4.8 点线这样变化）。

（5）蒸镀（基板旋转，供给蒸发源蒸发所需要的功率，打开挡板）。

（6）达到所需膜厚后，关闭挡板，切断蒸发源和基板的电力。

（7）经一定时间冷却后，取出基板，安置新的基板。

## 8.4 蒸镀时的真空度

Al 在良好的真空度下蒸镀时，能获得很漂亮的薄膜，在差的真空度下蒸镀时，薄膜是雾状的（所谓的**牛奶状膜**）。但是即使在差真空度下，如果蒸镀速率很大，也可能不出现雾状。在这种情况下，使蒸镀原子增加（加大蒸发速率）到可以忽略进入基板的残留气体的话，对薄膜非常有好处（表 2.4）。总之使压强（$p$）/（蒸镀速度 $r$）的比尽量小，对于镀膜是很重要的。图 8.18 以 $p/r$ 作为参数，来表示膜厚和矫顽磁性 $H_c$ 的关系。在 $p/r$ 小于 $6.7 \times 10^{-5}$ Pa/(nm・s) $5 \times 10^{-7}$ Torr/(nm・s) 以下时，$H_c$ 基板和膜厚基本上没有关系，是定值[3]。一般来说，蒸镀速度 $r$ 基本上不会改变，通过减低压强 $p$（真空度比较好）的方式减小 $p/r$ 比较好。

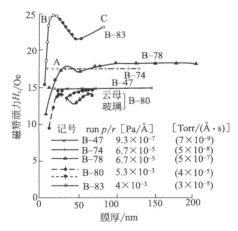

图 8.18　$p/r$ 比值变化时，$H_c$ 和膜厚的关系

## 8.5　蒸镀实例

### 8.5.1　透明导电膜 $In_2O_3$-$SnO_2$ 系列

透明的具有导电性的薄膜是液晶显示系统等不可或缺的，需求量极大。其制造方法的研究有很多。一般是蒸发、溅射等真空方法，当然也有很多其他的方法。从对透明度的要求、低温（因为玻璃不会变形）成膜的要求等出发，采用真空法最具有优势。

真空法透明导电膜早期是从制备 SnO₂ 薄膜开始的。但 SnO₂ 薄膜有蒸镀后需要热处理，电阻率比较高等缺点。In₂O₃ 曾经被寄希望于能够解决这个问题。如图 8.19 表示的是胜部等[4] 的研究结果：In₂O₃-SnO₂ 体系的成分不同时的光谱透过率的测定结果。在 SnO₂ 2.5%～5%（其他为 In₂O₃）和 SnO₂ 为 0% 时能获得透明度很好的薄膜。蒸镀条件为：基板温度 300℃，蒸镀速度 20nm/min，膜厚 140nm，蒸发源是 E 枪。

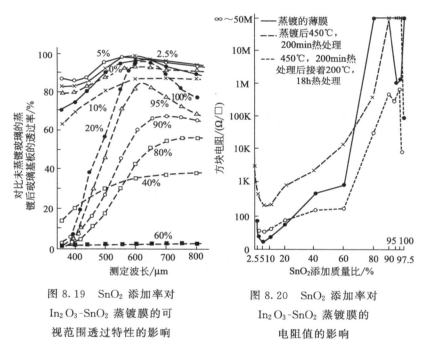

图 8.19　SnO₂ 添加率对 In₂O₃-SnO₂ 蒸镀膜的可视范围透过特性的影响

图 8.20　SnO₂ 添加率对 In₂O₃-SnO₂ 蒸镀膜的电阻值的影响

图 8.20 表示 SnO₂ 添加率和热处理对方块电阻变化的影响。可以看到含 5% SnO₂ 时电阻值最低。

## 8.5.2　分子束外延（MBE）

这个技术被用于制备极高速计算用的计算机元件（约 1ps/门）、高频（约 100GHz）工作的元件、高性能光子元件等。它和

MO-CVD 法一样是被各方面深入研究的薄膜制备的先进方法。

在这些应用前景的推动下，为了开发新的半导体材料而产生了**分子束外延**（Molecular Beam Epitaxy，MBE）技术。实际上它是一种超高真空蒸镀法，即分子束——方向大体一致的汇集的蒸气（分子）流射到基板上，然后在基板上生长为单晶薄膜的方法。由于是在 $10^{-8}\,Pa(10^{-10}\,Torr)$ 的超高真空中生长单晶膜，一般只有新鲜的蒸气分子能到达基板表面，到达的分子数仅由蒸发源的温度决定（在源的形状一定的情况下），单晶的生长速度、杂质的浓度、多元化合物的组分比都能够准确地控制。

MBE 技术的主要特征如下。

（1）基本上是一种干式工艺，和其他的干式半导体工艺（离子注入、蚀刻、薄膜制备等）容易整合。

（2）能够获得原子尺度的平整薄膜，能够以数纳米的不同种类薄膜交替沉积来制备单晶薄膜。

（3）在直径 4～6 英寸的大面积基板上，能够获得误差范围在 1％以内的均一的外延薄膜。

（4）由于有超高真空的保障，能够以极低的生长速度（如 1 原子层/秒）制备高质量的具有复杂构造的薄膜。而且在薄膜生长的过程中，能够使用各种表面分析仪器来观察薄膜的生长过程。

（5）薄膜可以在比较低的温度下生长，于是能够抑制杂质从基板向生长膜的扩散。

（6）组分比和杂质浓度的控制仅仅利用挡板的开闭就可以实现，控制性能非常优异超群。

（7）由于是在热的非平衡条件下生长的，所以能够实现不受固溶度限制的高浓度杂质。

**从 MBE 技术的发展过程**来看，当初是应用于以 GaAs 为中心的Ⅲ-Ⅴ族化合物半导体，然后是Ⅱ-Ⅵ族和Ⅳ-Ⅵ族，最近已发展到应用于 Si。从装置的角度来看，已从单纯的研究装置向量产型装置发展[7]。第一代装置如图 8.21 所示，它由具备很多功能的蒸发机构（现在称为生长室）与超高真空装置组装而成。装置全体可以

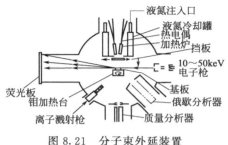
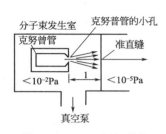

图 8.21 分子束外延装置
的示意图（第一代）

图 8.22 MBE 用加热炉

烘烤，可以获得 $10^{-8}$ Pa（$10^{-10}$ Torr）以下的压强。由于膜的制备
需要清洁的真空，俄歇等分析也需要清洁的环境，因此抽气系统采
用离子泵。

MBE 技术主要用于生长 Ⅲ-Ⅴ 族的以 GaAs 和 GaAs 为主体的
单晶薄膜。As 的附着系数在有 Ga 时为 1，没有 Ga 时为 0。所以
在比 Ga 过量的 As 的分子束射到 GaAs 单晶上时，没有形成 GaAs
的 As 全部被再蒸发掉了，就这样巧妙地制备出了严格化学计量比
的 GaAs 薄膜。Ga 和 As 由两个温度可精确控制的加热炉中向基板
射出（图 8.22）；单晶生长过程和生长出的单晶的结构用 HEED
（使用 10～50keV 电子枪）、俄歇、质量分析器等多个装置来检查。
这样获得的 GaAs 的表面是具有原子水平的、平坦的、优质的
单晶。

其实 MBE 的过程也是在真空中从蒸发源飞出的分子在基板上
附着，这一点和传统的蒸镀没有很大的差别。超高真空中使用分子
束，分子束的发生源用液氮冷却罐包裹，这些具有很重要的意义。
从分子束发生源仅仅只产生分子束（而没有其他），这样就不会污
染单晶生长室内部。另外，从基板返回的 As 也被冷阱捕获或者被
真空泵抽走。这样一来只有新的分子能到达基板。这也对维持清洁
的高真空系统有帮助。以上的因素综合起来避免了杂质混入基板，
从而有助于获得优良的单晶。

第 2 代以后的发展可以参考这些文献[5～7]。

### 8.5.3　合金的蒸镀——闪蒸

如图 6.2, 图 6.3 所示, 合金在蒸镀过程中常常发生在基板上形成的膜的成分与原来的成分发生了变化的现象。为了避免这个问题, 如图 8.23 所示, 采用向舟里一点点地加入蒸镀材料的方法, 使到达舟的蒸镀材料马上被蒸发掉。这样就能制备出合金的成分基本没有变化的薄膜。这个方法中的一点点地输送蒸镀材料用的振动板很容易发生故障, 另外如果在蒸发速率比较高

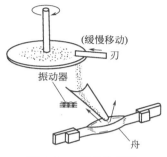

图 8.23　闪蒸的例子

时, 掉往舟里的粉末会被蒸发材料的蒸气吹到基板上, 这一点需要注意。

# 8.6　离　子　镀

离子镀是一种增大附着强度的方法, 同时因为绕进率大而引人注目。日本有一段时间非常盛行。这个方法最初由 Mattox 开发, NASA 把它用来制备人造卫星等使用的金属润滑膜, 并且已经实用化。后来在日本又开发了高频法和团簇离子束法等, 并且技术得到了显著的发展。从用途来看, 由于具有附着强度大、速度快、绕进率大、无公害等优点, 有望成为一种取代电镀的无公害镀膜法。用于一般的镀膜和印刷电路的制造的实用化研究也在进行。后来, 人们认识到离子镀对外延也有效, 这方面的实用化研究也正在进行。

### 8.6.1　离子镀的方式

离子镀大致可分为直流法、高频法、团簇离子束法和热阴极法四种方式。以上方法的共同特点都是在薄膜制备时蒸发的蒸气在途

中有一部分被离子化，向基板的运动速度被加速，这是离子镀的名字的来源。图 8.24 是它们的示意图。

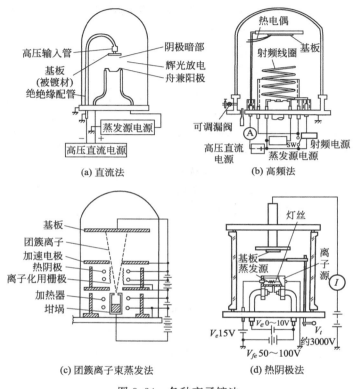

图 8.24　各种离子镀法

**直流法**[8]如 8.24(a) 所示，基板加上负电压，在离子轰击的同时，使从舟里蒸发出来的成膜材料附着。这时真空室压强通常在 $1Pa(10^{-2}Torr)$ 的程度，基板周围被辉光放电所围绕，蒸发的成膜材料在通过等离子体时被离子化，变成的正离子和基板发生激烈碰撞。开始蒸发出来的成膜材料基本上都被离子化了，在如图 8.25(b) 所示的等离子体中的电场作用下加速（就如离子在电解液中的电场作用下运动一样），从基板的各个方向进入并附着在基板上。这与电镀的情况类似。而且，离子和基板碰撞的时候陷入基

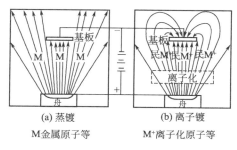

图 8.25 蒸镀和离子镀的比较

板，从而达到很强的附着强度。迄今为止，有多少百分比的蒸发物质被离子化还没有可靠的测定结果，一般认为 10% 的程度，但对这个结果持怀疑态度的人也很多。[图 8.25(a)] 为蒸镀时蒸发物的飞行方向的模拟示意图。直流法的蒸发源除了舟以外，还有电子枪和空心阴极电子枪等装置。

**高频法**[9] 是指在直流法的基板和蒸发源之间放入高频线圈，于是在 $10^{-1}$ Pa（$10^{-3}$ Torr）以下的压强下也能持续放电的方法，增大了蒸发蒸气的离子化率，使得高真空下也能进行离子镀。现在即使不向真空室内导入氩气降低真空度，也能实现利用蒸发出的蒸气自己放电，就能进行如字面上的意思"高真空离子镀"。除此以外，高频法还能利用在等离子体中的反应来合成化合物和将其制备成薄膜，有希望开发新的用途。

**团簇离子束法**[10] 是在具有小孔的坩埚中蒸发的时候，由于内部有比较高的压强使得蒸发材料从小孔被喷出来时形成大约 $10^3$ 个左右的原子团（团簇）。它们在其后的空间被用栅极和热阴极离子化，被加速冲向带有负电位的基板并与之撞击形成薄膜。后来山田[10] 等对喷口反复进行研究，设计了最佳的喷嘴结构，成功地使得离子浓度得到数量级的提高。从此在半导体、磁体、光学器件等领域解决了一系列的难题，并获得不断的发展。

图 8.24(d) 的**热阴极法**是不形成团簇，在高真空中进行离子镀的方法[11]，基本上可以和团簇离子束蒸镀同样理解。

以上四种方法都具有各自的特征。直流法具有装置简单、由于压强比较高 [1Pa($10^{-2}$Torr)] 因而绕进率也高等优点,但是薄膜容易受残留气体影响,镀膜过程中基板温度会升高,因而不适用于在塑料基板上镀膜,这些是它的缺点。高频法、团簇离子束法及热阴极法的优点和缺点正好与直流法相反。

以上各种方法也不例外,通常在薄膜附着前,先用氩离子轰击进行表面清洁和加热基板后再蒸镀薄膜。或者在不用氩放电的场合(高频法、团簇离子束法和热阴极法可行),利用蒸发材料中包含的离子在挡板打开后对基板及以后基板上附着的薄膜进行清洁化和加热升温。除此之外的情形与第 7 章所述蒸镀法相类似。

## 8.6.2 对薄膜的影响

### (ⅰ) 附着强度

目前,在相同条件下制备薄膜,与其他方法相比,附着强度能有多大的提高还缺乏定量的比较,大多是一些定性的感觉上的说法。根据宫川他们的研究,离子轰击和镀膜前的加热温度保持一致,在金属上蒸镀金的场合,用如图 6.14 所示的方法来测定附着强度时,薄膜的附着强度有极大的提高,剥离全部都发生在环氧树脂的部位,以至于无法测定其具体的附着强度。从润滑的立场来看,如图 6.21 所示,没有决定性的差别。因为其实从润滑性能角度来讲,优劣顺序是按蒸镀、离子镀、溅射排列的。在本实验中,金很容易与衬底形成合金,只要表面进行过洁净化处理和对衬底的加热处理,就确实能形成合金层,镀膜方法的影响基本消失。这也许就是能够得到很强的附着强度的原因。从图 6.14 开始到图 6.21 的结果看来,很多研究者也认为只要确实做了表面清洁的工作,那么薄膜的附着强度基本上不会变化。但是,在离子镀的场合,如果镀膜前的基板上因处理不慎,而还有微量残留的油(难以附着薄膜的塑料也一样),因为一定有离子轰击过程存在,自然而然地清洁化了表面(这是离子镀的优点),那么就一定能获得附着强度大的薄膜。如此说来,在前处理不完全的基板上镀膜，蒸镀和离子镀相比较，蒸镀膜比较弱，而离子镀的膜就比较牢固。

（ii）膜的结晶性

离子镀方法对提高薄膜的结晶性有利。例如，在 NaCl 单晶上外延生长金膜时，用蒸镀法需要 330℃ 以上的温度，但若用高频离子镀方法，120℃ 也能外延生长[8]。而且若对于银膜，有报道指出，即使是在常温下也能实现外延生长。

离子镀能生长结晶性好的薄膜原因有：①由于高能离子的轰击，基板的温度上升；②由于离子冲击，在基板上产生许多缺陷，这些缺陷成为结晶中心而有利于发展长大成为单晶；③由于离子带有电荷，要比一般的中性离子结晶的可能性大；④离子在碰撞前失去电荷，但和基板碰撞后，由于仍具有较大的能量，在基板表面容易运动，这样就比较容易形成晶体。

在半导体领域，有时希望制备 140nm 左右的浅结欧姆接触，另外，不用金而仅用硅和铝来制备欧姆接触作为一项新技术也正受到大家的关注。有人呼吁，从各方面进一步改善利用离子的蒸镀方法，使它真正能成为实现以上目的的新方法[12]。

# 8.7　离子束辅助蒸镀

像离子镀一样，成膜过程中通过离子照射能大大改善膜的性能，对外延来说也是如此，这些被统称为**离子辅助蒸镀**。研究内容包括离子束和在离子束帮助下优质薄膜的形成方法。为了改善薄膜的结晶性、方向性、附着强度、薄膜的致密性等，在薄膜生长过程中同时使用低能（数 eV～数 keV）的离子束照射的方法称为**离子束辅助蒸镀**。

这个方法有很多种方式。概括起来如图 8.26 所示。图（a）为**离子束辅助沉积**（IBAD）。在使用一般的薄膜蒸发源的同时，用离子枪产生的离子照射是最常见的方法。图（b）为**离子束沉积**（IBD），是成膜材料离子化后照射基板直接在其上成膜的方法。离

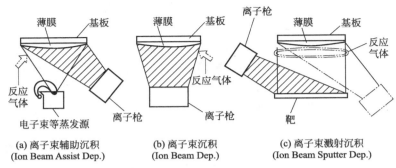

图 8.26 离子（辅助）蒸镀［另外还有团簇离子束法，图 8.24(c)］

子的产生可以用固体离子源（固体直接离子化）和气体分解成为离子，再质量分离抽取所需离子的方法等。图（c）是**离子束溅射沉积**（IBSD）。用离子束照射成膜材料（靶），利用溅射效应（第 9 章）成膜的方法。有时也采用如二点连线表示的那样，同时用其他离子照射基板。无论何种方法，许多情况下常常会导入反应性气体进行反应性成膜。

这个方法要用到离子枪，无论哪种装置都比较复杂。但是由于能制备出致密的具有高附着强度的且方向性好的薄膜来，并且离子的能量在很大范围内可调，对于薄膜制备方法来说，自由度很高，所以利用这些优点，在光学膜（吸收、散射小）、工业方面的工具镀膜（致密、附着强度大）和耐腐蚀薄膜、制备类似金刚石薄膜等场合经常会采用此方法[13,14]。

## 8.8 离子渗，离子束表面改性法

为了获得牢固附着的薄膜，也可以不在表面附着其他薄膜，而只要根据要求改变它的表面性质，热氧化（10.1 节）就是一个典型的例子。图 8.27 概述了这种方法。图（a）为离子注入法，通过向表层注入高速的离子来使表面变成所需性质的薄层。例如，用 Ti 合金为母材的人工骨，通过离子注入 C 和 N，表面的硬度和耐

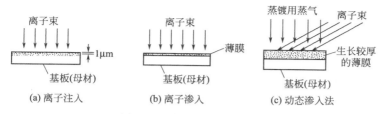

图 8.27　离子束表面改性法

磨性都得到了提高。Fe 系的合金通过离子注入 Ti 和 C，耐磨性得到增强，能用于轴承、齿轮、模具、刀具等的制造。

图（b）为**离子渗**，在母材的表面上先淀积一层薄膜，用离子束照射薄膜，从而使母材与薄膜相混合，从而得到所希望的特性。例如，使 Si 和其上的 Mo 膜混合，能获得良好的欧姆接触。但是表层的膜厚不能超过 $1\mu m$（离子能够侵入的深度为这个程度）。如果要得到更厚的膜，就要使用图（c）的**动态渗入法**，它和前述的离子沉积有点类似。因为在离子渗入的同时，薄膜也能变厚，在理论上，不管多么厚的、具有优异特性的薄膜都能获得。在 Ti 蒸发的同时，N 离子注入的动态离子渗 TiN 薄膜，和母材的附着性很好，能形成比离子镀更好的耐磨、耐腐蚀涂层[15]。

# 8.9　激光烧蚀法（PLA）

在对氧化物高温超导的关注达到狂热的时候，YBaCuO 的组分变化（源和制成薄膜的组分不同）成为一个非常大的问题。使用将要叙述的溅射法的研究者很多，但基板中心区之外的组分变化是很大的问题（参照图 9.40）。与此同时，发现若用脉冲激光烧蚀（简称**激光烧蚀**，Plused Laser Ablation，PLA）法镀膜，基本上没有组分变化。这个方法因此而受到关注，现在用于很多方面的研究。特别是用于要求无组分变化的结晶性良好的薄膜的制备，如高温超导薄膜[18]、强电介质薄膜[19]、磁光记录用薄膜等多元化合物薄膜。

　　如图 8.28 所示，把要用来制备薄膜的材料做成靶，脉冲激光聚焦在上面，聚焦处会出现称为"火舌"（Plume）的发光，可以用这种方法在基板的表面制备出薄膜。

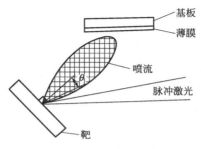

图 8.28　激光烧蚀

　　这个方法制备的 YBaCuO 薄膜的膜厚，组分比和靶表面法线的夹角的关系如图 8.29 所示。图（a）是膜厚分布和 $\theta$ 的关系。曲线 A 表示具有很强指向性（$\cos^{11}\theta$）的区域，从图（b）能知道这个区域的组分比变化不大。图（a）中的曲线 B 是通常余弦定律（$\cos\theta$）的区域，由图（b）可知，该区域组分比变化比较大[20]。

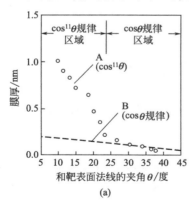

(a)

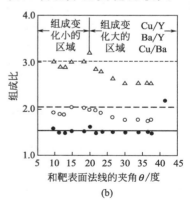

(b)

图 8.29　激光能量密度为 $1.5\text{J}/\text{cm}^2$ 淀积的 YBCO 薄膜的
膜厚分布（a）和组成分布（b）

（a）中的虚线是和靶表面法线的夹角 $\theta$ 的余弦定律线；

（b）中的实线，虚线和点线表示靶的不同组分比

在这里，组成变化大的区域被认为是以普通蒸发机理为主，组成变化小的区域由其他特别的机理所支配。关于这种机理，利用这些结果和靶表面的温度上升的模拟，森本他们得到如下的结论[16,17]：①由于吸收激光，靶材料的温度急剧上升；②温度的急剧上升导致材料急剧变化、气化，从表面和周围夺得气化热，导致表面周围急剧冷却（激光照射最表面下部的温度变得高于直接照射的最表面）；③比最表面温度高的部位发生爆发式的蒸发，这时将最表面的温度较低的层（就像液体的情况）向上喷射出来。产生如图 8.29（a）所示的具有很强指向性结果和以 1 个脉冲产生如闪蒸一粒蒸发材料那样的组分变化很小的成膜效果。此外还有很多关于激光烧蚀的机理猜想[16]。

## 8.10　有机电致发光，有机（粉体）材料的蒸镀

有机电致发光将来会有数十兆日元的市场是很多研究者和企业家的梦想。其关键问题是它们的蒸镀技术。

有机电致发光的构造为如图 8.30 所示的多层结构，电流 $i$ 流过的时候，在发光层或它的附近，电子和空穴发生复合而发光（其机理可以参考很多文献）[21]。

阳极和阴极可以通过原来的技术制备没有问题，但是从电子传输层到空穴注入层就有如何蒸镀的问题。所使用的材料目前为止已有大量的发表[22]，但新的材料还在不断开发。图 8.31 是其中一例。这些材料一般来说是具有如下共同特点的粉末：①热传导性差；②受热容易损坏；③蒸气压高；④易受水分影响变坏。所以蒸镀起来并不是很容易。蒸镀用的源被加热到 300℃ 前后，通过蒸发或升华能蒸镀形成薄膜。由于是粉末，容易产生暴沸、融解固化或者粉碎掉落等，是比较难蒸镀的材料。另外蒸发速率也往往会突然变化，要安定地制备多层膜构造并且实现量产非常困难。初期一般采用图 8.2 的（c）和（h）方式或者图 8.22 的中心部分的克努曾坩埚（至今还在使用）。

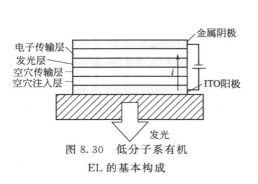

图 8.30　低分子系有机
EL 的基本构成

图 8.31　有机 EL 材料的
例子（红，Trifluorophenyl-
cyanomethyl Nilered）

　　最近出现了消除了这些不稳定因素的蒸发源，图 8.32 是其原理图。将热传导好且不会对有机电致发光产生危害的杂质，像"爬金库"那样的小球（Thermoball，THB）混入粉末有机材料，这种 THB 和粉末一起升温时，能防止由于粉末内产生空洞而引起的崩落（蒸发速率急剧变化）（同时也保证材料一直处于相同状态）。材料室和蒸发出来的蒸气通路全部处于源温度（300℃）附近，蒸发出来的材料蒸气全部朝基板方向飞行。另一个优点是设置精密阀门（无间隙设计，阀座采用精密研磨的金属针阀），针尖的圆锥角度根据目的来确定，通过这个阀门的开闭或者开放度来控制蒸镀速率，确实是

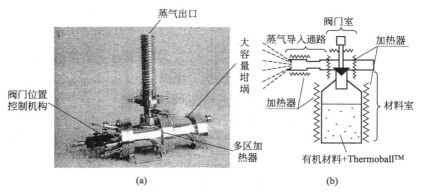

图 8.32　THB-Valved Cell 的概念图［(株) 日本 BETECH 提供］

个优秀的设计。其工作情况如图 8.33 所示。蒸镀速率不是由材料室的温度，而是由阀门的开放度（1000 级可调）来决定。不需要像以前的方法那样，等待材料的温度上升并稳定后再开始镀膜（这样就不会白白浪费掉许多高价的材料，利用率从原来的百分之几改善到接近100％），而且即使很多材料同时蒸镀（共蒸），也能保持稳定进行[23]。

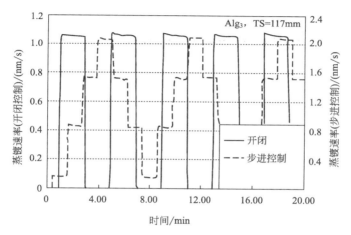

图 8.33　通过阀门来控制蒸镀速率［（株）日本 BETECH 提供］

## 参 考 文 献

1)　L. Holland : Vacuum Deposition of thin Films, Jhon Wiley（1956）.
　　神山，菅田編：薄膜工学ハンドブック，日本学術振興会薄膜第 131 委員会，オーム社（1964）
2)　中村：ファインプロセステクノロジー・ジャパン 99, **B 4**（1999）9
　　古屋・中村：電子材料, 37（1998）71
　　井口ら：真空 **39**（1996）51, **38**（1995）633, **38**（1995）639
3)　K. H. Behrnd : 8 th Nat'l. Symp. on Vac. Tech. Trans. 1961 and 2 nd Internat'l. Cong., **2**（1962）912.
4)　勝部能之，勝部倭子：真空, **9**（1966）443. 勝部：第 131 薄膜委員会資料.
5)　关于MBE的论文、综合报告、解说很多，例如，高橋：応用物理, **43**（1974）547. 応用物理：**51**（1982）2 号, 8 号, 11 号中也有 MBE 的特辑. 応用物理学会編：分子線エピタキシーの基礎と応用（1980）.（結晶工学講習 会テキスト）. 林：真空, **16**（1973）91. MBE 座談会：真空, **25**（1982）70.

W. T. ツァング：日経エレクトロニクス（訳）1983 年 1, 17 号, 163 頁　其他的装置如, 中村：IONICS 10 月号（1978）10, 文献（6）等.

6) 堀編：実用真空技術総覧, 産業技術サービスセンタ（1990）595.

7) 石田：IONICS 78 号（1981）27.

8) D. M. Mattox : Electrochem. Tech., **2**（1964）295. J. Electrochem. Soc., **12**（1968）1255. J Vac. Sci. Tech., **10**（1973）47.

9) 村山, 松本, 柏木：応用物理, **43**（1974）687. Y. Murayama : J. Vac. Sic. Tech., **12**（1975）818.

10) T. Takagi, I. Yamada and A. Sasaki : J. Vac. Sci. Technol., **12**（1975）1128.

11) 難波, 毛利, 永井：真空, **18**（1975）344.

12) たとえば, T. Itoh : Proc. Intern. Ion Eng. Conf. **2**（1983）1149
応用については次の文献に多数の報告がある, ①Proc. Intern. Ion Eng. Conf.（1983）785, 855～932, 1131～1368, ②高木, 山田：応用物理, **47**（1978）73. ③村山, 松本, 柏木：ibid 485. ④高木：応用物理, **51**（1982）1070
I. Yamada : Proc. Intern. Ion Eng. Conf.（1983）1177

13) 关于应用，下面的文献中有多很报告, Proc. Intern. Ion Eng. Conf.（1983）785, 855～932, 1131～1368, 高木, 山田：応用物理, **47**（1978）73. 村山, 松本, 柏木：ibid　485. 高木：応用物理, **51**（1982）1070. 堀編：実用真空技術総覧, 産業技術サービスセンタ（1990）572. 金持編：真空技術ハンドブック（1990）544.

14) 堀編：実用真空技術総覧, 産業技術サービスセンタ（1990）580

15) 同上, p. 793.

16) S. Otsubo et al : Jpn. J. Apl. Phys. **29**（1990）L 73
森本・清水：応用物理 **64**（1995）220

17) 伊藤, 金崎, 岡野, 中井：同上, **64**（1995）536
岡田, 前田：同上, **62**（1993）1221

18) T. Venkatesan, X. D. Wu, R. Muenchausen and A. Pique : MRS Bulleutin Feb.（1992）54

19) Jpn. J. Appl. Phys. **34**, 9 B（1995）の p. 5141～5158 中有 5 份论文, p. 5254 也有 PLA 的论文.

20) T. Venkatesan, X. D. Wu, A. Inam and J. B. Wachtman : Appl Phys Lett **52**（1988）1193

21) 仲田：応用物理, **69**（2000）1113. 内藤：同（2000）1228, 藤井・吉野：同（2000）1342. 田村：同（2000）1456. 大森：同 70（2001）1419. 谷口：同（2001）1294.

22) 飛田・仲矢：月刊ディスプレイ 9（2003, 9 月）43. 飛田・池田・仲矢：同 10（2004. 9 月）65. 細川：同 48. 斎藤・沖中・上野：同 65.

23) 小林・庭山・斎藤：月刊ディスプレイ（2003, 9 月）78. 阿部：同 73. 永井：同 65.

# 第 9 章　溅　　射

利用薄膜技术大量生产半导体集成电路和显示元件等高技术产品的例子很多。利用薄膜技术生产的生活必需品也比比皆是。这种情况大多使用第 10 章的 CVD 法和本章讲述的溅射法。

溅射（sputter）在字典里的字面意思就是"噼里啪啦作响"。物理学里的溅射是指用离子轰击物体，将构成物体的原子和分子打散飞溅出去，飞溅的原子和分子附着在目标的基板上形成薄的膜。会经常看到荧光灯的插口附近变黑，这是因为荧光灯的电极被溅射后附着在它周围，这就是很典型的溅射的例子。溅射现象在 19 世纪被发现以来，这种现象如上述灯座的例子，一直是作为不希望发生的事。特别是在电子管的领域，要想方设法防止这种情况发生。现在它被作为薄膜制备的技术，并且成为了薄膜制备的主流技术，正所谓"只要用得巧，就能用得好"啊。

薄膜制备的应用研究当初主要是在 Bell Lab 和 Western Electric 公司中进行的。1963 年，出现了全长有 10m 的连续溅射装置。1966 年，IBM 发表了射频溅射技术，于是绝缘物薄膜也可以制备了。20 世纪 70 年代后半期，凭借真空能达到 UHV 的支撑，溅射技术变得对于半导体产业不可或缺，于是各种研究大量展开。现在"溅射"已经发展成了"不管基板的材料是什么，也不管在这上面要制备什么材质的薄膜"都能进行量产化生产的主流技术。从此，在以显示元件为首的所有的电子元件、光学元件、磁性元件等领域，从研究者到生产者都变得会使用这项技术了。

## 9.1　溅射现象

当离子轰击固体表面时，会发生如图 9.1 所示的许许多多的现

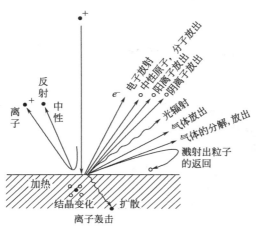

图 9.1 离子轰击后产生的各种现象

象。这些现象在溅射以外的许多方面也会被利用到。其中离子注入在半导体元件的制造过程中是不可缺少的技术。通过分析飞溅出来的离子来进行元素分析（IMA 和 SIMS）、通过氮离子对材料表面进行离子氮化等正在发展成为一项很大的产业。

我们制备薄膜使用的是图中粗线所表示的中性原子和分子的溅出（溅射）。被加速后的离子撞向固体时，在表面附近被由电场发射出的电子中和后变为中性，但是动量却保持不变而撞入固体，在固体内部（表面附近）与构成固体的原子和分子碰撞后，渐渐失去能量直至停止下来。固体因这个异粒子的侵入而晶格结构受到破坏，晶格上的原子（分子）不断相互碰撞挤压，终于将表面的原子或分子挤得飞溅出外面。像这样原子尺寸的粒子将组成固体的粒子从固体表面打飞出来的过程就叫溅射。

溅射的机理古代就有各种各样的解释，经过 Wehnerd 等的研究后，用前述碰撞的理论能对各种现象作出解释。详细的溅射机理请参考文献[1]。

### 9.1.1 离子的能量和溅射率，出射角分布

1 个离子射入而溅射出来的原子数就称为**溅射率** [单位是通常 atoms/ion（溅射率越大，膜生成的速率就越大）]，溅射率是随着离子的能量 $E_i$ 而变化的。如图 9.2(a) 所示，降低 $E_i$，溅射率就会急速下降，最终变得可忽略不计。这时的 $E_i$ 值就是溅射的最低能量（**能量阈值**）。金属的能量阈值大约是 10～30eV，溅射率在

$E_i$ 在 150eV 以下时，和 $E_i^2$ 成正比；$E_i$ 在 150~400eV 时，和 $E_i$ 成正比；$E_i$ 在 400~1500eV 时，和 $\sqrt{E_i}$ 成正比，最后达到饱和。当 $E_i$ 达到数十 keV 时，溅射率反而降低，因为这时侵入固体内部的离子增多，转变为**"离子注入"**了。

被溅射出的原子的出射方向和它的概率如图 9.2(b) 所示。这张图是在 $Hg^+$ 加速到图示加速能量，在多晶 Ni 的表面垂直入射的情况下，角度方向分布图。实线是 Wehner 的实测结果[1]，虚线所示的是余弦定律。从宏观上看，大体上符合余弦定律（8.2 节）。

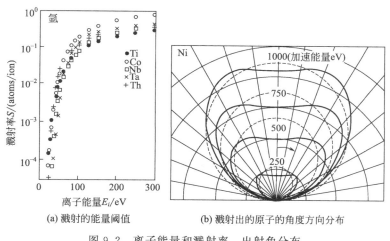

(a) 溅射的能量阈值      (b) 溅射出的原子的角度方向分布

图 9.2  离子能量和溅射率，出射角分布

### 9.1.2  溅射率

溅射率 $S$ 根据离子的种类和固体的种类的不同而差异很大。图 9.3 所表示的是银、铜、钽在 45keV 条件下，被各种离子轰击时的溅射率。$S$ 在惰性气体离子的地方都是峰值。一般来说，溅射是用惰性气体，特别是从经济性来考虑，通常会用氩气。图 9.4 表示的是各种各样的固体用氩、氖和氦的 400eV 的离子来轰击时的溅射率。贵金属的溅射率很高，在这种程度的离子能量下，用氩和氖时，溅射率并没有多大的差异。

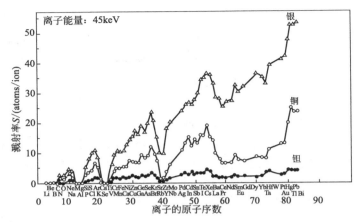

图 9.3 离子和溅射率

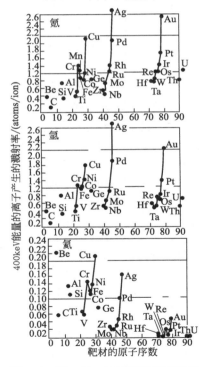

图 9.4 氖、氩、氦对固体的溅射率

### 9.1.3　溅射原子的能量

与取得热能而蒸发镀膜的情况不同，在经过很激烈的碰撞后，被溅射的原子的能量增大了，比蒸镀时的大 100 倍左右。如图 9.5 所示的是铜被溅射后原子的能量分布，平均值为 10eV（相当于$3\times10^5$cm/s$\approx$10000km/h 的高速）左

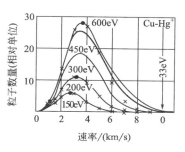

图 9.5　溅射出粒子的速率分布

右。离子的能量变大的话，速度峰值基本上不改变，但是高能部分原子数是增加的。

## 9.2　溅射方式

溅射装置有很多的形式[2~21]，其中代表性的如表 9.1 所示。其中除 4 外，1~6 是从电极的构造大致区分的，4 和 7~10 是在使用这些溅射装置时针对不同薄膜要求做出的各种各样的技巧的革新。7 是为了绝缘物的溅射产生的，现在不管是金属也好，任何材料都可以用 RF（射频）来溅射。和 DC 比较，功率控制精度低是它的缺点。方式 8 是为了制备与靶材反应而形成的化合物薄膜，9、10 是为了提高溅射膜的纯度而开发出来的方法。

现在 3 的磁控溅射是最主要的使用方法。将它与 7 和 8 的方式结合起来，能制备很多种的薄膜。这里主要会针对 3 的磁控溅射来讲述。磁控溅射的方式也多种多样，关于这一点以及其他方法的详细情况请阅读相关参考文献。

### 9.2.1　磁控溅射[5,6,15~17]

Chapin 在 1974 年开发出了平板型磁控溅射[6]。这种技术的靶是平板，特别适用于半导体等的基板也是平板形状的情况，现在仍然是制备薄膜的主流技术。

表 9.1　各种溅射方式

| 项目 | 溅射方式 | 溅射时的电压电流 | 氩气压强/Pa(Torr) | 特　　征 | 模型图 | 参考文献 |
|---|---|---|---|---|---|---|
| 1 | 2 极溅射 | DC 1~7kV<br>0.15~1.5mA/cm²<br>RF 0.3~10kW<br>1~10W/cm² | $1(\times 10^{-2})$ | 构造简单，在大面积基板上镀均一的膜时比较好。（文献[10]是非对称交流溅射） | C 和 A（S）同轴的情况也有 | [2][10][12] |
| 2 | 3 极或者<br>4 极溅射 | DC 0~2kV<br>RF 0~1kW | $6.7\times10^{-2}\sim$<br>$1.3\times10^{-1}$<br>$(5\times10^{-4}\sim$<br>$1\times10^{-3})$ | 低压强，低电压放电。电流和冲击靶时离子能量能够独立控制。也能用于 RF 溅射 | | [3][4] |
| 3 | 磁控溅射 | 0.2~10kV<br>（高速低温）<br>3~30W/cm² | $10\sim10^{-6}$<br>（约 $10^{-1}\sim10^{-8}$） | 利用正交电磁场做磁控放电，Cu 能获得 1.8μm/min 的高速。在 0.1~0.01Pa 条件下比较多 | | [5][6][15][16][17] |
| 4 | 自溅射 | 600~750V<br>100~200W/cm² | (0) | 不需氩气等溅射气体，大功率时高速只有 Cu，Ag 可行 | 同上 | [25][26][27][28][29] |
| 5 | 对向电极溅射 | 0.2~1kV<br>3~30W/cm² | 约 $10^{-3}$<br>（约 $10^{-5}$） | 基板在磁场的外面，能够避开各种损伤 | | [18][19] |

续表

| 项目 | 溅射方式 | 溅射的电压电流 | 氩气压强/Pa(Torr) | 特 征 | 模型图 | 参考文献 |
|---|---|---|---|---|---|---|
| 6 | ECR溅射 | 0～数 kV | $2\times10^{-2}$（约 $10^{-4}$） | 在高真空里用ECR等离子体可以形成各种溅射，并可以减小损伤 | A→[ECR]→ C(T) S→ | [20][21] |
| 7 | 射频溅射 | RF 0.3～10kW 0～2kV | | 绝缘物薄膜的制备为制备石英、玻璃、氧化铝等目的而产生，也能用于金属溅射 | RF发振器 C T S A | [7][13] |
| 8 | 反应溅射 | DC 1～7kV RF 0.3～10kW | 在氩气里混入适量活性气体（$N_2$等：氮化钽） | 阴极物质的化合物薄膜的制备，如氮化钽、氮化硅 | | [8][14] |
| 9 | 偏压溅射 | 在基板上加上相对阴极0～500V左右的正或者负的电位 | | 防止基板中不纯气体（$H_2O$、$N_2$等残留气体）在较轻的荷电粒子轰击基板的同时成膜 | C(T) S A M DC 1～6kV 0～±500 | [9] |
| 10 | 吸气溅射 | DC 1～7kV 0.15～1.5mA/cm² RF 0.3～10kW 1～10W/cm² | | 在制备气作用强的金属薄膜时，在预溅射阶段通过在周围阴极面上附着吸气膜除去活性气体 | C(T) S (A) 吸气 M₁ DC～5kV M₂ | [11] |

这种方式如图 9.6 所示，在靶的表面附近有一个环形的**磁场闭环**，由于磁力线 $B$ 与电场 $E$ 正交，电子在磁力线约束下作回转运动，在靶的表面附近产生高密度的等离子体。这样靶的电功率密度可以增大到大约数百 W/cm² 的程度，溅射速率可以飞跃式地增大到数 $\mu m/min$ 以上。另外如果放电电压降到数百伏以下时，溅射速率/施加功率，即溅射效率也会大幅提高。这样，就要对以往报告中的溅射率作如下修正了[6]。假设每秒每平方厘米用 $\alpha$ 个具有 $E_i[eV]$ 能量的离子入射时，离子带的电荷用 $e$ 来表示，入射功率密度即是 $(E_i\alpha e)$；又设溅射率为 $S[atoms/ion]$，（每秒每平方厘米）被溅射的原子或者分子是 $S\alpha$ 个；记 $A$ 为阿伏加德罗常数、$M$ 为分子量或者原子量、$\rho$ 为密度，则面积 1cm² 厚度、1nm 的容积中，其中，原子或者分子数是 $[\rho \times 10^{-7}/(M/A)]$ 个；所以，用 nm 作单位表示被单位入射功率溅射的靶的厚度 $t$ 的话，可以下面等式给出：

$$t = \{S\alpha/[\rho \times 10^{-7}/(M/A)]\}/E_i\alpha e \qquad [nm/(s \cdot W)]（每秒）$$
$$= 6.25 \times 10^3 (SM/E_i\rho) \qquad [nm/(min \cdot W)]（每分）$$

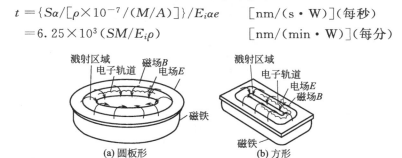

图 9.6　平板磁控电极

根据这个式子，如果知道溅射率和离子能量，对以前的数据进行整理修正，就可得到溅射速率对应的功率效率，结果示于图 9.7。从这张图来看，可以知道大部分的物质在离子能量 200～500eV 之间时功率效率最大。从溅射装置来讲，是不可能使每个离子的能量都一样的，但是若假定离子能量的平均值为靶电压的 1/2 左右，靶电压用 0.2～0.7kV 是比较适当的。这就是使等离子高密度化、降低放电电阻（靶电压/靶电流）的重要意义所在。这也意味着，磁控放电的利用率很高。现在使用的电极的靶电压一般为 500V 左右。

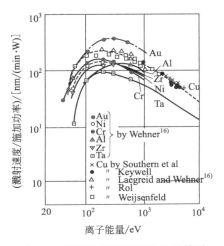

图 9.7　溅射效率和离子能量的关系

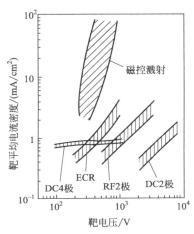

图 9.8　各种溅射法的电流密度

如图 9.8 所示的是各种各样溅射法的靶电流密度和靶电压的关系。在数百伏特时能够得到高电流密度的方法最受青睐，这就意味着磁控溅射法是十分优异的。

靶的设计相对于图 9.9(a) 的溅射时磁场固定，改进成溅射时磁场作一定幅度和频率的摆动，所以提高了靶的利用率，另外即使对同一靶长期溅射，其膜厚分布也非常稳定［如图 9.9(b) 所示］。

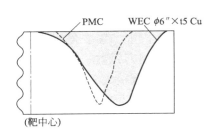

图 9.9(a)　溅射后的电极形状
PMC 为一般的磁场固定靶的利用率，
WEC 为磁场摆动情况，靶的利
用率大大提高（40％以上）

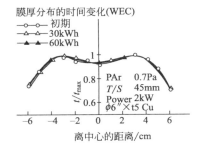

图 9.9(b)　膜厚分布
初期，中期 30kWh，后期 60kWh
都很稳定一致

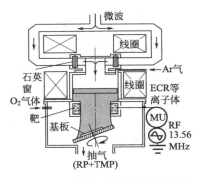

图 9.10 ECR 等离子体溅射成膜装置
[NTTアフディエンジニアリング（株）提供]

## 9.2.2 ECR 溅射[20,21]

图 6.28（e）中举过的 ECR 放电也适用于溅射的例子，图 9.10 表示它的装置基本结构。溅射时，在安置于 ECR 等离子体附近的靶上加上负电压，溅射出来的物质在基板夹具上的基板附着成膜。ECR 等离子体（表 11.3）密度高、工作时放电压强低（真空度高，在 $10^2$ Pa 左右）是其重要特征。

## 9.2.3 射频溅射

射频溅射是为了对绝缘物进行溅射而研发的。如图 9.11 所示的射频溅射，把射频电源变为直流电源时，绝缘物的表面被流入的离子所带的正电荷所覆盖，$V_S$ 变得和等离子体的电位（约为 0）相等时，放电停止，溅射也就停止了，所以直流不能进行绝缘物的溅射。为便于对这个问题的理解，假定在靶电极上加一个矩形波电压 $V_M$，在正半周时，绝缘物与电极接触，表面就会立刻聚集起电子，外表面 $V_S$ 会变得和等离子体同电位（$V_S$ 和 $V_M$ 组成的电位面之间的电容器就会被充电）。在接下来的负半周，$V_S$ 变化为如实线表示的负电位在这个半周期里，离子流入进行溅射，但是因为离子重且难收集（迁移率很小），电位又慢慢地接近等离子体电位（充电后的电容器会通过电子慢慢地放电）。下个半波 $V_S$ 也同样如实线所示那样变化（充电）。结果就是，靶表面就如加上 $V_b$ 这样的偏压一样，绝缘物的溅射就能够实现了。$V_M$ 如果是下面这样的正弦波时，也同样会形成类似叠加上 $V_b$ 这样的偏压，绝缘物的溅射也能够发生。如果从另一个角度来看，电源因为是射频，而射频电流是能流过绝缘物形成的电容的，于是用射频就能实现对绝缘物

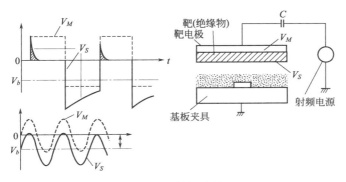

图 9.11 射频溅射

的溅射。对金属溅射时，这个电容可以看成容量为 $C$ 的电容器放在回路里，同样也会引起溅射。因此射频溅射能够被用于以 $SiO_2$、$Al_2O_3$ 等为首的绝缘物到金属的几乎全部物质的溅射。

## 9.3  大电极磁控溅射

为了很好地体验和享受到身临如景感的映像，显示装置在向大型化发展（参照图 1.9）。为此需要有装有边长几米的大型靶的溅射装置。而且材料的利用率要尽量的高，溅射要稳定。图 9.12(a)是能够实现这种要求的装置的例子，7 个磁铁能够如箭头 A 所指示的方向摇动，所以能够全范围扫描靶。这个对于提高膜厚的分布和靶材料的利用率都非常重要。为了在大面积范围内膜厚分布更一致，各磁铁会如箭头 $B_1$、$B_2$……所指示的那样移动，使得靶和磁铁间的距离产生变化，结果成功地大幅度改善了靶表面的磁束密度分布、材料的利用率和膜厚分布。

靶面积变大的话，放电的一致性就会出现困难。因此，电极、磁铁、绝缘物的形状如何就显得十分重要。

图 9.12(b) 是以上介绍的靶表面的侵蚀状况，和以前的靶设计比较，设计改进了的靶（磁场摆动形）的侵蚀均匀，因而靶的利用率提高了。

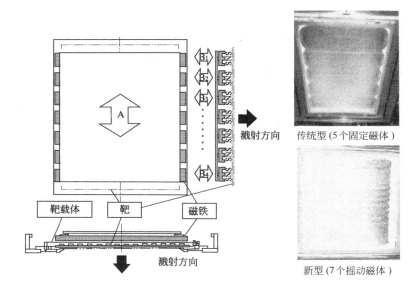

图 9.12 （a）　大型溅射靶的例子；（b）　靶表面的侵蚀

［由 Canon-Anelva（株）提供］

## 9.4　"0"气压溅射的期待——超微细深孔的嵌埋

溅射气压变低后，①膜中所含的杂质气体（Ar、$O_2$、$N_2$、C 等）就降低了，使膜质改善；②被溅射后的原子和分子由气体造成的散射减少，提高了细孔中的嵌埋特性；③有希望改善电致徙动特性。为此，低气压下溅射的技术开发在不断地进行之中。

对超微细孔的嵌埋，从薄膜的品质、经济性考虑，利用溅射方法的比较多，金属电镀时也用溅射来做出金属电镀的源层。超微细孔的嵌埋过程如图 9.13 所示。用于在长径比为 5 的超微细孔内进行铜嵌埋的场合，最初的方法是将基板加热到高温，使飞来的原子回流，从而嵌埋入孔内 ［图（a）］。在这种情况下，最重要的是设法

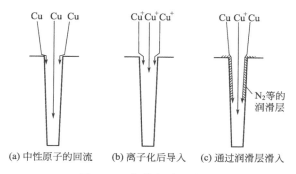

图 9.13　超微细孔的嵌埋

不让被溅射后的原子在超微细孔里散射而并行直进。若长径比再大的话，单用这种方法就会不够，于是将铜离子化，在基板上加负电压，将 $Cu^+$ 引入孔中［图（b）］，称为离子化溅射，这时被溅射后的原子和分子的离子化率就很重要。更进一步，在溅射气体里混入像 $N_2$ 那样的气体，把它附着在入口附近，阻止 Cu 在入口附近附着而滑入超微细孔的内部［图（c）］[30]。在这种情况下，被溅射出来的原子的能量大小和用什么作润滑层就很重要。下面就加以叙述。

### 9.4.1　准直溅射

这种技术的目的是改善在长径比大（如 2 以上）的孔内的嵌埋。直接使用前面讲述的技术，但其电极构造如图 9.14（a）所示作了改造。这样一来，对着基板斜行方向飞行的溅射原子会在格子状的准直电极上附着，而只有飞行方向与基板垂直成分多的原子才能到达基板。于是，大长径比的细孔的底部就也会附着上薄膜。图 9.14（b）就是这个例子。虽然接触孔口径变小的话，底面覆盖率 $\beta$ 就会降低，但与通常的平板磁控溅射相比，$\beta$ 值已改善了许多[22]。这种方法虽然已经实用化了，但是很多时候担心这样大的准直电极会成为粒子的发生源。为此不用准直电极而提高 $\beta$ 的技术开发正在进行［同时做回流等（图 9.13（a）的阶段）］。

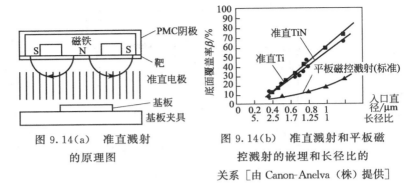

图 9.14(a) 准直溅射
的原理图

图 9.14(b) 准直溅射和平板磁
控溅射的嵌埋和长径比的
关系〔由 Canon-Anelva（株）提供〕

### 9.4.2 长距离溅射[23]

清田等人通过大幅增大基板/靶间的距离 $D_{st}$ 到 300mm（大约是以前的 4 倍左右：**长距离溅射**）和改善磁场的分布与强度，使溅射压成功地减低到 $3.5 \times 10^{-2} Pa(2.6 \times 10^{-4} Torr)$，大幅改善了孔的底部覆盖率（图 9.15、图 9.16）。结果如下：长径比为 1 时，底

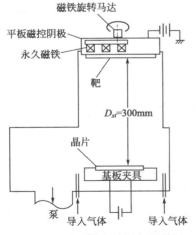

图 9.15 通过增大基板和靶之间
距离和改善磁场实现了
溅射的低压化[23]

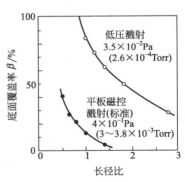

图 9.16 由于溅射气压降低，
底面覆盖率大幅
改善[23]

面覆盖率为 100%；长径比为 2 时，底面覆盖率为 50%，溅射时的压强为 $3.5 \times 10^{-2}$ Pa（$2.6 \times 10^{-4}$ Torr），即成功减少到大约原来的 1/10。可以此技术为主与如图 9.13(a) 所示的回流技术同时使用。

### 9.4.3  高真空溅射

离子泵等场合使用的是潘宁放电，在 $10^{-10}$ Pa 时也能放电，但是平板磁控溅射时，却只能在 $10^{-1}$ Pa 时放电，这岂非非常奇怪了?[24] 高真空溅射 HV-SPT 就是从这个考虑才开始的[15~17]。

在经过各种各样的研究和精心设计后[15]，电极构造如图 9.17 所示，通过增加了强力的辅助磁铁，基板表面的磁场强度最大能够达到 360mT。电压也使用 6.8kV 的高压电源。也就是说磁通密度和放电电压的两方都提高了 10 倍左右，这样在 $10^{-5}$ Pa 以下的压强时也能工作。

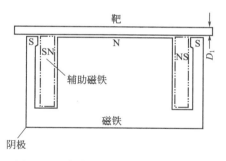

图 9.17  高真空磁控溅射的电极构造

图 9.18 是放电电流 $I$ 和压强 $p$ 的关系。$\lg I$ 和 $\lg p$ 呈良好的直线关系。由此可知在 $10^{-6}$ Pa（$10^{-9}$ Torr）时，也能持续放电（低电压、低压强时，$I$ 的变化稍微有些复杂）。

溅射速率的测定结果如图 9.19 所示。实线 $A$ 是实测值，$A_1$ 是从图 9.18 的电流得出的推算值，其中虚线 $B$ 是最适的条件下值。在以前的溅射压强范围 $10^{-1}$ Pa（$10^{-3}$ Torr）时溅射，速率基本和以前的（Sub $\mu$m/min）差不多，比这个压强低时，得到的速率与压强成比例。在 $10^{-4}$ Pa（$10^{-6}$ Torr）的范围时，速率

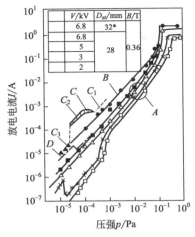

图 9.18 放电电流 $I$ 和压强 $p$

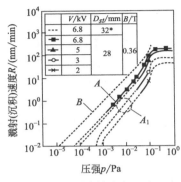

图 9.19 溅射速率 $R$ 和压强 $p$ 的关系

为 0.1nm/min 左右，因此它在 MBE 等的单晶生成和原子操纵 (Atomic manipulation) 领域内的应用正在研究中。

这个方法中电压很高，也就是被溅射出来的原子的能量高，这样对图 9.13(c) 的情况就非常有效。作为润滑层，在氩气中只要添加 1% 的氮气，孔内嵌埋情形就如图 9.20 所示，仅仅只镀了 20nm 的薄膜，超微细孔的内部的嵌埋就形成了[30]。

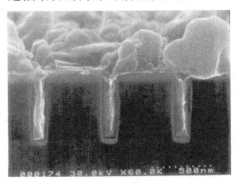

图 9.20 仅仅镀了 20nm 的铜薄膜，在超微细孔中嵌埋成功的情形

### 9.4.4　自溅射

高真空溅射法虽然能在高真空条件下进行溅射，但因溅射速率与压强成比例而太低，想要大幅度提高（溅射速率/压强）的比值难以做到。将能在更高真空度下提高溅射速率的同轴磁控溅射和平板磁控溅射化的自溅射组合起来[26~29]，研究了高长径比的孔内部的嵌埋特性。结果是，对于长径比为 2 的超微细孔的场合，薄的膜（0.2$\mu$m）的底部覆盖率是 100％；和孔的深度相同程度的厚膜（1.2$\mu$m）的底面覆盖率也接近 50％。这和以前的值（5％~10％）比较起来是很大的。和长距离溅射法的结果比较也是相当好的。究其原因，是由于溅射出的原子密度高，通过原子之间互相碰撞，飞行方向就会像束那样会聚起来[29]。

（ⅰ）自溅射法的电极以及实验装置和原理

自溅射法与平板磁控溅射的效果基本上一样好，靶表面上的磁通密度是很重要的参数，必须通过实验来确定。一般来说，直径 4 英寸（100mm）的靶要有 45~50mT，这个范围很窄，同时希望阴极表面是凸的或平坦的。

如图 9.21(a) 所示，通常的溅射是依靠被导入的氩气的自持放电，自溅射是依靠被溅射出来的 Cu 自身变为离子，再往回撞击到靶上引起溅射（自己溅射自己）。就是说被溅射后的 Cu 原子取代了氩气来维持自身的放电和溅射。因为放电空间里没有氩气，溅射后的 Cu 原子的飞行方向因为不会被偏析，所以就能向微细孔直进并深入到深孔的内部。

（ⅱ）放电特性

如图 9.21(c) 所示的是通常溅射在 $3\times10^{-1}$Pa($4\times10^{-3}$Torr) 和自溅射约为 $2\times10^{-3}$Pa($2.7\times10^{-5}$Torr) 时的电流-电压特性。从图可知，自溅射相对地需要高电压大电流。

（ⅲ）深孔的嵌埋特性

如图 9.22 所示的是薄的膜（0.2$\mu$m）、中等厚度的膜（0.6$\mu$m）和与孔的深度相同厚度的膜（1.2$\mu$m）三种情况的底面

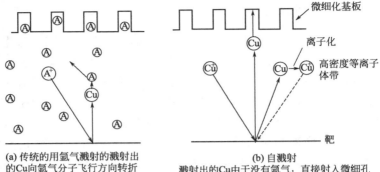

**(a) 传统的用氩气溅射的溅射出的Cu向氩气分子飞行方向转折**

**(b) 自溅射**
溅射出的Cu由于没有氩气，直接射入微细孔中。一部分离子化的Cu被用来自溅射靶材

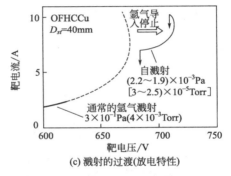

**(c) 溅射的过渡(放电特性)**

图 9.21 自溅射的原理和放电特性

覆盖率 $\beta$ 和压强的关系（长径比大约为2）。

　　如图 9.23 所示的是薄的膜的场合的 $\beta$ 和 $D_{st}$ 的关系。从中可知，对于薄的膜，正对靶中心的上面 $\beta$ 接近 100%。另外考虑基板和靶间距离的影响，若距离设置为侵蚀中心直径（54mm）的 2 倍以上（$\alpha > 2$）的话，底面覆盖率也可以得到 100%。对于图 9.16 的场合，从图面可以推定 $\alpha \approx 6$，底面覆盖率提高的理由就可以理解了。图 9.24 是薄的膜（0.2$\mu$m）的情况下，孔中心剖面的 SEM 像；图 9.25 是厚的膜（1.2$\mu$m）的情况下，孔中心剖面 SEM 像。可见即使厚的膜的情况也可以得到 50% 左右的 $\beta$。

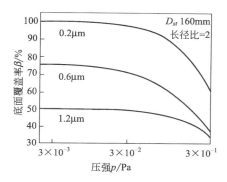

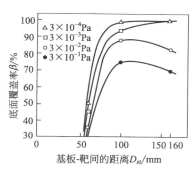

图 9.22 底面覆盖率随膜厚的增加而降低，而随压强降低而增加，分别为 100%（0.2μm）、75%（0.6μm）、50%（1.2μm）

图 9.23 底面覆盖率和随着靶基板间距离〔腐蚀中心直径（54mm）左右，β 开始上升〕

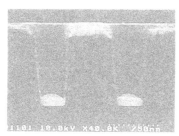

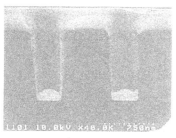

$p=3\times10^{-3}$Pa，$d_i=0.6$μm

$p=3\times10^{-1}$Pa，$d_i=0.6$μm

图 9.24 薄的膜（0.2μm）的嵌埋（$D_{st}=160$mm）
长径比为 2（$d_i$ 是微细孔入口直径）

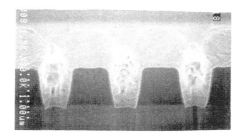

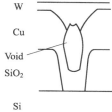

图 9.25 厚的膜（1.2μm）的嵌埋（$D_{st}=160$mm）长径比为 2

（ⅳ）被溅射后原子的飞行轨迹[29]

上述的与以前用氩气溅射方法相比，底面覆盖率得到了大幅提高，一般认为原因是自溅射法产生的原子流（飞行规迹）形成了束状。这些可以参照参考文献[29]。

### 9.4.5　离子化溅射

图 9.13(b) 是所示方法的具体的例子。在这个方法中，被溅射出来原子或分子在从靶飞向基板的过程中被离子化了，为此而得名离子化溅射[31]，被离子化的原子或分子被基板上加的（负）电压加速、直飞进入超微细孔的内部深处，于是改善了嵌埋特性，它也被用于改善金属电镀时采用的源层（种子层）的性质。

图 9.26 是它们的概念图。图(a) 能适用于各种各样的溅射法。普通的磁控溅射时，若使用 10Pa 左右的较高的气压，那么溅射出来的原子会有 80％以上被离子化。由于等离子体电势的缘故，等离子体和基板之间有 15V 左右的电位差（基板侧相对于等离子体为负），因此离子会朝着基板方向加速。为此就能得到优

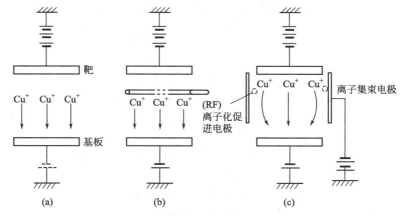

图 9.26　离子化溅射（a）依靠高浓度等离子体中的等离子体电势加速离子化的溅射原子；（b）通过基板-靶间的离子化促进电极来使溅射的原子离子化；（c）离子化的原子（离子）被集束同时向基板加速

良的金属电镀用的源层[32]。另外自溅射时，在基板-靶之间也存在大量的铜离子，因此只要使用点线所示的电源对离子进行加速，离子化溅射就实现了[33]。根据电源电压的高低，对于各种溅射法，从轻度（偏压溅射）到强度（离子化溅射）正在进行着广泛的研究。

图 9.26(b) 是显示在基板与靶之间放置 1～2 圈的 RF 线圈，在其上加上 RF 电源，使之产生射频等离子体。这样能进一步促进被溅射出来的原子离子化，然后向基板方向加速。这种方法也适用于通常的溅射[31]及自溅射等[34]，在改善电镀源层和嵌埋方面都可以得到良好效果。

如前讲述，图 9.26(a) 和图(b) 当然有良好的效果，但实际上等离子体存在一个向外部扩散的倾向，图(c) 是再设置一个集束电极，使得离子在进行集束的同时向基板加速。这样对改善嵌埋和源层就能得到更好的效果[35]。

一般来说，制备源层时，在超微细孔的底部容易做得比较厚。但是，有时候它们的一部分会被后来进入孔内部的离子等高速粒子所再溅射，于是转而附着在孔的侧壁上。所以整个工艺过程必须选择最合适的条件，只有这样，无论是源层的制备也好，嵌埋也好，才都能得到好的结果。图 9.27 是使用为制备源层而特别开发出来的 PCM[Point Casp Magnetron，原理上属于图 9.26(a)] 溅射法

(a)                              (b)

图 9.27 PCM法获得的源层和金属涂覆的嵌埋［由 Canon-Anelva（株）提供］

所得到源层和金属涂层的嵌埋的剖面的 SEM 照片。图 9.27(a) 是
离子加速电压为 450V（这个值是最合适的，孔的底部和侧壁的膜
厚基本上相同，加速能量是根据装置、微细孔的形状而决定的，需
用实验得出最适值）做的源层，图 (b) 是用这个源层来做金属涂
敷的嵌埋的结果，效果良好[32]。这个例子是长径比为 5，即使长
径比为 7 时，也能做到大致同样的嵌埋。以上在溅射时若用较高的
频率（如 27MHz），结果也会较好。

PCM 法是将放在靶的背面的磁铁做小数量增加，从而：①改
善溅射压强（等离子体密度的增大→增加溅射原子的离子化率）；
②成功降低基板表面上的磁通密度等，并成功地制备出优良的
源层。

## 9.5　溅射的实例

在这里叙述除 9.4 节超微细孔嵌埋以外的感兴趣的溅射
实例。

### 9.5.1　钽（Ta）的溅射[14]

在用溅射法制备的薄膜中，钽的薄膜是最早被工业化的，使用
量大，报道也很多，推动了偏压溅射、反应性溅射和只要是能用的
溅射钽的各种方法的研究，还仔细研究了薄的结晶构造，对其他材
料的溅射有很好的参考作用[36]。利用钽的氮化物和用上述方法制
备的氧化物制成的电阻非常稳定，时效变化很小，作为额定负载使
用（设定电阻温度为 50～60℃）10 年后的电阻值变化预计在＋
0.05％以内[36]❶。另外还有能够承受大的功率密度、容易和电容
器组合成被动器件等优点，能在多种场合使用。

---

❶　根据文献[36]报告的强制寿命实验结果 $\Delta R/R$ 与时间的关系外推，大约在
＋0.02％的程度。联系其他的数据并留有余地，专家推定 TaN 电阻的变化在＋0.5％
以内。

从薄膜制备的立场出发，钽属于非常难制备的那一类。钽的化学活性很强，容易和残留气体反应，必须在很好的真空度下制备。而且纯钽有 $\alpha$-钽［和块状物质具有相同的体心立方的结晶结构，bcc（body-centered-cubic）］和 $\beta$-钽（立方晶系-tetragonal symmetry）两种相，根据溅射的条件不同，获得其中之一相或两相混合都有可能。但是一旦确定了合适条件后，就能比较稳定地制备良好的薄膜了。

（ⅰ）纯钽——$\alpha$-钽和 $\beta$-钽

$\beta$-Ta[37]的电阻率为 $180 \sim 200 \mu\Omega \cdot cm$，电阻温度系数 TCR 为 $0 \sim +100 ppm/℃$，因而性能稳定且容易制备成薄膜。$\alpha$-Ta 有 ①电阻率 $10 \sim 150 \mu\Omega \cdot cm$，TCR 为 $100 \sim 3000 ppm/℃$，电气特性不够稳定；②机械特性例如薄膜容易产生裂痕；③大多情况下表面不光滑；④容易剥离等缺点。现阶段一般不将 $\alpha$-Ta 作为薄膜使用。

早先用前述的两极直流溅射或者射频溅射来制备钽膜。但以下的情况下容易产生 $\alpha$-钽，在制备 $\beta$-钽薄膜的过程中要尽量避免。

（1）装置没有经过很好烘烤（放气严重或和有气体泄漏）的情况。

（2）基板处在暗区中间或接近暗区的情况。

（3）虽然电极间距较大，但是薄膜还是受到离子或电子的激烈轰击的情况。

例如，如图 9.28 所示的在基板上加 $-100V$ 以下或 $+10V$ 以上的电压进行偏压溅射时，能够生成 $\alpha$-Ta。可以认为要得到 $\beta$-Ta，必须排除上述情况。通常要制备出 $\beta$-Ta，电极间的距离须为 $50 \sim 70mm$（为暗区的 2 倍以上），装置要经仔细烘烤完。分批式溅射容易受到残留气体的影响（图 9.29）。为了消除这个影响，就必须在如图 9.28 所示的能产生 $\beta$-Ta 的偏压范围（$-100 \sim +10V$）进行溅射，这样也能获得电阻率为 $200\mu\Omega \cdot cm$ 左右的稳定的薄膜。

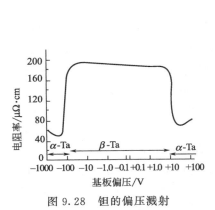

图 9.28　钽的偏压溅射

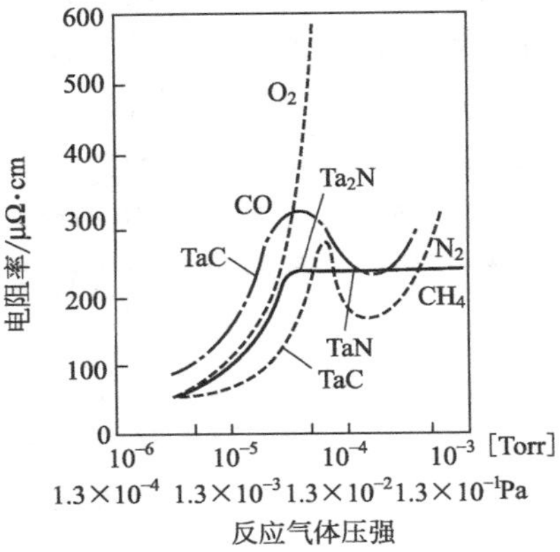

图 9.29　反应性气体的压强导致的 Ta 膜电阻率的变化

（ⅱ）氮化钽[14,38]

如上所述，氮化钽电阻在 10 年内的变化在 0.05% 以内，通过薄膜的氧化还能制作电容器，用途非常广泛。

氮化钽的制备条件与使用的装置有关。一般的操作顺序是：

① 首先装置要充分烘烤；

② 改变氩气中氮气的混入量，制备电阻并做加速寿命试验；

③ 选出其中最合适的条件。

②中的加速寿命试验是指加上通常的 5～10 倍的负载，经 1000h 以上的试验。图 9.30 是氮气的分压（氩气中）变化时，电阻率 $\rho$、电阻温度系数 TCR 以及 70℃ 的环境中施加 $40\text{W/in}^2$ 的功率进行加速寿命试验 1000h 后的电阻变化 $\Delta R$ 的情况。图 9.31 表示加速寿命试验在室温下进行时，电阻变化和时间的关系［图中的数字是：$1.3 \times 10^{-2}\,\text{Pa}(1 \times 10^{-4}\,\text{Torr})$ 的压强表示为 1］。由图 9.30 可知，在 $4 \times 10^{-2}\,\text{Pa}$（$3 \times 10^{-4}\,\text{Torr}$）的氮气分压（这个值根据不同的装置、靶的电流、电压不同而不同。一般来说，溅射出的原子数由进入真空室的氮气的原子数—流量决定）时的电阻变化最小。根据这个可决定氮化钽的溅射条件。通过 X 线衍射分析，在

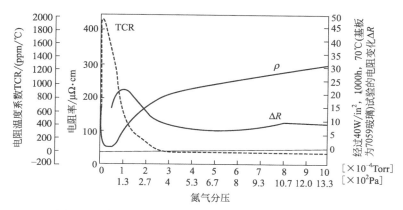

图 9.30 氮化钽薄膜的 $\rho$，TCR，$\Delta R$ 随氮气分压的变化

氮气含量少的时候，出现 bcc Ta，不是很稳定。在 $N_2$ 增加时，$Ta_2N$ 就慢慢出现，这是稳定的膜。TCR 和 $N_2$ 流量的关系如图 9.32 所示[38]。像这样 TCR 和 $N_2$ 流量之间平坦的地方（plateau：平稳段）就出现了。平稳段的出现使得很容易知道能稳定地生成 $Ta_2N$ 的条件。这样制备的 $Ta_2N$ 薄膜电阻的加速寿命试验结果如图 9.33 所示[39]。

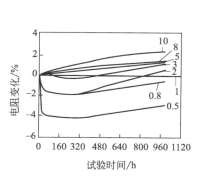

图 9.31 玻璃上电阻膜的电阻
随时间的变化

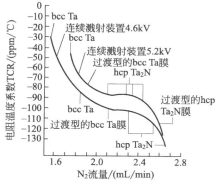

图 9.32 氮化钽薄膜的电阻温度
系数和 $N_2$ 流量的关系

（hcp：六方最密结构，bcc 体心立方结构）

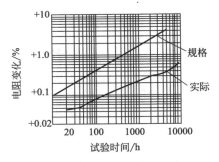

图 9.33 连续溅射装置制备的氮化钽薄膜的加速寿命试验结果
(使用通常 8 倍的负荷，175～185℃)

### 9.5.2 Al 及其合金的溅射 （超高真空溅射）[40]

为了提高集成电路的集成度，①改善阶梯覆盖性；②提高耐电子徙动性能来延长布线的寿命都是必须的。为达到这个目的，使用 Al 和它的合金的溅射膜来代替蒸发膜。实际上使用溅射膜发现有以下的缺点：①蚀刻特性差；②焊接困难等。早期的实验推断这些缺点是由于具有化学活性的 Al 和溅射中的 $N_2$、$O_2$、$H_2O$ 等杂质气体发生反应而引起的。

细川等人研制了能到达 $4×10^{-6}Pa(3×10^{-8}Torr)$ 的超高真空（使用冷凝泵）和使用磁控溅射电极的溅射装置，得到了以下结果。

（1）溅射得到的 Al 和 2%Si-Al 膜的镜面反射：以前都认为反射好的薄膜焊接和刻蚀也容易。试验装置制备成的薄膜，在基板温度为 120℃以下时，反射率为 85%左右；120℃以上时，温度越高反射率越低；300℃时只有 40% （图 9.34）。反射率由于 Ar 气中混入了 $N_2$、$O_2$、$H_2O$ 而明显降低，0.1%的 $O_2$ 混入能降低一半反射率 （图 9.35）。所以对于溅射装置来说，能到达的真空度越高越好。

（2）通常认为纯 Al 的表面硬度和固有电阻与基板温度没有关系，但实际制备的 2%Si-Al 合金在基板温度 150℃以上时确实没有关系 （薄膜的维氏硬度在 50 以下时，焊接成功的条件如图 9.38），而在 150℃以下时，温度越低，硬度和固有电阻越高 （图 9.36，图 9.37）。

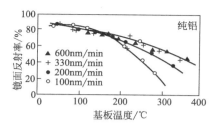

图 9.34　纯铝溅射膜的镜面
反射率和基板温度关系

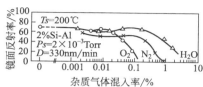

图 9.35　氧气、氮气以及水蒸气混入
率和镜面反射率的关系

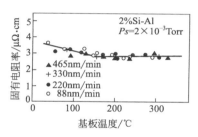

图 9.36　2％Si-Al 溅射膜的固有电
阻率和基板温度的关系

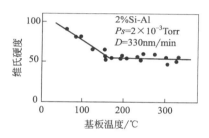

图 9.37　2％Si-Al 溅射膜微维氏
硬度和基板温度的关系

（3）制备温度在 150℃ 左右时，边界 X 线衍射点阵变大。通过 SEM 观察，溅射时基板温度高的话，膜面的粗糙度急剧增加，100℃ 时的晶粒尺寸为 $0.3 \sim 1 \mu m$，在 300℃ 时的晶粒尺寸就达到 $0.5 \sim 2 \mu m$。

（4）2％Si-Al 溅射膜的焊接不良率和硬度的关系如图 9.38 所示。由此可知，薄膜制备时，150℃ 以上的基板温度是必须的。

（5）总结以上的研究表明：要获得比较好的结果，必须使用超高真空系统和成膜时基板温度在 150℃ 以上。

以上这样制备的薄膜不仅刻蚀特性、焊接特性相当或超过以往的蒸镀膜，十分适用于半导体器件的布线，而且，①非常适合连续性量产；②阶梯覆盖性好；③Si 合金膜的制膜过程中组分没有变化，靶可长时间使用；④改善了电子徙动特性，提高了布线的寿

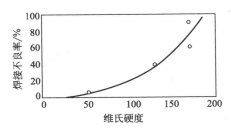

图 9.38 焊接不良率和维氏硬度的关系举例

命，因而对提高集成电路的集成度、可靠性作用非常大，并可用于量产。

而且，在 IC 的集成度增大的情况下，面对长径比大的通孔等凹凸变化剧烈的构造，必然要求掌握制备足够优异的覆盖率的薄膜的手段。对于像本领域的图 9.27 那样的情况，源层（种子层）用溅射法，嵌入用金属电镀方法（第 12 章）。

### 9.5.3 氧化物的溅射: 超导电薄膜和 ITO 透明导电薄膜

氧很容易被转变成负离子。在溅射氧化物的时候，靶表面或等离子体中能产生 $O^-$。这些 $O^-$ 在放电电压的作用下加速（就好像用 $Ar^+$ 来溅射靶一样），轰击好不容易制备好的薄膜（由于是正电位，所以负离子流入），引起再溅射或造成结晶的破坏。为此，被氧溅射和氩的溅射不同，会对材料进行选择性的溅射，组分完全发生了改变（图 9.39、图 9.40）。

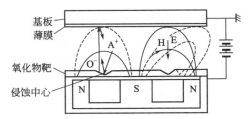

图 9.39 氧化物溅射时的 $Ar^+$ 和 $O^-$ 的行为。$Ar^+$ 溅射靶，
$O^-$ 轰击制成的薄膜并溅射，使结晶破坏。$E$ 是电场，
溅射最厉害的部分为侵蚀中心

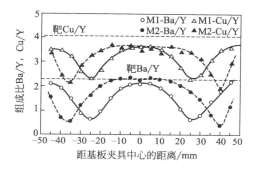

图 9.40　YBaCuO 磁控溅射时组分的变化

实线 M1 和虚线 M2 各自对应图中的实线和虚线磁场的形状

　　氧化物超导薄膜 YBaCuO 溅射时的组分变化的一个例子如图 9.40 所示。在侵蚀中心的正上方组分变化比较大，特别是 Ba 的减少特别明显。利用质谱仪分析其原因（图 9.41）后发现：射向基板的带电体，如图 9.42 所示，除电子外有大量的 $M/e=16$，即 $O^-$。而且直流溅射的场合，具有与放电电压 $V_T$ 相当的能量的离子占了大部分，表示在靶的表面产生了 $O^-$。考虑到这点，研制了

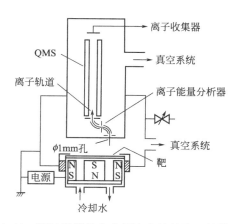

图 9.41　通过质谱仪来分析流入基板位置的带电体

通过在靶的侵蚀中心正上方开的 $\phi 1mm$ 孔流入

带电粒子，通过能量分析器进入质谱仪分析

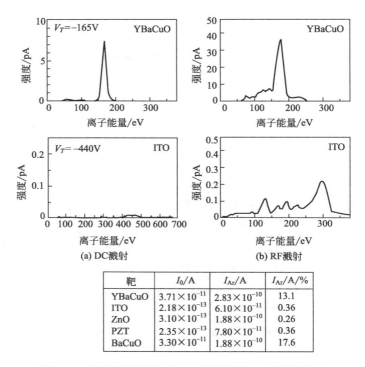

图 9.42    各种材料溅射时，流入基板的 O$^-$ 的能量分布

表中 $I_0$ 是 O$^-$ 的离子电流，$I_{Ar}$ 是 Ar$^+$ 的电流。

都是图 9.41 中通过 $\phi$1mm 孔流入的电流

| 靶 | $I_0$/A | $I_{Ar}$/A | $I_{Ar}$/A/% |
|---|---|---|---|
| YBaCuO | $3.71 \times 10^{-11}$ | $2.83 \times 10^{-10}$ | 13.1 |
| ITO | $2.18 \times 10^{-13}$ | $6.10 \times 10^{-11}$ | 0.36 |
| ZnO | $3.10 \times 10^{-13}$ | $1.88 \times 10^{-10}$ | 0.26 |
| PZT | $2.35 \times 10^{-13}$ | $7.80 \times 10^{-11}$ | 0.36 |
| BaCuO | $3.30 \times 10^{-11}$ | $1.88 \times 10^{-10}$ | 17.6 |

具有如图 9.39 虚线表示的磁场的靶电极，当侵蚀中心在向外部移动的时候，如图 9.40 中的虚线所示，组分比不变的范围成功地被扩大了[41,42]。

如上的情况在众所周知的透明导电膜 ITO(In-Tin Oxide) 的溅射制备时也同样出现了。图 9.43 表示的是 ITO 在 100V、250V、370V 的条件下溅射的例子。在侵蚀中心的上方，电压越高，电阻率也变高。以电压为参数的电阻率变化如图 9.44 所示。为此，用低的电压溅射成功地获得了 $9 \times 10^{-5}\,\Omega \cdot cm$ 这样的低电阻率薄膜。透过率光谱也如图 9.45 所示，比传统的 400V 溅射的情况改善了。

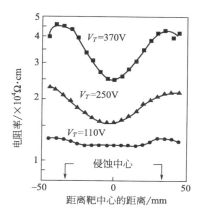

图 9.43　对于 ITO，位置不同导致的电阻率变化

基板温度为 200℃ 的侵蚀中心正上方，靶的电压 $V_T$ 越高的电阻率越大

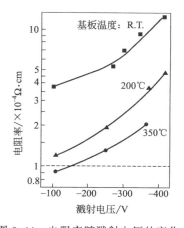

图 9.44　电阻率随溅射电压的变化

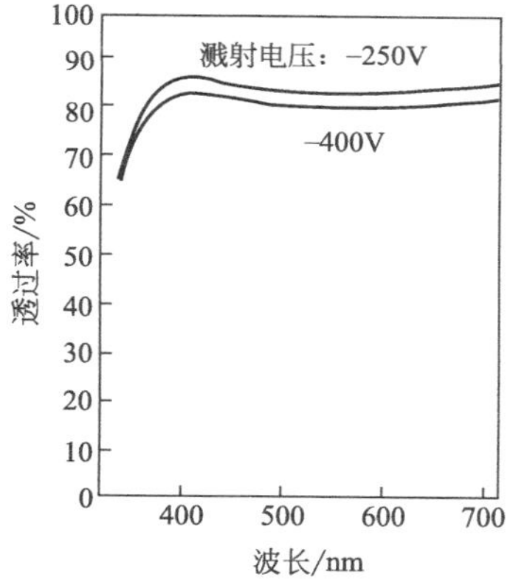

图 9.45　ITO 膜的透过率光谱

而且若在溅射的时候适量添加 $H_2O$，蚀刻特性 [图 9.46(a)] 和比电阻 [图 9.46(b)] 的安定性也改善了。也就是说通过低电压溅射、添加适量 $H_2O$ 和 H 的手段，能成功制备出电阻率低、透过光谱特性好、大面积范围内的透过率分布和蚀刻速率分布均匀的优良的 ITO 薄膜[43]。

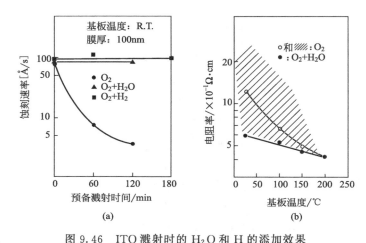

图 9.46 ITO 溅射时的 $H_2O$ 和 H 的添加效果

(a) 预备溅射时间变化时的蚀刻速率；(b) 基板温度变化时的电阻率变化

像这样的氧化物溅射，在薄膜制备过程中必须注意 $O^-$ 的作用。除了 $O^-$ 以外，在制备 Au 和 Sm 合金薄膜时，也会出现 $Au^-$ 离子[44]。其他方面，制备薄膜时还必须注意薄膜分布的均匀性的异常变化（如图 9.40 和图 9.43 那样）。

### 9.5.4 磁性膜的溅射

磁带是生活中常见的磁性记录媒体的例子，大都使用 $\gamma$-$Fe_2O_3$ 和钡铁氧体等的磁性粉涂层。但使用薄膜（大多用蒸镀、溅射、金属电镀等方法制备）的场合也很多。一般磁带用蒸镀法，磁盘多用溅射和金属电镀法等[45]。

近年来，利用发现的**巨磁阻效应** GMR (Giant Magnetoresistance Effect，1988，更早为 1936) 和隧道磁阻效应 TMR (Tunnel Magnetoresistance Effect，1995)，掀起了对以磁头为首的传感器、以 MRAM (Magnetic Random Access Memory：低电压驱动，即使电源被切断，也能保持记录数据的非挥发性高密度存储器) 为首的理想的存储器的研究热潮。

发现的 GMR 和 TMR 的基本存储单元如图 9.47(a) 和 (b)

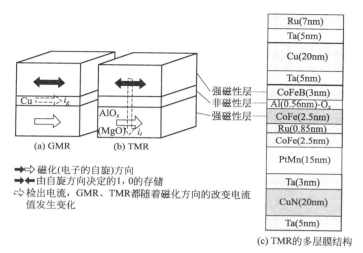

强磁性层
非磁性层
强磁性层

Ru(7nm)
Ta(5nm)
Cu(20nm)
Ta(5nm)
CoFeB(3nm)
Al(0.56nm)-O$_x$
CoFe(2.5nm)
Ru(0.85nm)
CoFe(2.5nm)
PtMn(15nm)
Ta(3nm)
CuN(20nm)
Ta(5nm)

(a) GMR　(b) TMR

➡➩ 磁化(电子的自旋)方向
➡⬅ 由自旋方向决定的1, 0的存储
➩ 检出电流，GMR、TMR都随着磁化方向的改变电流
值发生变化

(c) TMR的多层膜结构

图 9.47　GMR，TMR 单元的基本单元和实例［由 Canon-Anelva（株）提供］

所示，它们是一层厚度为 2nm 的非磁性层被强磁性层夹在中间的
"三明治"式结构组成的。GMR 通常使用 Cu 作为非磁性层。磁性
层的磁化方向（取决于磁化时电子的自旋方向）的变化，导致强磁
性层/非磁性层/强磁性层的三层电阻变化，这样通过的电流 $i_g$ 也
随之变化。这个电阻的变化（*MR* 比[1]）的大小十分重要，记磁化
同向时的电阻为 $R_P$，反向时的电阻为 $R_{AP}$，则

$$MR \text{ 比} = (R_{AP} - R_P)/R_P = \Delta R/R_P \qquad [\%]$$

在 TMR 的情况下，非磁性层使用 Al 和 Mg 的氧化物（厚度
为亚纳米），这时流过的是隧道电流，它也随磁性层的磁化方向变
化。根据磁化方向，记忆"1"或"0"，从而实现了非挥发的高密
度存储器 MRAM。磁头等也好，传感器等也好，都是靠磁化方向
变化引起的电流变化来实现信息的检出。

———————————

[1]　MR 比，MR Ratio，或者简单表示为 MR，TMR。电导 $G$ 表示时（$G_{AP}^{-1} - G_P^{-1})/G_P^{-1}$，磁性材料的自旋极化率用 $P_1$，$P_2$ 来表示时，$2P_1P_2/(1-P_1P_2)$ 这样的表示比较多。

为了使 *MR* 比大，制备出的器件性能优异，如今有人采用了如图 9.47(c) 所示的纳米量级的极薄的多层叠加磁性膜（它的工作机理等请参阅参考文献[45,46]❶）的结构。对于这样的多层膜，薄膜的平坦性、即膜和膜之间界面的平行性是最重要的。

这样的几个原子至几十个原子层的极薄的薄膜的多层叠加，根据常识，自然会想到必须采用前一章所述的 MBE 来制备。但是近年来，又新添了 9.5.2 所述的超高真空溅射法。通过改良溅射靶（磁控阴极），溅射能在 $2 \times 10^{-2} Pa(2.7 \times 10^{-4} Torr)$ 的低压强下进行，即使用这样的溅射也能制备这种超薄多层叠加膜。图 9.48 就表示这样的例子。压强降低（由 0.4Pa 降低到 0.02Pa）、加大溅射功率，也能获得接近原子水平的平坦性，即薄膜的平坦性要求可以得到保证。

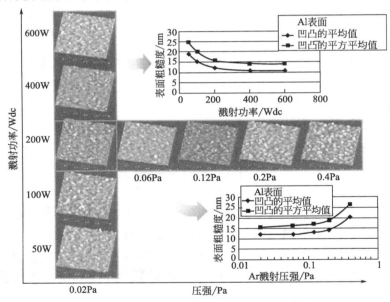

图 9.48 Al 表面的粗糙度随着功率的增大和压强的降低而改善
［由 Canon-Anelva（株）提供］

---

❶ 强/非/强磁性层以外的薄膜层是为了确定记忆（存储）磁场而制备的。

这种效果不仅 Al 能达到，如图 9.47(c) 所示的其他的材料也同样可以。目前，这种平坦性改善的研究还在进一步进行。

对于 TMR 来说，作为非磁性层的 Al 和 Mg 的氧化物薄膜的制备方法最重要，任何可能的方法（直接用氧化物，Al 和 Mg 的元素的反应性蒸镀和溅射，离子辅助法等）的研究还正在进行。目前最有希望的是：先用上述方法制备出高纯度的平坦的金属膜，再用氧游离基氧化的方法（自然氧化，通过氧气和水等离子体来氧化等也在研究）。

薄膜的平坦性也可通过将制备的薄膜再进行等离子体处理（用极低的功率对薄膜进行逆溅射）得到改善。图 9.49 是用这种方法得到的多层膜的断面 TEM 照片［对应于图 9.47(c)］[47]。从 AlO$_x$ 面看来，这个效果是明显的。经过等离子体处理的表面粗糙度平均值为 0.16nm，粗糙度的均方值为 0.20nm，确实获得了原子级的平坦性。能够进行这种处理的装置例子如图 9.50 所示。中央的机器人将基板送到必要的处理室中作必要处理，在 PVD 室中，因为使用长距离溅射和基板的自公转，所以能够获得在基板面内均匀而平坦的薄膜。

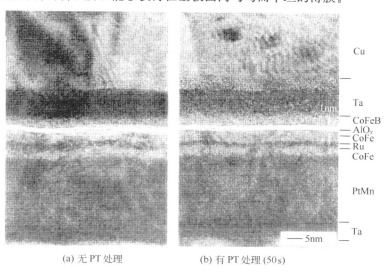

(a) 无 PT 处理　　　　　(b) 有 PT 处理 (50s)

图 9.49　AlO$_x$ 膜的平坦性通过等离子体处理得到改善

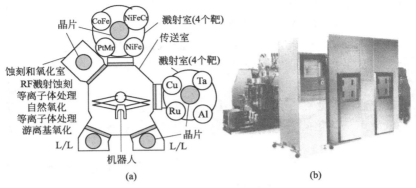

图 9.50　能获得优异平坦性的溅射装置的结构示意图（a）和实例（b）

〔由 Canon-Anelva（株）提供〕

### 9.5.5　光学膜的溅射（RAS 法）[48,49]

光学膜的制备一般采用蒸镀、离子辅助淀积、离子镀（前章）等方法比较多。最近利用溅射法为了达到以下目标：①滤光片的光透光率为 95％（以前为 70％）；②波长的容许偏差为 ±1％（以前在可见光范围为 ±15nm），开发了能够稳定量产的一种方式方法，即 RAS（Radical Assisted Spattering）方式。这种方式中游离基的辅助成为溅射粒子的高能量来源，对薄膜的密度提高大有帮助[49]。

图 9.51 是用 RAS 法制备的 46 层的 469～580nm 带通滤光片，具有 95％的透过率和剧变的截断特性；用纯水煮沸 1h 后的截断特性变化仅仅只有 0.2nm，是非常优质的产品。分布均匀性也非常优异，批次内：6 批次 ±0.3％；批次间：5 组间 ±4％[49]。

RAS 系统的例子如图 9.52 所示。对于图 9.51 的滤光片制备，基板从（L/L）室放置到基板鼓上，在 Nb 靶和 Si 靶前通过，附着上设定膜厚的薄膜。这里并不能得到完全的氧化膜，在以后的等离子体氧化室中，主要在氧游离基作用下完全氧化，这是一个很重要的步骤。金属等导电材料在高浓度氧气氛围中溅射时，会因靶表面被氧化而很难获得稳定的成膜速率。而在 RAS 法中，在百分之几

浓度的氧气下附着非常薄的膜（鼓转 1 周的膜厚在 0.1nm 以下），
在氧化室里才完全氧化，所以能得到非常优质的光学薄膜。要达到
设定的膜厚，可再进行下一次的材料薄膜的附着，这样一直循环。
用这种方式成膜速率和折射率 $n$ 很稳定，不用像过去的方法那样需
要边测定 $nd$，边成膜，仅仅只要控制成膜时间，预先设计好的光
学器件就能稳定地进行量化生产。

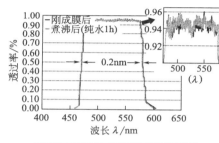

| | 半波长/nm | |
|---|---|---|
| | 短波长侧 | 长波长侧 |
| 刚成膜后 | 469.3 | 580.2 |
| 煮沸后 | 469.5 | 580.4 |

图 9.51　$SiO_2$ 和 $Nb_2O_3$ 46 层非偏光
边缘滤光片的光谱特性
和环境稳定性

（10～300nm 膜厚的膜 46 层）

［由（株）SHINCRON 提供］

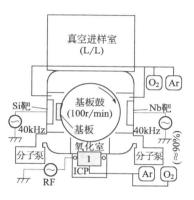

图 9.52　RAS 系统［由（株）
SHINCRON 提供］

## 参 考 文 献

1)　R. V. Stunt & G. K. Wehner: J. Appl. Phys. **35**（1984）1819

　　G. K. Wehner: J. Appl. Phys. **26**（1955）1056, Phys. Rev. **102**（1956）690, Phys.
　　Rev. **108**（1957）35, Phys. Rev. **112**（1958）**1120**, J. Appl. Phys. **33**(1962)345

　　N. Laegreid and G. K. Wehner: J. Appl. Phys. **32**（1961）365

　　G. K. Wehner and D. Rosenbery: J. Appl. Phys. **31**（1960）177

　　O. Almen & G. Bruce: Nucl. Instrum. Methods. **11**(1961) 257

　　志水ら: 应用物理, **54**（1985）876, 同 **50**（1981）470

　　E. G. Spencerz & P. H. Schmidt: J. Vac. Sci. Tech. **8**（1972)552

R. V. Stuant & G. K. Wehner: Trans. 9th Vac. Symp. (1962) 160

2) L. Holland : Vacuum deposition of thin films, 3 rd ed. (1960) 401

3) J. W. Nickerson & R. Moseson : Research and Develop, March (1965) 52

4) 織田，麻蒔，牟田，溝延：応用物理，**36**（1967）281

5) S. Aoshima & T. Asamaki : Proc. 6th Itern'l Cong. (1974) 253

6) J. S. Chapin : Res. & Develop, Jan. (1974) 37
麻蒔：IONICS, 創刊号（1975）43，電子材料，No. 11（1975）103
細川，三隅，塚田：応用物理，**46**（1977）822

7) P. D. Davidse & L. I. Maissel : J. Appl. Phys. **37**（1966）574

8) N. Schwartz : Trans. 9 th Nat'l Vac. Symp. (1963) 325

9) L. I. Maissel & P. M. Schaible : J. Appl. Phys. **36**（1965）237

10) R. Frericho : J. Appl. Phys. **33**（1962）1898

11) H. C. Theuerer & J. J. Hauser : J. Appl. Phys. **35**（1964）554

12) R. E. Jones, H. F. Winters & L. I. Maissel : J. Vac. Sci. Tech. **5**（1968）84

13) 細川：真空，**19**（1975）82

14) D. A. Mclean, N. Schwartz & E. D. Tidd : Proc. IEEE, **52**（1964）1450

15) 麻蒔，三浦，中村，保立，米内山，石橋，細川：真空，**35**（1992）70

16) T. Asamaki etal. : J. Vac. Sci. Tech. **A 10**（6），Nov./Dec.（1992）3430

17) T. Asamaki et al. : Japan. J. Appl. Phys. **32**（1993）54

18) S. Ono & M. Naoe Suppl. Trans. JIM. **29**（1988）57

19) T. Hirata & M. Naoe : J. Appl. Phys. **67**（1990）5047

20) T. Ono et al. : Japan. J. Appl. Phys. **23**（1984）534
天沢・田中・広野：尖端技術エンタクト **42**（2004）17

21) M. Matsuoka & K. Ono : Japan. J. Appl. Phys. **28**（1989）1503
松岡，小野：応用物理，**57**（1988）1301

22) S. M. Rossnagel & D. Mikalsen : J. Vac. Sci. Technol. **A 9**（2）Mar/Apr（1991）261
T. Hara, T. Nomura and S. C. Chen : Jpn. J. Appl. Phys. **31**（1992）L 1746

23) T. Kiyota, et al : Semicon/Korea Tech. Symp. Nov. 9–10（1993）P 225，近藤
等 : Ulvac Tech. J. No. 47（1997）27, T. Saito et al : Proc. Internal. Interconcept
Tech. Conf（San Francisco, 1998）p. 11 TC 98–160 与它的参考文献

24) L. D. Hall : Rev. Sci. Instr. **29**（1958）367, 3 章　参考文献 4）

25) N. Hosokawa, T. Tsukada & H. Kitahara : Proc. 8 th Int. Vac. Cong., Le Vide,
Suppl. **201**（1980）11

26) S. Shingubara, et al. : Advanced Metelization for ULSI Appl. in 1993, p. 87

27) W. M. Posadowski & Z.I. Radzimski : J. Vac. Sci. Technol. **A 11**（1993）2980

28) T. Asamaki, R. Mori & A. Takagi : Jpn. J. Appl. Phys. **33**（1994）2500
T. Asamaki, et al : Jpn. J. Appl. Phys. **33**（1994）4566

29) 麻蒔，三浦：電子情報通信学会論文誌　Vol. J 78–C・II（1995）319.
麻蒔，西川，三浦：真空，**38**（1995）708

30)　麻蒔・加藤・斉藤・粕川・外賀・本橋：Electrochemistry（2001）769.

31)　S. M. Rosnagel and J. Hopwood : J. Vac. Sci. Technol. **B 12**（**1**）（1994）449

32)　S. Mizuno et al : VMIC Conf.（1999. sept. 7-9）p 591

33)　H. Sato et al : Vacuum 59（2000）437

　　　Z. J. Radzimski, W. M. Posadowski, S. M. Rosnagel & S. Shingubara : J. Vac. Sci & Technol. **B 16**（3）（1998）1102

34)　T. Ichiki, et al : Jpn. J. Appl. Phys. **36**（1997）1469

35)　N. Gonohe : SEMI Tech. Symp.（SEMICON Japan 2000）（2000. 12. 6〜8）p 4.

36)　織田，岡本：電子通信学会誌，**51**（1968）849

　　　W. H. Jackson & R. J. Moore : IEEE Trans. PMP-1（1965）S-45

37)　M. H. Read : Appl. Phys. Letters, **7**（1965）51

38)　A. M. Hanfman : 2 nd Symp. on the Dep. of Thin Films by Sputtering, Co-sponsered by Univ. of Rochester and CVC,（1967）104

39)　A. M. Hanfman : 4 th Annual Electronic Packaging, June 22（1966）

40)　細川，北原：Proc, 16 th Symp. Semi. and IC Tech.（1979. 5）12

　　　N. Hosokawa & H. Kitahara : Proc. Intern. Eng. Conf. **2**（1983）731

41)　K. Ishibashi. et al : Proc. 3 rd. Int'l Symp. Superconductivity Iss'9 D Nov. 6-9 1990 Sendai, Miyagi（1990）873

42)　K. Ishibashi. K. Hirata and N. Hosokawa : J. Vac. Sci. technol. **A 10**, July/Aug.（1992）1718

43)　S. Ishibashi, Y. Higuchi, Y. Ota, and K. Nakamura : J. Vac. Sci, Technol. **A 8**, May/June（1990）1403

　　　S. Ishibashi, et al : Proc. 1 st Int'l Symp. on ISSP '91 Tokyo（1991）153

44)　J. J. Cuomo, et al : J. Vac. Sci. Technol. **15**（2）March/April（1978）281

45)　たとえば，本間・日口編著：磁性材料読本（1998）工業調査会

46)　猪俣・田原・有本編著：MRAM 技術（2002），サイペック（株），藤森ら：金属 金属人工格子（1995）アグネ技術センタ，菅原ら：日本応用磁気学会誌 **23**（1999）1281，宮崎：同 25（2001）471，猪俣：同 23（1999）11244, 1826，猪 俣：応用物理 **63**（1994）1193, **69**（2000）186，猪俣・手束：71（2002）1347

47)　恒川・長井・小須田：ダビッドジャヤプラウィラ・渡辺：日本応用磁気学会 誌 **28**（2004）1074

48)　Y. Song et al : Vacuum, **59**（2000）755

49)　長江：Oplus E, **26**（2004）144

# 第10章 气相沉积CVD和热氧化氮化

　　第8章和第9章所叙述的薄膜制备方法主要是利用物理变化进行的，所以被称为 Physical Vapor Deposition（简称 PVD）。下面叙述的方法主要是在高温的环境（包含基片）或活性化的环境中，利用基片表面上的化学反应制备薄膜，所以被称为 Chemical Vapor Deposition（简称 CVD）。最初的 CVD 法是在通常的大气压下发生反应，此后逐渐开发了减压法、等离子体 CVD 法、光 CVD 法等，形成了以利用真空为主体的局面。**热氧化氮化**虽然不能被称为 CVD，但因与 CVD 一样是在高温或活性化的空间中利用表面化学反应，因此在这里也加以描述，使用的设备和气体系列与 CVD 各不相同，有时也被称为**表面改性**。

　　如图 10.1 所示，一般的化学反应都需要提供活化能 ε（类似点火作用）。以热为活化能（通过提高温度）的方法就是**热 CVD**

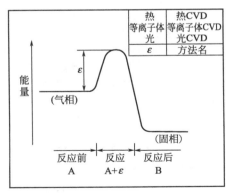

图 10.1　CVD 的说明

产生化学反应需要具备活性化的能量 ε，例如，木材和氧气（A）得到热能（A＋ε）发生燃烧，生成水和二氧化碳（B）。在 CVD 法中气态的气体材料（A）得到活性化能量（A＋ε）发生反应，并在附近的固体表面上析出形成固体薄膜（B）

（在一般情况下，简称为 CVD）；使用等离子体时称为**等离子体
CVD**（PCVD）；使用光（从近紫外光到真空紫外光，激光等）则
称为**光 CVD**（Photo CVD）。

CVD 法是从常压 CVD（NP）法开始出现的，**LPCVD**（Low
Pressure CVD）法的诞生就是以改善 **NPCVD**（Normal Pressure
CVD）法的膜厚分布、电阻率分布和生产性为目的的。现在，
LPCVD 法已经成为主流，进一步以实现低温反应为目的则为等离
子体 CVD（PCVD）；以减少表面损伤为目的则为光 CVD，GT-
CVD；以实现平坦化为目的，从材料着手的 Cu 和 W 的金属 CVD
也投入了新的研发；热氧化氮化在超薄、高品质栅极等薄膜的制备
方面的研究非常广泛。CVD 技术在这些领域的应用前景正越来越
受到研究者的重视。

# 10.1　热氧化[1]

这里描述的方法是将要成膜的基片（这种场合为晶体）表面
以其他物质（氧化物或氮化物，即绝缘物）替代。与第 8 章、第
9 章及本章的气相沉积 CVD 所描述的方法（将其他物质沉积在基
片上，即制作和基板完全不同材质的薄膜，这是很关键的）不
同，不必担心基片和薄膜之间发生剥离，能得到优质的致密的绝
缘薄膜。

随着时代的推移，只有 20nm 至数纳米厚的栅极氧化膜和 10nm
至数纳米厚的电容的绝缘膜必须使用超薄且优质的氧化膜，因此延
缓氧化速率使膜厚容易控制和提高膜的品质就变得非常重要。特别
是将大气中自然形成的氧化膜去除后，在基板上生成优质可靠的氧
化和氮化薄膜的镀膜技术的实用化方面得到了广泛的研究[2~5]。

**热氧化法**是美国的贝尔研究所的研究员偶然发现的，它加快了
从热稳定性较差的 Ge 三极管向热稳定性良好的硅三极管的时代转
移，并形成了半导体产业的关键技术。其后，随着研究的不断深入
热氧化技术得到了迅速的发展。

热氧化法即是使欲生成氧化物的物质在高温下氧化，氧化所使用的气体为高纯度气体因而可得到膜质优良的薄膜。硅被氧化后（氧化硅）具有与硅之间结合力强等优异性能，还可以实现大批量同时处理，因而得到了广泛的应用。其缺点是由于经过高温处理，使预先扩散的不纯物质容易产生再次扩散，而且容易生成结晶缺陷和基板变形的问题。

## 10.1.1 处理方式

虽然与 CVD 相同，在高温下 [600~1000℃（等离子体）] 生成薄膜既是其最大的优势也是其不足，但是因其优良的膜质使得各种方法得到研究。表 10.1 为这些方法的汇总。

表 10.1 氧化·碳化·氮化等的表面处理法

| | | 方　法 | 反 应 系 | 备　　注 |
|---|---|---|---|---|
| 氧化膜 | 热氧化 | 蒸气氧化 | 100% $H_2O$ 或 $H_2O$/携带气体，1000℃ | 氧化速率快 |
| | | 湿式氧化 | $H_2O/O_2$ 1000℃ | 绝缘强度和遮挡效果好 |
| | | 干式氧化 | $O_2$ 1000℃ | 凝点-70℃以下，有除尘过滤器。添加 Pb 可增速，添加 $CCl_2$，$C_2HCl_3$ 可使 MOS 稳定，并使重金属具有吸气效果 |
| | | 高压氧化 | $H_2/O_2$ 或 $O_2$ | 10~20 大气压的高压化适合于厚膜（元件间隔离） |
| | | 稀释氧气氧化 | $O_2+N_2$ 等稀释 $O_2$ | 用于超薄氧化膜 |
| | 其他 | 等离子体氧化 | O | 利用等离子体可实现低温化（600℃） |
| | | 阳极氧化 | 乙烯乙二醇液 | 常温(基本没有热变形)氮化膜的选择氧化=容易刻蚀，Si、Ta 等 |
| 氮化膜 | | 干式氮化 | $N_2$ 或 $NH_3$ KCN 或 NaCN | 中碳素低合金钢（氮化钢） |
| | | 等离子体氮化 | $N_2$ $NH_3$/携带气体 | 以基板为阴极，钢 |
| 氧氮化膜（热） | | 氧化→氮化 | 氧化→$NH_3$（500℃以上） $N_2O$(RTP) | 对提高 5mm 以下栅极氧化膜的可靠性有效果 |
| | | 氮化→氧化 | 氮化（$NH_3$，$N_2O$，NO）→氧化 | |

Si 的氧化会产生以下现象：

（1）$H_2O$ 和 $O_2$（氧化剂）会在 $SiO_2$ 的表面吸附或反应；

（2）$H_2O$ 和 $O_2$ 会在氧化膜中扩散至 Si 的表面；

（3）$H_2O$ 和 $O_2$ 会在 Si 的表面与 Si 发生反应，生长成 $SiO_2$ 膜。

## 10.1.2 热氧化装置

图 10.2(a) 按照基板放置方式称为卧式装置（反应管横向放置），其实物照片如图 10.7 所示。图 10.2(b) 的装置称为立式装置（反应管纵向放置），其外观如图 10.2(c) 所示。Si 基板的口径

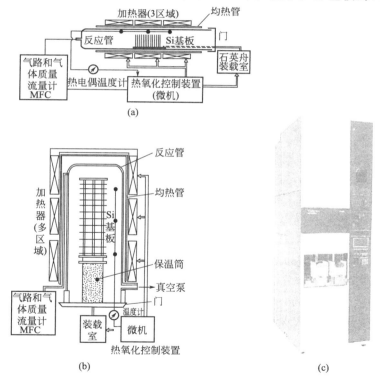

图 10.2 热氧化装置的示例

（a）卧式热氧化装置的原理图（图 10.8 参照）；（b）立式热氧化装置的原理图；

（c）立式热氧化装置的示例〔由国际电气（株）提供〕

在 8 英寸甚至 12 英寸等大口径时，以立式装置为主流，立式装置有以下优点。

（1）为基板仅靠 3 根石英棒支撑，置于反应用的石英管中心部位，因此对于气流的障碍物较少，而使气体流动均匀，温度分布也较好，薄膜的厚度和膜质都比较均匀。

（2）在基板装取时，外部空气向室内的流入较少，减少了不必要的氧化膜的生成。现在为了进一步避免这方面的问题，采用了通过增加与外部大气更加隔绝的附属真空室（$N_2$ 室或真空装片室）或清洗室与加工室直接联结等方式。

（3）因基板装入时使用的工具与反应管壁不发生接触，由摩擦引起的粉尘基本不会产生，因此比较适合于超微细加工。

对于热氧化装置，温度的均匀性非常重要，因此除了通过将加热器分割成数段并用均热管改善内部温度分布以外，还采用微机控制。另外，石英舟上的 Si 基板需要从 1000℃ 的反应管中取出和装入，需要使用自动装片机构。为避免因基板在骤冷骤热中发生晶格缺陷和基板变形，其装载也采用微机控制方式。

在热氧化工艺中，基板的清洗特别关键。例如如果含有重金属的粉尘，它就会扩散到 Si 中形成重大的缺陷；油脂、指纹、Si 或显影时的微小加工屑等都会造成严重后果，通常使用超声波清洗、水-双氧水和热处理等处理方式。

在表 10.1 中对各种热氧化装置按使用气体的种类进行了分类，供气系统的示例如图 10.3 所示。

**蒸气氧化装置**，如图 10.3（a）所示，使高纯度的纯水沸腾，得到大气压下的水蒸气，将其导入反应管使基板氧化，大多数场合只使用水蒸气不必另外增加携带气体。它的氧化速度很快（在 1000℃ 下，10min 为 $0.15\mu m$，$10^3$ min 为 $2.2\mu m$）且膜质优良，在元件隔离中广泛使用。

**湿式氧化装置**，将半导体级别的高纯度氧气通过能滤除微小颗粒的过滤器，与高纯去离子水的水蒸气混合后［图 10.3（b）］导入反应管中，进行氧化反应。加湿的比例通过水温的变化调节，氧化

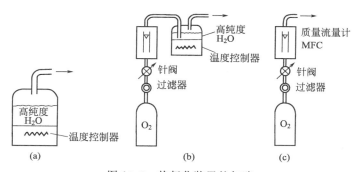

图 10.3 热氧化装置的气路

（a）蒸气氧化；（b）湿式氧化；（c）干式氧化

速率可以在蒸气氧化和下面讲的干式氧化之间的任意调节，它可得到绝缘强度大并遮蔽效果良好的氧化膜。与上述的蒸气氧化一样，都由于氧化速率很大而适用于制备厚氧化膜、元件隔离用氧化膜和遮蔽用的膜等。

**干式氧化装置**，如图 10.3（c）所示，将高纯氧气（露点－70℃以下）通过颗粒过滤器导入装置发生氧化反应。这种方式的氧化速率虽然不高（在 1000℃ 下，10min 为 $0.025\mu m$，$10^3 min$ 为 $0.35\mu m$），但得到的膜质非常高，因而在制作必须考虑如 MOS 的 Si 和氧化膜之间存在界面态这样的器件时，作为栅极氧化膜是必不可少的。

**高压氧化装置**，为了进一步提高氧化速率，将 $O_2$ 或 $H_2$ 作为携带气体的氧化剂以 10～20 大气压的高压下进行氧化的装置。

**稀释氧氧化装置**，与高压氧化装置相反，通过降低氧化速率而得到超薄且优质氧化膜（100nm＝$0.1\mu m$ 以下）的装置。

### 10.1.3　其他氧化装置[6]

**等离子体氧化装置**，是利用等离子体实现低温氧化反应（600℃左右）的装置。图 10.2 的反应管一般使用石英制作，外部设置如前述的图 6.28 那样的电极或线圈，施加高频电源使其内部产生高密度等离子体，通过等离子体的活化作用促成低温下的氧化反应。

**阳极氧化装置**，氧化过程在常温的液相中进行。电流从电解液中的白金阴极流向对面的 Si 阳极。通常使用的电解液为 N-甲基乙酰胺（N-methyl-acetamide）加 $KNO_3$ 或 $KNO_2$、乙二醇加 $KNO_3$ 或四氢糠醇（tetrahydrofurfuryl alcohol）加 $KNO_3$ 等。这些电解液中所含 O 负离子沿着电场到达阳极，使 Si 氧化。在 Si 片表面的 $SiO_2$ 中，母材的 Si 转变为 Si 离子在氧化膜中向电解液界面移动并在其表面氧化生长成 $SiO_2$ 膜（在热氧化时，是 O 在 $SiO_2$ 中向 Si 方向移动）。阳极氧化的特点为在常温下反应，因此 Si-$SiO_2$ 之间完全没有热应变。并且由于可以生成掺杂氧化物，因此在热扩散中也可以使用。这种氧化法不局限于 Si，在 Ta 或 Ti 等的氧化中也广泛采用。

**薄氧化膜的形成**，针对在将来的集成电路中需要使用的 $1\sim 10nm$ 的优质氧化膜，进行了各种研究开发，其中主要有：

（1）在低温条件下（$400\sim600℃$），用干式氧化法或蒸气氧化法等实现缓慢氧化；

（2）用稀释氧气氧化法，即通过降低氧的浓度实现缓慢氧化；

（3）在诸如 NO 或 $NO+H_2$ 那样反应速率慢的氧化剂中，实现缓慢氧化等。

在这些研究中发现，即使十分细心地操作也无法得到完全令人满意的结果。其原因就是清洗过的基板在将其送到真空装置之前，基板表面已经形成了一层氧化膜（自然氧化膜，虽然厚度只有数纳米，也会引起漏电电流等影响电学性能），为克服这个问题，将其先在真空中去除自然氧化层，不暴露大气直接进行氧化，进而再进行氮化处理，形成 $5\sim 10nm$ 的优质氧化氮化膜。由于这种膜不是自然氧化膜，而是完全的氧化氮化膜，因此可以用作为栅极的超薄优质氧化膜。这种薄膜可以利用前述的复合式装置（图 6.29）实现[6]。

# 10.2  热 CVD

这种方法具有生产性高，台阶覆盖性好（即使是凹凸变化复杂的部位或深孔内部也能在其表面发生反应，因此，只要是气体能到达之处都能生成并附着薄膜），因而应用非常广泛。

**热 CVD** 的薄膜生长原理如下：在高温下诸如挥发性金属溴化物、金属有机化合物等都会发生气相化学反应（热分解、氢还原、氧化、置换反应等），在基板上生成氮化物、氧化物、碳化物、硅化物、硼化物、高熔点金属、金属、半导体等薄膜。由于在高温下进行反应，其用途受到很多限制。但是，因其可得到致密高纯度薄膜，而且附着强度极高、薄膜制备的可控性稳定性好，应用领域正在不断扩大，而且低温化的研究也取得了进展。

其主要用途为半导体集成电路制造中的 Si、金属、氮化物、氧化物等的外延生长，$SiO_2$、$Si_3N_4$、PSG 等绝缘膜或保护膜的生成中也占有很大份额[1]；在液晶显示面板领域中，应用于 $\alpha$-Si 的三极管形成等；以 TiC 为代表的碳化物表面覆层具有超高硬度、耐蚀性、耐磨性和强附着性的优点，广泛应用于切削工具、板金工具、粉末成型工具等各种工具及石油工业的喷嘴、纺织机械零件等加工用途[7,8]。另外，在宇宙航天产业、电子产业及核工业产业等领域也得到了应用，相信将来在更多方面都有广阔的应用前景。

## 10.2.1　主要的生成反应

热 CVD 法是将需成膜材料的挥发性化合物（原料）气化并尽可能均匀地送到高温加热的基板上，通过在基板上发生分解、还原、氧化、置换等化学反应而在基板上生成薄膜。挥发性化合物常用溴化物、有机化合物、碳水化合物、碳化物等。在挥发性气体气化后，与 $H_2$、Ar、$N_2$ 等（称为**携带气体**）混合并送到反应室内，由此发生化学反应而生成薄膜（表 10.2）。

以部分反应为例，其化学反应式如下：

热分解生成 Si 薄膜

$$SiH_4 \xrightarrow{700\sim1100℃} Si + 2H_2$$

还原反应生成 Si 薄膜

$$SiCl_4 + 2H_2 \xrightarrow{约1200℃} Si + 4HCl$$

## 表 10.2 用 CVD 法可得到的薄膜示例

| | 原料 | 气化温度 $T_2$(℃) | 反应温度 $T_1$(℃) | 携带气体 |
|---|---|---|---|---|
| **(a)单体金属** | | | | |
| Cu[①] | $CuCl_3$ | 500~700 | 550~1000 | $H_2$ 或 Ar |
| | Cu(hfac)tmvs | | 100~300 | |
| | Cu(hfac)$_2$ | | 100~300 | |
| Be | $BeCl_3$ | 290~340 | 500~800 | $H_2$ |
| Al | $AlCl_3$ | 125~135 | 800~1000 | ″ |
| Ti | $TiCl_4$ | 20~80 | 800~1200 | $H_2$ 或 Ar |
| Zr | $ZrCl_4$ | 200~250 | 800~1000 | ″ |
| Ge | $GeI_2$ | 250~ | 450~990 | $H_2$ |
| Sn | $SnCl_4$ | 25~35 | 400~550 | ″ |
| V | $VCl_4$ | 50 | 800~1000 | $H_2$ 或 Ar |
| Ta | $TaCl_5$ | 250~300 | 600~1400 | ″ |
| Sb | $SbCl_3$ | 80~110 | 500~600 | $H_2$ |
| Bi | $BiCl_3$ | 240 | 240~ | ″ |
| Mo | $MoCl_5$ | 130~150 | 500~1100 | ″ |
| W | $WCl_6$ | 165~230 | 600~700 | ″ |
| Co | $CoCl_3$ | 60~150 | 370~450 | ″ |
| Cr | $CrI_2$ | 100~130 | 1100~1200 | ″ |
| Nb | $NbCl_5$ | 200~ | 1800~ | ″ |
| Fe | $FeCl_3$ | 317~ | 650~1100 | ″ |
| Si | $SiCl_4$ | 280~ | 770~1200 | ″ |
| | $SiH_2Cl_2$ | ″ | 1000~1200 | ″ |
| | $SiH_4$ | | 250~ | He |
| B | $BCl_3$ | —30~0 | 1200~1500 | |
| 其他金属盐类等化合物 | | | | |
| Al[①] | $Al(CH_2{-}CH)\!\!<^{CH_3}_{CH_3}$ | 38~ | 93~100 | Ar 或 He |
| Ni | $Ni(CO)_4$ | 43~ | 182~200 | ″ |
| Fe | $Fe(CO)_4$ | 102~ | 140~ | ″ |
| Cr | $Cr[C_6H_5(CH_3)_2]$ | | ~400 | ″ |
| W | $WF_6$ | | 600~650 | ″ |
| W | $W(CO)_6$ | 50~ | 350~600 | ″ |
| Mo | $Mo(CO)_6$ | | 150~160 | ″ |
| Pt | $(PtCl_2)_2(CO)_3$ | 100~120 | 600~ | ″ |
| Pb | $Pb(C_2H_5)_4$ | 94~ | 200~300 | ″ |
| **(b)合金** | | | | |
| Ta-Nb | $TaCl_5+NbCl_5$ | 250~ | 1300~1700 | ″ |
| Ti-Ta | $TiCl_4+TaCl$ | 250~ | 1300~1400 | ″ |
| Mo-W | $MoCl_6+WCl_6$ | 130~230 | 1100~1500 | ″ |
| Cr-Al | $CrCl_3+AlCl_3$ | 95~125 | 1200~1500 | ″ |

续表

| | 原料 | 气化温度 $T_2$(℃) | 反应温度 $T_1$(℃) | 携带气体 |
|---|---|---|---|---|
| **(c)碳化物** | | | | |
| BeC | $BeCl_3 + C_6H_5CH_3$ | 290~340 | 1300~1400 | $H_2$ |
| SiC | $SiCl_4 + CH_4$ | −50~ | 1925~200 | " |
| TiC | $TiCl_4 + C_6H_5CH_3$ | 20~140 | 1100~1200 | " |
| | $TiCl_4 + CH_4$ | " | 900~1100 | " |
| | $TiCl_4 + C$ | " | " | " |
| | $TiCl_4 + 2Fe + C$ | " | " | " |
| ZrC | $ZrC_4 + C_6H_6$ | 250~300 | 1200~1300 | " |
| WC | $WCl_6 + C_6H_5CH_3$ | 160~ | 1000~1500 | " |
| **(d)氮化物** | | | | |
| BN | $BCl_3$ | −30~0 | 1200~1500 | $N_2 + H_2$ |
| TIN | $TiCl_4$ | 20~80 | 1100~1200 | " |
| ZrN | $ZrCl_4$ | 300~350 | 2000~2700 | " |
| HfN | $HfCl_4$ | " | " | " |
| VN | $VCl_4$ | 20~50 | 1100~1300 | " |
| TaN | $TaCl_5$ | 250~300 | 2100~2300 | $N_2$ |
| $Be_3N_2$ | $BeCl_3$ | 280~340 | 1200~2000 | $N_2 + H_2$ |
| AlN | $AlCl_3$ | 100~130 | 1200~1600 | " |
| $Si_3N_4$ | $SiCl_4$ | −40~0 | 1000~1600 | " |
| | $SiH_4 + 4NH_3$ | | ~900 | " |
| $Th_3N_4$ | $ThCl_4$ | 600~700 | 1600~2500 | " |
| **(e)卤化物** | | | | |
| AlB | $AlCl_3 + BCl_3$ | −22~125 | 1000~1300 | $H_2$ |
| SiB | $SiCl_3 + BCl_3$ | −22~0 | 1100~1300 | " |
| $TiB_2$ | $TiCl_4 + BBr_3$ | 20~80 | " | " |
| $ZrB_2$ | $ZrCl_4 + BBr_3$ | 20~300 | 1700~2500 | " |
| $HfB_2$ | $HfCl_4 + BBr_3$ | 20~300 | 1900~2700 | " |
| $VB_2$ | $VCl_4 + BBr_3$ | 20~75 | 900~1300 | " |
| TaB | $TaCl_5 + BBr_3$ | 20~190 | 1300~1700 | " |
| WB | $WCl_6 + BBr_3$ | 20~350 | 1400~1600 | " |
| **(f)硅化物** | | | | |
| MoSi | $MoCl_5 + SiCl_4$ | −50~130 | 1000~1800 | $H_2$ |
| TiSi | $TiCl_4 + SiCl_4$ | −50~20 | 800~1200 | " |
| ZrSi | $ZrCl_4 + SiCl_4$ | −50~200 | 800~1000 | " |
| VSi | $VCl_3 + SiCl_4$ | −50~50 | 800~1100 | " |
| **(g)氧化物** | | | | |
| $AlO_3$ | $AlCl_4$ | 130~160 | 800~1000 | $H_2 + CO$ |
| $SiO_2$ | $SiCl_4$ | 0 | 800~1100 | " |
| | $SiH_4 + O_2$ | | ~400 | |
| $Fe_2O_3$ | $Fe(CO)_5$ | | 100~300 | |
| $ZrO_2$ | $ZrCl_1$ | 290 | 800~1000 | " |
| $Ta_2O_5$ | $Ta(OC_2H_5)_5$ | | | |

① 见表 10.6,表 10.8,表 10.9,表 10.10 为例。

氧化反应生成 $SiO_2$ 薄膜

$$SiH_4 + O_2 \xrightarrow{\text{约 } 400℃} SiO_2 + 2H_2$$

置换反应生成 Cr 薄膜

$$CrCl_2 + Fe \longrightarrow Cr + Fe Cl_2$$

由这些反应生成薄膜的机理比较复杂，可以考虑分为以下几个阶段：

（1）反应气体向基板表面扩散；

（2）反应气体被基板表面吸附；

（3）在基板表面发生化学反应；

（4）反应后生成的气体副产物从表面脱离、扩散离开、被抽走。

这些反应在常压（NP）CVD 时，是在大气压的反应室中；低压（LP）CVD 时，是在 $10^3 \sim 10Pa$（$10 \sim 0.1Torr$）的低压的反应室中进行的。

## 10.2.2  热 CVD 的特征

热 CVD 法，简单地说就是在高温下利用表面化学反应生成薄膜。因此高温在热 CVD 中处于一个非常重要的地位。首先，一般来说在高温下生成的薄膜都是品质优良的；其次，又因为高温在用途上会受到很多限制。如表 10.2 所示，除了特殊情况以外，没有几百度以上的温度是不会发生化学反应的，因此对于不可以处于高温的对象不能使用。而这时就会选择使用等离子体 CVD 法或 PVD 法。

以下列举热 CVD 法的特点：

（1）无论是金属还是非金属，可以制作很多种材料的薄膜；

（2）可以制作出预先指定的多种成分的合金膜（多种气体混合）；

（3）容易制作出 TiC、SiC、BN 等超硬、耐磨、耐蚀的薄膜；

（4）成膜速率快，一般可达到数微米每分钟，部分能达到数 $100\mu m/min$；

（5）绕进性能良好，在很细或很深的孔内也能成膜；

（6）由于在高温下可以生成纯度较高的薄膜，因此可以得到内部畸变或孔缺陷较少、结合性和延展性都较好的膜；

（7）放射线的损伤低，是 MOS 等半导体元件制造中不可缺少的；

（8）不使用高电压或高温（与蒸发用坩埚的极高温度相比较）；

（9）装置简单而且不需要高真空，生产性高；

（10）容易解决排放措施。

### 10.2.3　热 CVD 装置[9]

热 CVD 装置的主要构成如图 10.4 所示。左侧部分为气体供应系统，即 CVD 的原料部分，在原料（表 10.2）为气体的情况下，用净化装置（也有不需要的时候）净化后，使用**流量控制装置MFC** 控制所定流量的气体并导入反应室；在原料为液体（例如 $SiCl_4$）的情况下，将携带气体（$SiCl_4$ 时为 $H_2$：表 10.2）通过**发泡器**（能产生气泡，并使其中含有液体原料蒸气的器具）和 MFC 向反应室导入。**置换气体**是在反应室内混入空气时，先要用它将空气置换出去，然后才可将原料气体导入开始反应成膜。反应炉是 CVD 装置的关键，它的各种方式将在下一节介绍。

在 LPCVD 中，使用真空泵将反应后的含有毒、有害气体的废气进行无害处理或对贵重气体回收处理后，向空气中排出。基板的

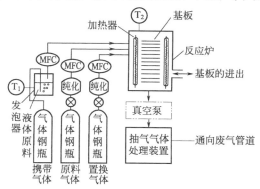

图 10.4　常用 CVD 装置的系统图

装、卸载也有手工操作方式到计算机控制的 C to C 装置等多种多样的方式。

### 10.2.4 反应炉

**反应炉**是 CVD 装置的关键组成部分，对反应炉的要求是：

（1）气体能均匀地流到各个基板表面，并发生均等的反应；

（2）反应后的气体能迅速地得到排除；

（3）使基板温度能得到均匀一致的加热；

（4）可得到高纯度的薄膜；

（5）在基板表面以外的气体层发生的反应要少，以减少粉尘的产生；

（6）单位时间的基板处理量适当；

（7）在尽量低的温度下发生反应。

### 10.2.5 常压 CVD（Normal Pressure CVD，NPCVD）

NPCVD 法由于不需要真空装置，因而是最简单的 CVD 法，广泛应用于各个领域。基于上述考虑，CVD 的技术人员制作出了各种反应炉，包括下节介绍的 LPCVD，其具有代表性的如表 10.3 所示。在分类方式中（a）～（c）是以炉体放置方式（水平放置，可纵向长或横向长）；（d）和（e）是以基板的支持方式（筒形多片或沿径向放射状放置）；（f）～（g）是以基板的装取方式（用履带传输连续生成薄膜或每次处理一片）分类的。它们都在如何使加热均匀、反应气体均匀到达表面的流动方式、面向大批量生产的基板装卸载方式等方面进行了不懈的改良和改进。

其中，（b-1）、（b-2）及（c）作为在 Si 上面外延生长 Si 的装置在大批量生产中得到应用；另外，用于生长多晶 Si、氧化膜、氮化膜及前述的氧化或掺杂的（b-3）和（c）（关于卧式或是立式参照 10.1.2 节），由 TEOS 生成氧化膜用的（f）都得到了量产化应用。随着基板的进一步加大（如直径 20cm，30cm），为了追求薄膜的高均匀性，使用交互式（g）有成为主流的倾向。

**表 10.3 反应炉的形式**

| 类型 | a | b | c | d | e | f | g |
|---|---|---|---|---|---|---|---|
| 分类 | 水平式 | 立式 | 卧式 | 圆筒式 | 放射形 | 连续式 | 交互式 |
| | | | 同歇式(批组成) | | | | |
| 加热方式 | IR RF 电阻加热 | IR RF 电阻加热 | IR 电阻加热 | RF IR(灯管) | 灯管 | 电阻加热 IR(灯管) | 电阻加热 IR |
| 应用实例 | 外延(RF) 低温氧化膜 多晶Si(RF,IR) $Si_3N$及其他(RF,IR) | 低温氧化膜(RF)(b-1)(b-2) 外延Si(RF) 多晶 $Si_3N_4$ 膜 | 掺杂氧化物 $Si_3N_4$ 多晶Si | 外延 (RF,IR) | 外延 | 低温氧化膜 | 低温氧化膜 $Si_3N_4$ 金属(W) 外延 |
| 概念图 | （基板） | （基板 b-1, b-2, b-3） | （c-基板舟 c-2） | （基板 d-1, d-2） | （基板） | （基板 传送带） | （基板） |
| 主要应用压强 | NP LP | NP LP | LP | LP | LP | NP | LP |

在薄膜领域里，作为适用于平坦化的 TEOS-O$_3$ 系列（13.3.3 节）的氧化膜量产装置，通常使用如图 10.5 的连续方式。基板被放置于履带上送入反应室生成薄膜，反应室的出口和入口都以高速的 N$_2$ 流挡住空气进入反应室；出口处还对基板实行冷却，主要应用于形成半导体 IC 最终保护膜 SiO$_2$ 或掺 P 的 SiO$_2$ 膜［相当于表 10.3 的（f）］。

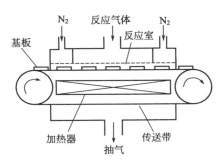

图 10.5　连续式常压 CVD 装置的概念图

## 10.2.6　减压 CVD（Low Pressure CVD，LPCVD）

这种方法是为改善膜厚和电阻率的分布及提高生产性，在常压 CVD 的基础上发展进化而成的，在薄膜技术领域中扮演着非常活跃的角色。反应炉有多种形式（如表 10.3 所示），其主要特点是：

（1）通过对反应室内的减压（10$^3$～10Pa 即 10～0.1Torr），提高反应气体及携带气体的平均自由程和扩散系数，使基板内的膜厚和电阻率的分布得到很大的改善，反应气体的消耗量也得到降低。

（2）反应室为扩散炉型［表 10.3（b-3）或（c）］，温度控制非常容易，装置简单化，可靠性和处理能力得到了大幅度提高［减压后，基板易于均匀加热，并据（3）所述可以大量装载基板而大幅提升生产性］。常压 CVD 时，由于采用高频或红外线对基板直接加热，因而容器为冷壁；LPCVD 主要是以电阻加热方式，而形成热壁。所以，也可以说 NP 向 LP 的转变就是冷壁型向热壁型的转变。

（3）因为 Si 基板垂直地装载，无论 Si 基板的尺寸多么大，处理能力也不会降低。另外，薄膜表面的异物附着很少（卧式）。

（4）基板进一步增大后，则可使用 10.1.2 节所述的立式装置。

减压 CVD 装置由反应室、气体供应系统、控制系统和抽气系统构成，其概要如图 10.6、外观如图 10.7 所示，反应室内的气体流动如图 10.8 所示，薄膜生成条件的示例如表 10.4 所示。该装置在 4 英寸的基板 50 枚/批的条件下，可以达到基板内±3%，基板间±（4%～5%）左右的膜厚分布和电阻率分布。正因为这种高性能，LPCVD 法在很多领域得到应用，是近年来增长比较快的领域，当然已经成为薄膜技术领域的主流加工设备。

**表 10.4　减压 CVD 成膜条件的示例[9]**

| 生成膜 | | $Si_3N_4$ | Doped Poly Si | Poly Si | 低温 $SiO_2$ | 低温 PSG |
|---|---|---|---|---|---|---|
| 生成温度 | | 750℃ | 630℃ | 600℃ | 380℃ | 380℃ |
| 使用气体和流量（ml/min） | $SiH_2Cl_2$ | 70 | | | | |
| | $NH_3$ | 700 | | | | |
| | $SiH_4$ 20%(He) | — | 1500 | 250 | 500 | 384 |
| | $PH_3$ 4%(He) | — | 450 | | | 270 |
| | $O_2$ | — | | | 120 | 80 |
| | He | — | 800 | $N_2$1500 | 3800 | 3500 |
| 生成速率 | | 4nm/min | 7.3nm/min | 8nm/min | 约 10nm/min | 约 13nm/min |
| 生成压强(Pa) | | 100 | 190 | 100 | 170 | 170 |

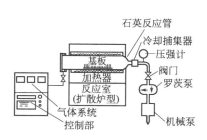

图 10.6　热壁型减压 CVD
装置概念图

图 10.7　LPCVD 装置的外观示例[3]
[由日立国际电气（株）提供]

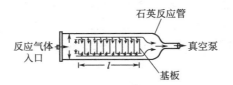

图 10.8　减压 CVD 反应室内的气体流动

# 10.3　等离子体增强 CVD（Plasma Enhanced CVD，PCVD）

无论常压 CVD 法或减压 CVD 法都是通过高温加热并在表面发生化学反应生成薄膜的，因此需要有数百度以上的高温。等离子体 CVD 法是通过向常压 CVD 或减压 CVD 的反应空间内导入等离子体，使该空间内的气体活性化（6.6 节），进而实现在较低温度下也能够生成薄膜。

遵循上述要求，在低温（200～400℃）条件下生成半导体工艺中最强的氮化膜、氧化膜、PSG 膜等的研究取得了进展，并实现了实用化[11]。以 $Si_3N_4$ 为例，在使用 NP 或 LPCVD 时需要 1000℃的高温（表 10.2），而使用 PCVD 则在 300℃左右就能生成薄膜。其他的氧化物等也与此类似（表 10.5），因已经生成的元件大多数不能再承受几百摄氏度以上的高温环境，这时就需要使用这种装置。

该方法在制作非晶硅（以下称 α-Si）太阳电池领域被广泛采用。虽然从 20 世纪 50 年代开始非晶材料在半导体领域就开始得到应用，但自从 1957 年通过使用 PCVD 法证实能够可控实现氢化非晶硅的 pn 控制以后[12]，一下子形成了一股研究 α-Si 的热潮。它正好符合了时代对清洁能源的需求。制作太阳电池需要在大面积和较低温度下生成单一的半导体薄膜，而 PCVD 与上述要求不谋而合，α-Si 太阳电池通过大型 CVD 装置（图 10.11）已经实现了批量生产。

表 10.5    用 PCVD 生成薄膜的示例[11]

| 薄膜<br>反应条件 | P-SiN | P-SiO | P-PSG(4%,摩尔分数) |
|---|---|---|---|
| 反应气体 | $SiH_4$-$NH_3$ | $SiH_4$-$N_2O$ | $SiH_4$-$PH_3$-$N_2O$ |
| 温度(℃) | 200~300 | 300~400 | 300~400 |
| 压强(Pa) | 27 | 133 | 133 |
| 分布(%) | ±7 | ±7 | ±7 |
| 淀积速率(nm·min$^{-1}$) | 30 | 50~300 | 50~300 |
| 刻蚀速率(nm·min$^{-1}$) | 20~50(BHF) | 150~350(BHF) | 600~900(BHF) |
| 折射率 | 2.05 | 1.50 | 1.46 |
| 密度(g·cm$^{-3}$) | 2.60 | 2.20 | 2.21 |
| 反应气体 | $SiH_4 + NH_3$ | $SiH_4 + N_2O$<br>$SiH_4 + NO$<br>$SiH_4 + CO$<br>$SiH_4 + CO_2$ | $SiH_4 + PH_3$ |

## 10.3.1    等离子体和生成反应

PCVD 法是将含有薄膜元素且易分解的气体送入反应空间,通过等离子体活性化使其可以在低温下发生反应,实现低温下生成薄膜。化学反应与热 CVD 相同,原料也与表 10.2 所示的原料气体相同。在选用时需要注意的是,由等离子体产生的活性化与由热产生的活性化略有差异,因此要选择容易通过等离子体实现活性化的气体,并且反应后生成的气体要不能对真空系统产生损害。在反应中,等离子体的作用是降低气体温度,并且形成化学性质非常活泼的激发活性中心。激发活性中心由等离子体中的低速电子与气体发生碰撞而产生(图 6.25,图 6.27)。

## 10.3.2    装置的基本结构和反应室的电极构造

装置的基本结构除如表 10.3 所示的反应炉的加热器之外,另增加放电用电极。反应炉具有 PCVD 的如下所述特点。

电极的构造如图 6.28 所示,基本上有 5 种方式。其中热电子放电型因其热阴极会和活性气体发生反应并破损而不稳定，因此不被采用。现在最常用的是图 6.28(b) 的二极放电型和图（d）的无电极放电型。也有一些场合采用图（c）的磁场收束型和图（e）的 ECR 型。图 10.9 展示了目前最常用的电极构成和气体的气流形式，为使气体气流均匀地流向基板表面，人们作了许多的改进，都可以生成膜厚分布在 ±10％ 以内的薄膜。图（b）是在石英管外卷绕 RF 线圈，使其内部实现无电极放电。图（a）可以加大基板托盘，适合于大批量生产。

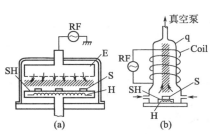

E: 放电电极, Coil: RF线圈, S: 基板,
H: 加热器, q: 石英管, SH: 基板托盘,
箭头: 气体的流动, /////// 等离子体

图 10.9　等离子体 CVD 装
置的基本构成示例

图 10.10　批处理式 PCVD 单体
装置的示例（平行平板型）[CA
NONANELVA（株）提供]

　　这些装置用于半导体元件最终保护膜的工业化生产，也用于作为清洁能源而被寄予厚望的太阳电池的 $\alpha$-Si 膜的研究和量产。

　　图 10.10 是用于半导体元件研究的平行平板型间歇式（批处理）装置示例，图 10.11 是 $\alpha$-Si 太阳电池用的连续式装置的示例。另外，利用等离子体生成有机膜也有重要应用，被称为等离子体合成，使用图 10.9(b) 的方式；利用微波 ECR 放电的方法 [图 6.28(e)] 也常被采用，请阅参考文献[13]。

　　一般认为刻蚀与成膜互为逆反关系，把刻蚀气体换为原料气体，送入在刻蚀（第 11 章）中使用的装置，改变基板温度则可理

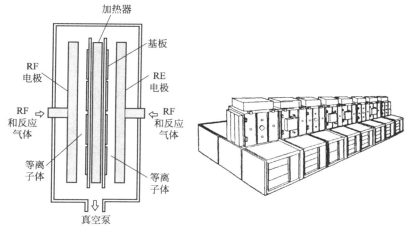

图 10.11 α-Si 用连续 PCVD 装置的示意（平
行平板型）［CANON ANELVA（株）提供］

解为等离子体 CVD 装置。为此可参考图 11.9 或图 11.26 的反应离
子刻蚀（RIE）中使用的电极结构，另外 11.7.2 节叙述的高密度
等离子体 HDP 装置也很重要。

## 10.4  光 CVD（Photo-CVD）

等离子体 CVD 为薄膜生长的低温化，还有如同 α-Si 的新型半
导体元件的诞生作出了贡献。但是在薄膜生长领域，特别是半导体
领域里希望避免：①高温（热 CVD）、②等离子体处理（PCVD）
过程中引入元件中的各种缺陷（例如，由等离子体处理过程中的带
电粒子轰击造成的损伤）；③辛辛苦苦做好的元件在后工序的高温
处理时被损坏。因此期望能在低温下生成薄膜，特别是在 LSI 等
多层布线中，这种要求的呼声越来越高。

这些问题的解决需要有新的方法诞生，光 CVD❶ 就被认为是

❶　身边的光 CVD 例子是令人作呕的光化学烟雾，气体由于紫外线照射而生成对
人体有害的其他气体，一般在稍微超过 25℃ 的低温就能发生这样的反应。

其中的方法之一。在热分解中，通过加热使分子的平动和内部自由度都同时被激发（分解所不必要的自由度都被激发了）；与之相比，光 CVD 则只对分解所必需的且仅限内部自由度实现直接激发，赋予活性能促进反应进行，即能期望在低温下生成几乎完全没有损伤的薄膜。另外还有望通过对光的聚焦和扫描以微细的光线直接实现图形化或刻蚀。

装置的原理有集束状（图 10.12）和大面积两种情况，图 10.13 为大面积的系统图和外观照片，这种装置使用水银灯在基板温度 200℃下得到了 12nm/min（SiO$_2$）的生长速率[14,15]。

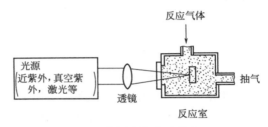

图 10.12　使用束状光时的光 CVD

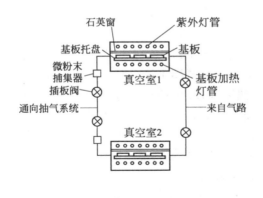

(a) 使用大面积光源的系统图

(b) 装置的示例

图 10.13　光 CVD 装置的系统图和外观

［日本 THAIRUN（株）提供］

# 10.5　MOCVD（Metalorganic CVD）[16]

将有机金属化合物用热 CVD 法生成薄膜的技术，被特别称为 **MOCVD**（Metalorganic CVD）。它与 MBE 有相同的特点，即可以用于①非常薄的单晶膜的生长，②多层结构的构筑，③多元混晶的组分控制，④实现化合物半导体的量产化并实用化。一般以金属的甲醇化合物、乙醇化合物导入到高温加热的基板表面，发生例如下式的化学反应得到化合物半导体单晶。

$$Ga(CH_3)_3 + AsH_3 \longrightarrow GaAs + 3CH_4$$

$$Al(CH_3)_3 + AsH_3 \longrightarrow AlAs + 3CH_4$$

将如表 10.6 所示的各种金属有机化合物导入如图 10.14 所示的装置中，可得到如表 10.7 所示的化合物半导体。

**表 10.6　MOCVD 使用的金属有机化合物示例**

| 族＼周期 | Ⅱb | Ⅲb | Ⅳb | 族＼周期 | Ⅱb | Ⅲb | Ⅳb |
|---|---|---|---|---|---|---|---|
| 3 | | $[(CH_3)_3Al]_2$<br>$(C_2H_5)_3Al$ | | 5 | $(CH_3)_2Cd$<br>$(C_2H_5)_2Cd$ | $(CH_3)_3In$①<br>$(C_2H_5)_3In$ | $(CH_3)_4Sn$<br>$(C_2H_5)_4Sn$ |
| 4 | $(CH_3)_2Zn$<br>$(C_2H_5)_2Zn$ | $(CH_3)_3Gla$<br>$(CH_3)_3Ga$<br>$(C_2H_5)_3GaCl$① | | 6 | $(CH_3)_3Hg$ | | $(C_2H_5)_4Pb$ |

①室温下为固体。

**表 10.7　用 MOCVD 生成化合物结晶的示例**

| 基板 | 生长结晶 | 基板 | 生长结晶 |
|---|---|---|---|
| $Al_2O_3$ | $ZnS,ZnTe,ZnSe,CdS,$<br>$CdTe,CdSe,PbS,PbTe,$<br>$PbSe,SnS,SnTe,SnSe,$<br>$PbSn_{1-x}Te,$<br>$GaAs,GaP,GaSb,AlAs,$<br>$GaAs_{1-x}P,GaAs_{1-x}Sb,$<br>$Ga_{1-x}Al_xAs,In_{1-x}Ga_xAs,InGaP$<br>$GaN,AlN,InN,InP,InSb,$<br>$InAs_{1-x}Sb_x,InGaAsP,InAsP$ | $MgAl_2O_4$ | $ZnS,ZnSe,CdTe,PbTe,$<br>$GaAs,Gap,GaAs_{1-x}P$ |
| | | $BeO$ | $ZnS,ZnSe,CdTe,GaAs$ |
| | | $BaF_2$ | $TbTe,PbS,PbSe$ |
| | | $\alpha$-SiC | $AlN,GaN$ |
| | | $ThO_2$ | $GaAs$ |

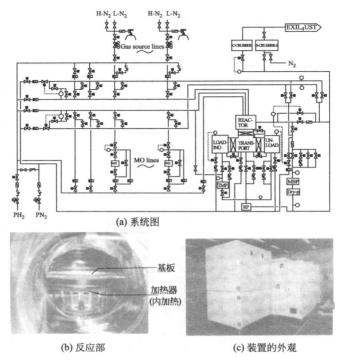

(a) 系统图

基板

加热器
(内加热)

(b) 反应部　　　　　　　　(c) 装置的外观

图 10.14　MOCVD 装置的实例［大阳日酸（株）提供］

　　该技术具有以下特点：①仅需一处加热，装置结构简单，容易实现量产化的设计；②生长速率由气体流量决定，因此容易控制；③可以通过阀门的开关和流量控制结晶生长特性；④可以在 $Al_2O_3$ 等绝缘物上实现外延生长；⑤可以实现选择性外延生长；⑥反应与 HCl 等卤化物无关，基板或装置的一部分不会被刻蚀。同时也具有以下缺点：①虽然得到了相当的改善，残留杂质水平依然较高；②对单晶厚度的控制仍需进一步改善；③在反应气体中，易燃性、易爆性和毒性强的比较多；④多数原料价格较高。

　　用 MOCVD 制作的晶体被用于混频二极管、耿氏二极管、霍尔传感器、FET 光电阴极、LED 发光元件等。

# 10.6　金属CVD

随着LSI高密度化的发展，在超微细孔的嵌埋或底部覆盖方面占有优势的薄膜技术受到大家的期待，形成了研究热潮。虽然担心CVD所产生的废气（Cl、F、C、H等）会对薄膜产生影响，还是开展了很多的研究，终于得到了具有良好的嵌埋和底部覆盖特性的薄膜。对于超微细孔的金属布线，到目前为止长期使用的溅射法已经接近极限，于是开始转向采用金属CVD或精密电镀技术（第12章）。

主要研究的有布线用的W、Al、Cu，金属阻挡层用的TiN、W等。它们所使用的原料气体如表10.8所示[17]。

**表 10.8　金属CVD薄膜和使用的原料气体**

| 用　途 | 材料 | 使用原料气体 | 反 应 温 度 |
|--------|------|--------------|-------------|
| 布线 | W | $WF_6$ | $200\sim300℃$ 选择生长 $300\sim500℃$ 非选择生长 |
| | Al | $(CH_3)_2AlH,(CH_3)_3Al$ $(i\text{-}C_4H_9)_3Al,(CH_3)_3NaCH_3$ $(CH_3)_2AlCl$ | $250\sim270℃$ |
| | Cu | $Cu(hfac)tmvs$ $cu(hfac)_2$ | $100\sim300℃$ |
| 金属阻挡层 | TiN | $TiCl_4 NH_3,N_2H_2$ $TiCl_4+NH_3+MMH$ $Ti[N(CH_3)_2]_4$ $Ti[N(C_2H_5)_2]_4,NH_3$ | 约800 约500℃ 约400℃ |

## 10.6.1　钨CVD[17,18]

W-CVD如后述的图13.4及图13.5所示对微细孔的嵌埋非常完美，已经实现了实用化。

W-CVD有**非选择性W法（毯式覆层）**和**选择性W法**两种，

非选择性 W 法（均匀覆盖，像盖毛毯那样）因在 Si、SiO$_2$ 等无论什么材料上都能生长而得名（图 13.5）；选择性 W 则如其名，在 Si 或金属表面生长较快，而在 SiO$_2$ 等绝缘膜上生长非常缓慢，因此，条件选定后就成为可仅在 Si 或金属表面生成薄膜，而在 SiO$_2$ 上不能成膜的非常巧妙的方法（图 13.4）。

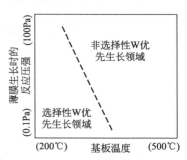

图 10.15 非选择性 W 和选择性 W 的生长概念图（WF$_6$ 和 H$_2$ 或 SiH$_4$）

图 10.15 是其生长的概念原理图，双方都使用 WF$_6$ 为原料，但基板的温度和反应压强有所不同。选择性 W 时，基板温度为 200～300℃，反应压强 0.1Pa（$10^{-3}$Torr）；非选择性 W 时，基板温度则为 300～500℃，反应压强 100Pa（1Torr）左右。以下是 W 和 Si 选择性生长（由 Si 使 WF$_6$ 还原）和非选择性 W（由 H$_2$ 和 SiH$_4$ 还原）的反应式（s，g 分别表示固相和气相）。

$$WF_6(g)+(3/2)Si(s) \longrightarrow W(s)+(3/2)SiF_4(g) \quad (200 \sim 300℃, 约 0.1Pa)$$

$$\left.\begin{array}{l} WF_6(g)+3\ H_2(g) \longrightarrow W(s)+6HF(g) \\ 2WF_6(g)+3\ SiH_4(g) \longrightarrow 2W(s)+3SiF_4(g)+6H_2(g) \end{array}\right\} \begin{array}{l} (300 \sim 500℃, \\ 约 100Pa) \end{array}$$

在选择性生长时，WF$_6$ 会扩散到 W 和 Si 的结合面，在结合面处生成 W 和 SiF$_4$，SiF$_4$ 则在 W 中扩散最终被排除到外面。膜的生长在初期非常快，如前面所述的气体的扩散出现困难时则生长自动停止（在 200～300℃ 时，有 10nm 左右）；而非选择性覆盖 W（毯式覆盖）时薄膜生长发生在气相一侧的薄膜表面，因此薄膜的厚度基本与时间成比例。

### 10.6.2 Al-CVD

（ⅰ）热活性化 CVD，GTC-CVD[19]

虽然，提供图 10.1 的活化能的方式与热 CVD 不同，但也是通过热的途径。图 10.16 为利用该方法采用 TIBA（三异丁基铝）生长单晶 Al 的示例，TIBA 用 Ar 作为携带气体在发泡器中被气化后，在 GTC（Gas Temperature Controller）气体温度控制部中受到热活性化（至 $T_g$），再在加热（至 $T_s$）的基板上生成 Al 单晶薄膜。这个过程也可以看作是 2 级热 CVD，或 2 级 MOCVD。

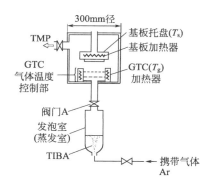

图 10.16　热活性化 CVD，
GTC-CVD 装置的示例

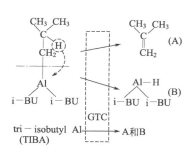

图 10.17　TIBA 的活性化

可以认为 TIBA 在 GTC 中如图 10.17 所示被活性化，即成为 A 和 B 的中间生成物。其中 A 为气体，被真空泵排出；B 则在基板上再次分解，仅生成 Al 的薄膜。GTC 的适当温度为 250～270℃，该温度能得到优质的单晶薄膜，基本上不会因电子徙动而发生断线[20]。

在单晶 Si 上生长单晶 Al 时，因晶格常数［原子和原子间的距离，Si（100）为 5.43Å、Al（100）为 4.05Å］差异很大，也许会感到不可思议。但是因两者的比例基本上是 4:3（5.43×3=16.29≈4.05×4=16.2），可以认为 4 个 Al 原子相对应 3 个 Si 原子进行外延生长。图 10.18 为该界面的透射电子显微镜照片，从中可以清晰

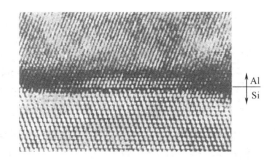

图 10.18　利用 GTC-CVD 的 Al/Si 单结晶生长界面的透射电镜显微照片[21]
（冈山大学·冈山理科大学提供）

地看到 3 对 4 的相对关系[21]。

该方法和 W 的情况相同，可以按条件实现非选择性或选择性的薄膜生长。

（ⅱ）减压 CVD，LPCVD[22]

根据 LPCVD 法，可以用 （CH$_3$）$_2$AlH （Dimethylaluminum Hydride，DMAH）实现 Al-CVD。该方法以氢气作为携带气体，反应管的压强为 160Pa （1.2Torr），DMAH 的分压为 0.4Pa （3×10$^{-3}$Torr），基板温度为 270℃，成功地实现了在金属阻挡层 TiN 上速率 50nm/min 左右的单晶选择性生长。

在 SiO$_2$ 等非导电材料上生长 Al 时，如果将 DMAH 和 H$_2$ 导入并激发产生等离子体 （加射频 13.56MHz，0.04～0.4W/cm$^3$，10s 以上）后，则仅依靠热 CVD 就可以生成 Al。这是因为在等离子体产生时，绝缘材料上会生成很薄的 Al 膜，它们就成为晶核，即使随后不再使用等离子体，也可以依靠热 CVD 实现 Al 的生长。

### 10.6.3　Cu-CVD[23]

Cu 被期望成为新一代的布线材料，CVD 是具有良好嵌埋特性的 Cu 布线技术。

Cu 作为布线时存在：①通常附着强度较差；②容易扩散（以

图 10.25 为例）；③容易氧化，且氧化膜的力学性能较差；④刻蚀问题（11.3.4 节）等几大课题。①～③可以通过选择兼有导电性能的金属阻挡层加以解决，刻蚀也已通过研究不再成为大的问题，其实什么都比不上是否具有良好的嵌埋特性来得重要。金属嵌刻法（大马士革法，Damascene）的布线技术虽然工序简洁，但在实际生产中已经得到很成功的应用（13.8 节）。

图 10.19(a) 是 Cu-CVD 的示例，将图上部所示的 Cu（hfac）（tmvs）[hexa-fluoro-acetyl-acetonate-copper（1）trimethyl-vinyl-silane] 结构的原料（常温下为液体，流量容易控制），使用图下部的 LPCVD 装置，在基板温度为 150～300℃，反应时的全压强为 13～650Pa（0.1～50Torr）时得到了 50nm/min 的成膜速率。它从原理上来讲，属于 MOCVD。

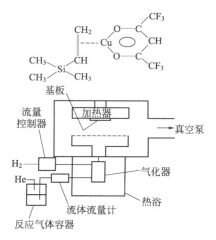

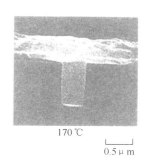

170℃

0.5μm

图 10.19(a)　Cu-CVD 的
原料（上），Cu-CVD 装
置（下）的示例

图 10.19(b)　利用 Cu-CVD 使 Cu
能如同溶解一样流动并填埋[22]
（NTT LSI 研究所提供）

如图 10.19(b) 所示为微细孔的嵌埋特性，结果非常良好。对于 Cu 膜厚为 300nm 的样品，制备时的基板温度为 150～200℃时，对于 700nm 的光具有 90% 以上的反射率，电阻率为 2μΩ·cm；若制备时基板温度升高，反射率降低（降至 20% 左右），电阻率则增加（$10\mu\Omega \cdot cm$ 左右）。在施行 300℃ 以上的退火处理后，则电阻率降低到 $1.9\mu\Omega \cdot cm$（体材料为 $1.69\mu\Omega \cdot cm$）。原材料价格高昂和耐电子徙动特性仍是需要解决的课题，必须不懈地努力克服。

小林等详细地研究了反应槽内的气体流动、成膜速率、成膜条件（原料、原料流量、成膜压强、成膜温度等）和超微细孔的嵌埋特性等[24]，发明并设计了如图 10.20(a) 所示的类似乐器的

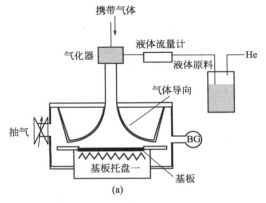

(a)

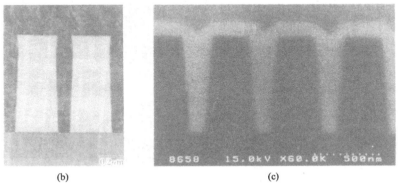

(b)                          (c)

图 10.20    (a) 使用喇叭状气体导向的 Cu-CVD 装置；(b) $\phi 0.22\mu m$，纵横比为 7 的孔，在 180℃，210Pa，30nm/min 下填埋的横截面；(c) 宽 $0.22\mu m$，纵横比为 3.5 的槽，在 930Pa，215℃，180nm/min 的填埋的横截面（FIB）[CANDN ANELVA（株）提供]

喇叭形状的气流导向器，从而在提高了基板表面反应气体流速的同时，不断将新鲜的反应气体送到基板表面，对减少气体滞留层起到了非常好的效果。该导向器是通过对大量形状的导向器研究后得出的最佳结果。图（b）所示的为直径 $0.22\mu m$，纵横比为 7 的孔的嵌埋（成膜速率 30nm/min）情况；图（c）为对宽 $0.22\mu m$、纵横比约为 3.5 的沟槽内部以 180 nm/min的高速率进行嵌埋的成功结果。

### 10.6.4　金属阻挡层（TiN-CVD）

Al、Cu、W 等的布线可以用前述的 CVD 或溅射法等制备，虽然这些金属的电阻值低，但是容易和 Si 发生反应。为了防止这种反应的发生就需设置**金属阻挡层**。作为金属阻挡层，需要了解 TiN、Ti、W、Ta、TaN 等与布线材料的相互关系。

现在最为常用的是 TiN 和 TaN，它们的电阻率高（溅射膜为 $100\sim209\mu\Omega\cdot cm$，为 Cu 膜 $2\mu\Omega\cdot cm$ 的大约 50 倍以上），因此要求它们能形成尽可能薄并完整的膜，成为完整的界面（和 Si 的接合面）。

TiN 可以使用从热 CVD 到等离子体 CVD 的方法，原料气体也从无机到有机都可实现。无机系列从 $TiCl_4$ 开始，用热 CVD 法同 $NH_3$ 或 $N_2$ 发生反应的方法。

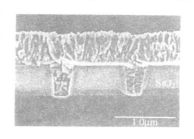

图 10.21　利用 MMH 还原，直径 $0.3\mu m$ 孔的填埋

通过添加甲肼 $[(CH_3)HNNH_2$：MMH] 实现了低温化，覆盖效果也很好[25]。从图 10.21 的示例可以看出，不仅膜很薄而且能够充分嵌埋。有机系列可以使用 Ti $[N(CH_3)_2]_4$、Ti$[N(C_2H_5)_2]_4$，或者再使用 $NH_3$ 的热 CVD 成膜。有机法制备 TiN 膜虽然不像无机法制备 TiN 那样含有 $Cl_2$，因它的 C 含量高而容易导致电阻值偏高。但是底部覆盖和嵌埋特性都较好，加 $NH_3$ 的反应可以使电阻值稳定，却会

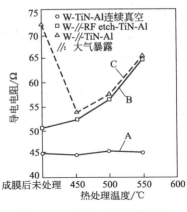

图 10.22    导电电阻的热处理
温度依存性

导致覆盖性能降低。

金属阻挡层膜很薄，但对 Si 与 Al 或 W 可以完全满足其阻挡和导电要求。图 10.22 为 W-TiN-Al 的成膜完全在真空中进行（A）与中途暴露过大气中的（B，C）情况经热处理后的温度和电阻值的关系[25]。从中可以看出，完全在真空中处理时没有任何问题，这也说明了工艺组合方式的重要性。

## 10.7    半球状颗粒多晶硅 CVD（HSG-CVD）

对于 LSI，随着高密度化的发展，内存用电容占有的面积越来越小。为了确保其所需要的静电容量，开展了多种多样的研究，其中就有对电容的位置和形状的研究。显然，为了提高电容的实际有效表面积，增大其表面粗糙度是很重要的手段。图 10.23(b) 是以此为目的制作的 HSG（hemispherical grained）-Si 电极，图 (a) 为改进之前的电极形状。通过这种方法使电极的实际表面积提高到了 2 倍（也就是说电容的占有面积可以减少 1/2）。

图 10.23(c) 为巧妙地利用 $\alpha$-Si 再结晶获得的结果，它是按照以下方法制作的：①在 Si 基板（按指定形状加工）上，通过热氧化形成 $SiO_2$；②用 CVD 法生成 100nm 左右的 $\alpha$-Si；③在 $\alpha$-Si 表面保持清洁而且高温下喷射 $Si_2H_6$，使在 $\alpha$-Si 上形成晶核 [图 10.23 (c) 左上，$Si_2H_6$ 被分解]；④在此高温下保持一定时间，则从 $\alpha$-Si 产生原子移动，并生长为颗粒 [图 (c) 左下，利用了非晶的热不稳定性]，最后生长成为如图 (b) 的颗粒状的多晶 Si 膜。因为该技术需要 $\alpha$-Si 表面保持清洁以使原子能自由移动，因此需要使

用能够实现超高真空的 UHV-CVD 装置。

该技术在实际器件中的使用如图 10.23（d）所示，首先利用图（a）的薄膜技术制作出立体构造，然后在其表面用前述的方法生成 HSG 膜，图（d）为以此方法实现的 1G-DRAM［图 1.8(a)］部分斜视图。1G-DRAM 可以存储 4000 页的报纸，其源头就是这种电容。

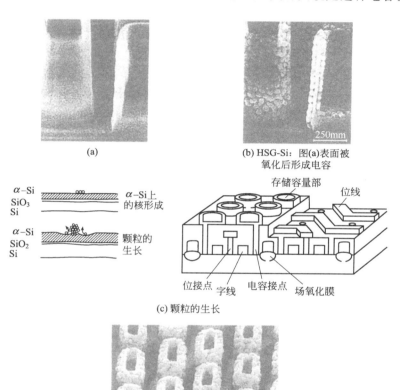

(a)

(b) HSG-Si：图(a)表面被氧化后形成电容

(c) 颗粒的生长

(d) 器件的示意图和在器件中的应用

图 10.23　HSG 膜的制膜方法、生长和器件的应用

［日本电气（株）提供］

## 10.8 高介电常数薄膜的 CVD

高介电常数的薄膜对于制作越来越薄的晶体管栅极氧化膜或 ULSI 的超小电容十分重要❶。特别是 ULSI 越向高密度化发展，预计其重要性就显得越高。现在的栅极氧化膜从 Si 的氮氧化膜向铪系氧化物转化；电容用的 Ta 氧化物也向未来新材料（尚在研究中）转化，从这个意义上来看，强电介质的研究非常盛行。与薄膜化相关联的研究有溅射、激光烧蚀（Laser Abiation）或溶胶-凝胶法（Sol·Gel）等，但 CVD 法由于其良好的台阶覆盖性和容易获得高介电常数薄膜而引人注目，被广泛研究。

其概要如表 10.9 所示，要具有强电介质的特性，薄膜的结晶性非常重要。图 10.24(a) 为 MgO（100）基板上生长 PZT 薄膜时

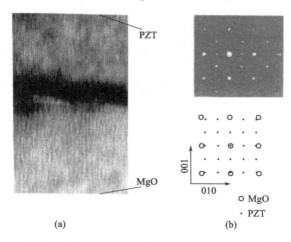

图 10.24 MgO 基板上外延生长的 PZT 膜[28]
（中部大学工学部：冈田勝教授提供）

---

❶ 100nm 尺寸工艺的栅极氧化层只有几个原子层，漏电成为大问题。如果能用介电常数大 4 倍的材料，实现同样静电容量的绝缘物厚度也可增加 4 倍，漏电问题就解决了。

表 10.9 高介电常数薄膜的 CVD 生长

| 薄 膜 | 相对电常数 | 原 料 | 气化温度[℃] | 反应温度[℃]/基板温度[℃] | 反应压强[Pa] | 基板 | 携带气体/方式 |
|---|---|---|---|---|---|---|---|
| SiON | (≈5) | 表10.1最下段 | | 500~1000 | | | |
| Ta₂O₅ | 20~28 | $Ta(OC_2H_5)_5 + O_2$ | | 400~500 | | SiO₂ | |
| HfAlO HfSiON | 10~20 | $Hf[N(C_2H_5)(CH_3)]_4+Al(CH_3)_3+H_2O$ $Hf(O-t-C_4H_9)_4+Si_2H_6$ →HfSiO→NH₃ 氮化(700℃ 10分) | | ≈300 260~280 | | SiON SiO₂ | |
| (BaSr)TiO₃ [BST] | 150~200 | [29] Ba(DPM)₂ (bis dipivaloylmethanats) Sr(DPM)₂[bis(DPM)strontium] TiO(DPM)₂[titanyl bis(DPM)], O₂ 有机溶剂: THF(tetrahydrofuran:C₄H₈O) | 250 (0.15Pa) | 420 | 0.011 | Pt/SiO₂/Si | N₂, Cold Wall MOCVD |
| PMN-PT (Lead magnesium niobatetitanate) | 700~1700 | [29] Pb(C₅H₇O₂)₂(Lead acetylacetonate) Mg(C₅H₇O₂)₂·nH₂O(mag. acetylacetonate) Nb(OC₂H₅)₅(niobium pentaethoxide) Ti(i-OC₃H₇)₄(titanium isopropoxide) | Pb·Nb 120-130 Mg 220-230 Ti 60 | 680~780 | 5 | Pt/MgO Pt/Ti/ SiO₂/Si | 氩气 Cold Wall MOCVD |
| PLZT (Lanthamun-madified lead Zicronate ti-tanate) | 500~1500 | [28] Pb(C₂H₅) | Pb-15 La 175 Zr 165 Ti 30 | 500~700 | 5 | Pt/SiO₂/Si | MOCVD |
| PZT | | [30] (C₂H₅)₃PbOCH₂C(CH₃)₂ Zt(O-t-C₄H₉)₄ Ti(O-i-C₃H₇)₄ | Pb 60 Zt 60 Ti 60 | 650 | 0.038 | Pt/SiO₂/Si | 氩气 |
| HfO | | $Hf[OC(CH_3)]_4+O_2$ | | 500 | | SiN | |

的界面附近的透射电子显微镜（TEM）图像，图（b）是电子束衍射图像（视野直径 300nm）。从 TEM 图像看，PZT 薄膜是在 MgO 单晶基板上外延生长的。从电子束衍射图像看，PZT 和 MgO 的衍射图像非常一致，晶格常数都为 0.40nm，与 X 线衍射的结果（0.403nm）也非常一致。而且，向 PZT 中添加 La 后，可以使薄膜更平滑化、致密化，光的透过性也得到了改善。这样，可以使介电常数达到 500～1500[27~30]。

## 10.9 低介电常数薄膜

上一节介绍了如何提高相对介电常数方面的研究，它主要制作用于存储器的超微细电容或晶体管的栅极氧化膜。但是对于在布线和布线之间的绝缘 SiO$_2$ 系薄膜，则期望能有较低的介电常数（布线间不必要的电容值过大，则会使 ULSI 中回路的时间常数增大，导致信号传输速度延迟，所以以高速化为目的的 ULSI 需要尽可能减少介电常数）。例如，在 SiO$_2$ 系薄膜中加入 F，则介电常数就会下降。①使用 TEOS-C$_2$F$_6$ 系列材料的等离子体 CVD[31]；②使用 SiF$_4$-O$_2$ 系列材料的 ECRCVD[32]；③利用**螺旋波**等离子体的等离子体 CVD[33] 等技术，目标为获得相对介电常数为 2.7～3.5 的薄膜。这些绝缘材料的实例与目前主流的绝缘材料 SiN 或 SiO$_2$ 的对比见表 10.10[34,35]。

真空的相对介电常数为 1，是最小的，因此为减小布线间的静电容量，最理想的绝缘物为真空（或大气等气体）。为了接近这个值，除了尽可能使用介电常数小的材料，还对在材料内部制造出多孔的构造等展开了大量研究。但是这样一来机械强度会降低，材料的化学、物理性质也会出现问题，平坦化（13.7 节）会更加困难，必须综合诸多因素决定最佳的材料和最佳的结构。

Cu 比较容易在 SiO$_2$ 中扩散。以等离子体 CVD 法得到的 0.2$\mu$m 的 Si 氧化膜上面生成一层 Cu，再施加 80V（4MV/cm 的电场）的电压并在 140℃下保温 4h 后，图 10.25 为 Cu 在 SiO$_2$ 中分

表 10.10 低介电常数材料和 SiN, SiO₂[34]

| 分类 | 名称 | 结构式（模式图） | 相对介电常数 | 耐热性 | 形成法 | 课题 |
|---|---|---|---|---|---|---|
| 原来的绝缘物质 | 硅的氮化物 SiN | | ~7.8 | ~1200℃ | CVD | |
| | 硅的氧化物 SiO₂ | | 3.5~4.4 | ~1200℃ | CVD | |
| Low-k 的硅氧烷系 (SiO系) | F添加 SiO₂ (FSG⁽¹⁾) (SiOF) | | >3.5 | >750℃ | CVD | F稳定性（吸湿） |
| | 〇 无机 SOG⁽²⁾ (HSQ) | | 2.7~3.5 | ~400℃ | Spin-coat | 热灰化抗蚀层时，容易形成多孔 SiO₂（需要对策） |
| | 〇 有机 SOG⁽³⁾ (MSQ⁽⁴⁾,MHSQ) | | 2.8~2.9 | 700℃ | Spin-coat | |

续表

| 分类 | 名称 | 结构式(模式图) | 相对介电常数 | 耐热性 | 形成法 | 课题 |
|---|---|---|---|---|---|---|
| Lowk 的硅氧烷系(SiO 系) | 干凝胶 (Xerogel) | 与多孔结构有机 SOG 相同成分 | 1.5~3 | | Spin-coat 特殊干燥+疏水化处理 | 重复性 机械强度 去胶 |
| | ○ 非氟系芳香族树脂 (Flare™ Silk™(5)) (PIQ™ BCB(6)) | 图为丙烯乙醚树脂:Ar,Ar'为丙烯基 $\left[ \text{O} - \text{Ar} - \text{O} - \text{Ar}' - \text{O} - \right]$ etc | 2.7~3.0 | 约 400℃ 3 维交联 如为 2 维交联 250~350℃($T_g$)(7) | Spin-coat | 无 $O_2$ 焙烘 去除抗蚀层 (黏合性) |
| Lowk 有机树脂系(C 系) | 非晶碳素系 含氟树脂 | — | 2.4~2.7 | 约 400℃ | CVD | 粘着性/F 稳定性 抗蚀层除去 |
| | PTFE 系 含氟树脂 | $\left[ -CF_2 - \text{}\!-CF_2 - \right]$ etc | 2.0~2.4 | 250~325℃ | CVD Spin-coat | 耐热性 (高 $T_g$[7] 化) 粘着性/F 稳定性 |
| | 含氟碳化物(8) | — | 2.1~2.2 | 约 400℃ | CVD | 抗蚀层除去 |

注: ○ 有前途的 Lowk 材料;　(3) Spin—on Glass;　(6) Benzocyclobutene;
(1) Fluorinated Silica Glass;　(4) Hydrogen Silsesquioxane;　(7) 玻璃化转变点;
(2) Hydrogen Siloequioxane;　(5) Silicon Lowk Polymer;　(8) Zeomac [日本 ZEON (株) 商品名]

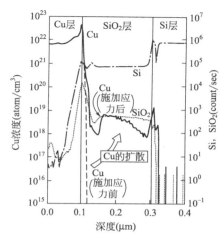

图 10.25　4MV/cm4 小时（140℃）下，Cu 在 SiO$_2$ 中的扩散[36,37]

布的 Auger 分析结果[36,37]。从图中可以由看出施加电压前（虚线）的 Cu 已经向 SiO$_2$ 中扩散（实线）。这种现象即使是热氧化膜也不例外，在 Cu 的浓度达到 10$^{18}$（atoms/cm$^2$）以上后，绝缘层就引起破坏而发生危险[36,37]。为了使寿命能满足 10 年以上的要求，正在进行以下各个方面的研究[37]：①开发新材料；②使用金属阻挡层膜（TiN、Ta、TaN 等）和阻挡绝缘膜（SiN、SiC、SiCN 等），以防止 Cu 的扩散；③优化布线制作工艺。

## 10.10　高清晰电视机的难关，低温多晶硅膜（Cat-CVD）

为了满足像素飞跃式增长的高清晰 LCD 电视机的要求，目前 TFT 广泛使用多晶硅薄膜，非常重要的是它比 α-Si 的载流子迁移率更高，这对于 LCD 的高清晰化是必不可少的。

为此，需要实现以下制作过程：①制作含氢浓度低的 α-Si❶；

---

❶　如果 α-Si 膜中含氢过多，激光熔融退火时会发生氢的突沸，造成膜的损伤（烧蚀）。

②以激光退火使其多晶化（图5.8）；③掺杂。图10.26即为通过①在27MHz的射频等离子体成膜中，以400~500℃高温加热促进氢原子脱离；②通过添加氩气等稀释气体抑制其气相反应，实现了以降低氢含量为目的的等离子体CVD工艺。这种含氢量低的α-Si薄膜比较容易实现激光退火。这种**低温制备多晶硅膜**的技术很有发展前途。另外，进一步在基板上施加低频电压，实行双频激发，则可使氢的浓度进一步降低[38]，实际上可以得到1%~2%（原子分数）的低氢α-Si膜。若在激光退火之前先进行热处理，还可以进一步降低氢的浓度。

有研究报道不使用等离子体而利用钨丝产生催化反应来降低氢的浓度[39]。由于利用了催化反应，所以被称为Cat-CVD（Catalytic CVD，欧美常称为Hot wire CVD）。图10.27为实际的装置，从喷淋板将反应气体喷出，经过W丝（0.1mm左右）催化体（电热丝，通过热解离等催化反应被激活），在加热基板上生成薄膜。基板为340℃的低温，可得到3%（原子分数）的低氢浓度为α-Si膜。这种方法在多晶硅、氮化硅薄膜的制备中也常采用。

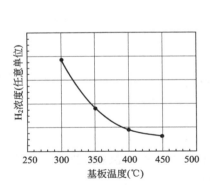

图10.26　通过基板加热
降低氢的浓度

[日本真空技术（株）提供]

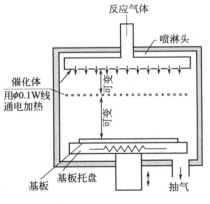

图10.27　Cat-CVD装置
的示例

## 10.11 游离基喷淋-CVD (Radical Shower CVD, RS-CVD)

随着半导体的高密度化和高性能化的进展，场效应管 MOS-FET 的栅极氧化膜的厚度越来越薄，已经接近 1nm。若以正方体叠加构筑 $SiO_2$，1nm $SiO_2$ 只能容纳 5 层，因此制备难度极大地增加。现在正在探讨的有以下解决方案[40]：①采用相对介电常数 $\varepsilon_s$ 较大的材料，使其厚度增加；②使用 $SiO_2$ 材料，生成高品质的 $SiO_2$ 薄膜。

FET 的电流驱动能力取决于栅极电容量，平行平板的电容量 $C = \varepsilon_s \varepsilon_0 S/d$（$\varepsilon_0$ 为真空的介电常数，$\varepsilon_s$ 为氧化膜的相对介电常数，$d$ 和 $S$ 分别为氧化膜的厚度和面积），如果使用 $\varepsilon_s$ 比较大的材料，则 $d$ 就没有减小的必要。因此，正在研究探讨 La、Gd、Zr、Hf 等的氧化物，或这些氧化物与 $SiO_2$ 的化合物，还有强电介质的单晶膜等[40,41]。

栅极氧化膜的超薄化从干式氧化和湿式氧化两个方面在同时进行，寻求漏电流小的超薄氧化膜的探索也在不断进行。研究表明使用氧游离基可以制作出非常好的栅极氧化膜[40,41]。

图 10.28 是以使用游离基的 CVD 法成膜的研究示例[42]。这种

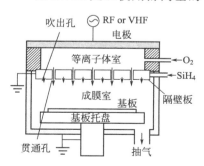

图 10.28 RS-CVD 装置的构成图
[CANON ANELVE（株）提供]

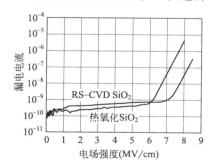

图 10.29 利用 RS-CVD 生成的 $SiO_2$ 膜

方法的特点是将等离子体室与成膜室分离，使等离子体完全不能进入成膜室。硅烷等反应气体和游离基在到达基板前才能会合，不会发生由等离子体产生的损伤。如图 10.29 所示，$0.1\mu m$ Si 氧化膜的漏电电流与热氧化薄膜的品质没有大的区别。

## 参 考 文 献

1) 例えば，柳井ら編：半導体ハンドブック，第 5 編（1977）278，及び日本学術振興会薄膜第 131 委員会：薄膜ハンドブック（第 2 版），1 編（1988）262，オーム社

2) 電子通信学会：LSI ハンドブック，4·4·3（1984）293，438，オーム社
超 LSI 製造·試験装置ガイドブック，工業調査会；檜垣·小林·林出：1991 年版（1990）21，米倉·森：1993 年版（1992）59，前田：1995 年版（1994）44

3) 黒河：Semicon World（1983，2）40，最新半導体プロセス技術，プレスジャーナル；小川：90 年版（1989）233，井上：92 年版（1991）289，渡辺·安藤：94 年場（1993）91，米田：96 年版（1995）74

4) 松下：$0.3\mu m$ プロセス技術（1991）51，トリケップス，見方：同（1991）123

5) 広瀬：応用物理学 61（1992）1124

6) M. Bhat et al：Intern. IEDM Tech. Dig.（1994）12. 3. 1

7) 佐藤，松尾，阿部：電子材料，（1970，10 月）81. 菅原：同，（1971，1 月）137. 前田：同，（1971，9 月）72. 前田：同，（1973，2 月）59.

8) 瀬高：金属表面技術，19（1968）31. 佐藤，河崎，平原，高野：内燃機関，9（1970）57. 瀬高：金属材料，8，10 号（1968）51. 佐藤：同，13，2 号（1973）69. 岡本：同，13，2 号（1973）63

9) 黒河，柴田（塙編）：実用真空技術総覧（1990）682，産業技術サービスセンター，前田：（薄膜第 131 委員会編）薄膜ハンドブック（1988）202，オーム社

10) R. S. Rosler：Solid State Tch., April（1977）63
黒川：Semiconductor World, No. 2（1983）40
金属の CVD の特集として Semiconductor World，No. 2（1984）がある.

11) 例えば，吉見：Semiconductor World, No. 2（1983）49

12) W. E. Spear and P. G. Le Comber：Solid State Commu. 17（1975）1193
白木：応用物理，46（1977）540. 松村：同 49（1980）729.
応用物理，51（1982）7 号，10 号，に特集がある.

13) 三戸，堀口：IONICS，10 月号（1978）10. 高木：IONICS，11 月号（1981）14
Proc. Intern. Ion Cong.（1983）1369～1532 中等离子体聚合专辑

14) J. W. Peters：IEDM 10. 5（1981）250

15) 英：応用物理, **52**（1983）560
   津田：日経エレクトロニクス, 2・15号（1982）122

16) 関：応用物理, **48**（1979）460. 森, 渡辺：同, **49**（1980）1239. 中西：同, **50**（1981）1082. 森：同, **51**（1982）925. 福井, 堀越：同, **51**（1982）931

17) 鈴木, 大場：'96最新半導体プロセス技術,（1995）85, プレスジャーナル
   原, 大場, 河野：同, '94年版（1993）102

18) 伊藤, 梶, 中田, 岡野：応用物理, **61**（1992）1132

19) 関口, 小林：SemiconductorWorld, 9月号（1989）39
   T. Kobayashi, et al：J. Vac, Sci, Technol. **A 10**（3）（1992）525, Japan, J. Appl.
   Phys **27**（1988）L 2134, **27**（1988）L 1775

20) M. Hasunuma, et al：IEDM, 89–677（1989）

21) Y. Yokota, et al：Appl. Surf. Sci., **60/61**（1992）385

22) 坪内, 益：応用物理, **62**（1993）1225

23) 有田, 粟屋, 大野, 佐藤：応用物理, **61**（1992）1156. 粟屋, 大野, 有田：応用物理, **64**（1995）554. 粟屋, 有田：信学技報 SDM 93-196（1994-01）p 45

24) 小林明子：学位（博士）論文 "超高集積回路の配線用銅薄膜の化学気相成長とその膜特性に関する研究"（1999）（アネルバ（株）プロセス開発研）
   A. Kobayashi, A. Sekiguchi and O.Okada：Jpn. J. Appl. Phys, **37**（1998）6358.
   小林・関口・池田・岡田・小出：信学論 **J 82-C-II**,（1999）2115
   A. Kobayashi, et al：J. Vac. Sci. Technol. **B 13**（5）（1999）2115

25) T. Suzuki et al：Proc IEEE IEDM **30**（1991）3558
   S. Saitoh, N. Inoue & T. Hara：Proc.VMIC Conf.（1991）p. 323

26) 辰巳, 酒井, 五十嵐, 渡辺：応用物理, **61**（1992）1147
   渡辺, 安藤：'94最新半導体プロセス技術（1993）p 91
   H. watanabe et al：1992 IEEE IEDM 92–259

27) SEMI Technology Symposium（STS）に次の論文
   原田ら：STS 2002, p 2-18. 北島：STS 2003, p 1-39. 渡辺：STS 2004, p 47.
   青山：STS 2004, p 6-52

28) 岡田, 富永：応用物理, **61**（1992）1152. 奥山ら：同 71（2002）566. 舟窪ら：同 70（2001）1061. 真岩：同 71（2002）1227
   S. Hazumi et al：Jpn. J. Appl. Phys. **34**（1995）5086

29) T. Kawahara, et al：Jpn. J. Appl. Phys. **34**（1995）5077
   Y. Takeshima, K. Shiratsuyu, H. Takagi & K. Tomono：同上, p. 5083
   舟窪ら：結晶成長学会誌 27（2000）111

30) A. Matsumura et al：Jpn. J. Appl. Phys. **34**（1995）5258
   有本・恵下：応用物理 69（2000）1080

31) T. Usami et al：Extended Abst. 1993 ISSDM（1993）161

32) T. Fukuda & T. Akahori：同上, p. 158

33) H. Miyajima, et al：16 th Symp. Dry. Process（1994）133

34)　青井：応用物理 68（1999）1263. 松下：Semicon. FPD World（2000. 12）170.
古澤：第 7 回半導体プロセスシンポジューム講演予稿集　第 2 分冊（1998. 9. 24
～25）p 39. 近藤：応用物理 70（2001）546. 財満・安田：応用物理 70（2001）
1050

35)　本間：応用物理 11（1997）1186

36)　武田健一：Advanced Metallization 2004 Tutorial（2004）p 60. ADMETA Com.
（101-0032，千代田区岩本町 1-6-7，宮沢ビル）
K. Takeda et al：Proc. 2001 International Interconnect Tech. Conf.（IEEE. Pis-
cataway. NJ. 2001）. p. 244

37)　Takeda et al：1998 IEEE International Reliability Phys. Proc.（Reno. Nevada,
1998）p. 36. Jpn. J. Appl. Phys. **40**（2001）2658. J. Appl. Phys. **94**（2003）2572.
J. Vac. Sci. Technol. **B 21**（4）（2003），323

38)　浅利：第 9 回ファインプロセステクノロジー・ジャパン '99
専門技術セミナーテキスト B 5（1999. 7. 2）p 1，リードエグジビション Jpn.

39)　増田・松村：第 27 回アモルファス物質の物性と応用セミナー予稿
A. Masuda, et al, Solar Energy Mater, Solar Cells.（2000）. 柄沢ら：真空　**45**
（2002）123. 増田ら：同 71（2002）833

40)　鳥海：応用物理，**69**（2000）1049.　同 1055 頁左欄

41)　石原：応用物理，**69**（2000）1090

42)　石橋・熊谷・徐・野上・田中：日本真空協会スパッタリングおよびプラズマ
プロセス技術部会　**Vol 15**　No 4（2000. 9. 26）p 37-44
H. Nogami, et al：Proc. 6 th Internal. Display Warkshop（IDW '99），（1999）167.
A. Kumagai, et al：Digest Tech. Papers（AM-LCD 2000）（2000）139

# 第 11 章 刻 蚀

　　制备出晶体，在上面镀上薄膜，然后用光刻法在薄膜上描绘出超微细的光刻图形，很多读者也许认为这样工作就大致完成了。然而，达成这个目的的刻蚀法却并非容易事。图 11.1 显示了若干的例子。上部表示利用光刻胶的图形临摹（超微细图形），中部是想要加工成的形状。本来目的是要制备（A₁）那样的孔或沟，结果造成下部（失败例子）的（B₁）那样（光刻胶下也被刻蚀掉一部分）的圆弧状；想要制备（A₂）这样的锥度，刻蚀结果却正好角度相反；想要刻蚀（A₃）这样的锥度而不要刻蚀下层，结果下层却被刻蚀掉了一些，严重时会把下层全刻蚀掉了或造成下层结晶的严重缺陷；想要制备（A₄）这样小锥度、圆底的深孔或沟，结果却制备成了（B₄）这样的啤酒肚形状或者像（B₅）那样，虽然锥度没问题而底面的圆弧方向却相反的结果；想要制备（A₅～A₇）这样开口直径不同但是深度相同的孔时，结果得到的各个孔的深度大不相同。要解决的还远不止仅仅是形状的问题，对于新材料的不

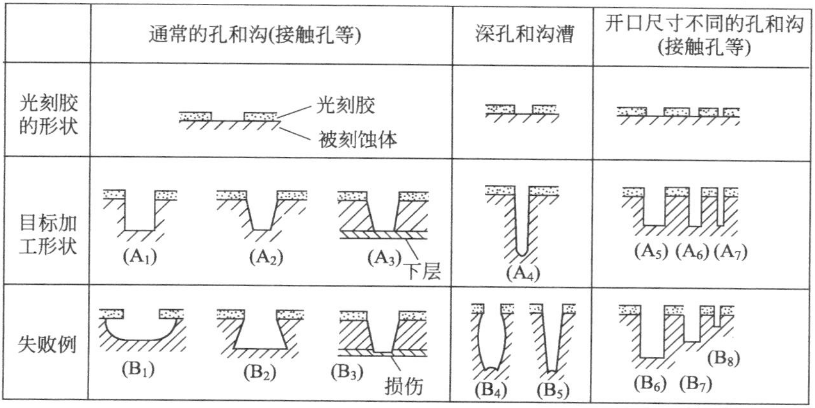

| | 通常的孔和沟(接触孔等) | 深孔和沟漕 | 开口尺寸不同的孔和沟<br>(接触孔等) |
|---|---|---|---|
| 光刻胶<br>的形状 | 光刻胶<br>被刻蚀体 | | |
| 目标加<br>工形状 | (A₁)　(A₂)　(A₃)下层 | (A₄) | (A₅)(A₆)(A₇) |
| 失败例 | (B₁)　(B₂)　(B₃)损伤 | (B₄)　(B₅) | (B₆)(B₇)(B₈) |

图 11.1　利用刻蚀法想要加工的形状和失败例子

断使用，也必须要有相应的对策。这里所列举的结果，是用日本开发的**反应离子刻蚀法（Reactive Ion Etching）**制备出来的。刻蚀和薄膜制备都是超微细加工技术的核心，需要两者反复使用多次才能制备出一个器件来（如图 1.15 的 b→h，b→h 这样的循环）。

被称为 ME 革命（微电子革命）的微电子核心的集成电路 IC 的集成度每 2～3 年以 4 倍的比例增加。随着集成度的增加，图形的线宽减小，如图 1.8 所示，一方面 $0.1\mu m$ 以下线宽的 IC 正在实现；另一方面基板的尺寸也如图 1.16 所示的每年都在增大，所以大面积均一的刻蚀技术非常重要。

开始时，使用的刻蚀技术是溶液的**化学刻蚀**（也称为**湿法刻蚀**），但是随着线宽的微细化，困难就越来越多了，于是新的刻蚀方法出现了。这些新方法完全不使用液体，所以称为干法刻蚀。自从干法刻蚀替代了湿法刻蚀以来，产生了很多新的技术，直到现在这个迅猛的发展势头还在持续。

如果从**硬设备**的角度对刻蚀法进行分类则如图 11.2 所示。从刻蚀法的全体来说，特别是干法刻蚀，如果没有**软设备**（Software）支持的话将寸步难行，**软设备**在整个刻蚀技术中占有极端重要的地位。对各种不同的方式来说，需要各自不同的**软设备**来支持[1]。这些不同的方式包括：利用溅射的物理刻蚀和利用等离子体中生成的（化学活性极强）激发活性基团的化学刻蚀。

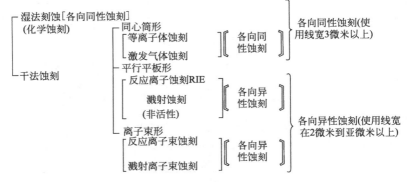

图 11.2　从装置的角度对刻蚀法分类

　　为了便于理解刻蚀法，考虑在如图 11.3(a) 所示的方糖上开一个圆筒状的孔。一种方法是像图（b）那样在不开孔的地方用类似保鲜膜的东西包裹起来，用水在圆孔注入溶解的方法。另外就是如图（c），在不要开孔的地方贴上胶带，用细的凿子凿开一个孔的方法。在图（b）的方法中，水会渗到保鲜膜的下面，结果开出一个大圆孔；图（c）的方法则垂直地开了一个孔。前者就好比化学刻蚀等的各向同性刻蚀（参见图 11.2〖〗内），后者就好比离子刻蚀等各向异性刻蚀。这个孔径即使在 $0.1\mu m$ 以下，如果用氩作为"凿子"就能开出来，因为这时所谓的"凿子"直径甚至在 $0.0004\mu m$ 以下，如此完全可以想象得出这个方法的优越性和正确性。

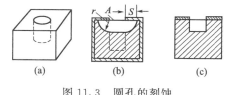

图 11.3　圆孔的刻蚀

　　如图（b）所示，从 $A$ 点开始以半径为 $r$ 的圆在各个方向以相同的速率刻蚀称为**各向同性刻蚀**，图（c）的方法是只在特定方向刻蚀（不同方向刻蚀速率不同）的方法称为**各向异性刻蚀**。图（b）中 $S$ 的尺寸被称为**钻蚀**（undercut）或者**侧蚀**（side etching）。从刻蚀尺寸的控制来说，各向异性刻蚀明显具有优越性。

　　用氩气等生成的离子或者等离子体进行物理的溅射来刻蚀称为**溅射刻蚀**。例如，用 $CF_4$ 这样的气体来形成等离子体，利用具有化学活性的激发中心进行的化学反应的刻蚀称为**反应性刻蚀**。针对不同的材料，需要知道利用怎样的气体来刻蚀，这是各种刻蚀技术的**软设备**。随着各种研发进展，虽然目前的技术已能满足既有的要求，但新的需求还在持续不断地产生出来。

　　这里说的刻蚀法，多数用到光刻胶（图 1.15）。需要进行超微细加工的附着有薄膜的基板在高速旋转时，将光刻胶滴在上面，可以形成微米量级的膜［图（c）图（d）］；然后覆盖掩膜版（相当于照片的底片）进行曝光［图（e）］；溶解掉感光过的光刻胶（也有没感光部分被溶解的类型：负胶）［图（f）］；然后刻蚀［图（g）］；最后去除光刻胶［图（h）］，这就是主要的工序。［图（g）］的步骤可以是湿法刻蚀也可以干法刻蚀；［图（h）］步骤是使用等离子体刻蚀装置在氧气氛围下工作的灰化装置。

对刻蚀来说，以下5点很重要。

（1）适度的刻蚀速率：太快则不能控制，太慢又不适合生产。

（2）加工精度要高：特别是要维持尺寸精度。为此各向异性刻蚀具有优势。在特殊形状制作时，有时也可以用各向同性刻蚀。

（3）选择比高：例如在 Si 上有 $SiO_2$ 薄膜的情况下 ［（$SiO_2$ 的刻蚀速率)/(Si 的刻蚀速率）的比率称为选择比]，在 $SiO_2$ 上开孔的话，选择比是∞（Si 的刻蚀速率相当于零），也就是说刻蚀到 Si 就停止了。图 11.1 上 $B_3$ 的情况就不会出现，选择比小的时候 $B_3$ 的情况就会出现。

（4）不能导致半导体的性能劣化（原因和结果有很多种，总的叫做损伤）。

（5）要成品率高，生产能力出色。异物和微粒产生少。

下面，根据图 11.2 的分类分别叙述各种刻蚀方法。

# 11.1　湿法刻蚀

湿法刻蚀的最大的优点和缺点就是刻蚀具有各向同性的特性。正如图 11.3 所示，对于图（c）的刻蚀不适合，但对于图（b）的刻蚀就最适合了。另外，它还具有选择比极大（多数情况是无限大）、没有损伤、装置成本便宜等优点。总之，虽然不适用于薄膜加工，但当表面上有异物需要除去时、使表面平坦化时、厚的物体减薄等场合，它具有对这些要求能进行高速加工等的优点。

正是这个特性使这个方法在以下的领域应用非常广泛。

（ⅰ）基板到货后和扩散工艺前的晶片洗净

购入的基板或加工前的晶片上常常残留有小的垃圾。在这种情况下，使用湿法刻蚀作为前处理就非常合适且有效，它能从四周围（包括垃圾下部）对其开展溶解，使垃圾与基板晶片分离。如果图 11.3(b) 中的 S 位置有垃圾，可以从下面将垃圾挖掉而去除［图 (c) 方法由于是各向异性刻蚀就难以办到］。具有这种加工功能的全自动装置可以从市场上买到。装置实例和工序例如图 11.4 所示。

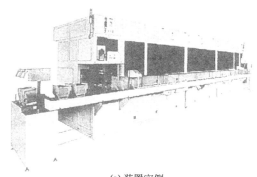

(a) 装置实例

| 卡盘的洗净 | NH₄OH H₂O₂ H₂O | Quick Dampling Rinse | HF H₂O | QDR | HCl H₂O₂ H₂O | QDR | HOT 超纯水 | Final Rinse | 旋转干燥 |
|---|---|---|---|---|---|---|---|---|---|
| 纯水和 N₂吹干 | 利用氨的静电中和除去垃圾 | 水洗水一下子去除，去除前工程剩余药品 | 去除氧化膜 | | 去除重金属、金属 | | 去除 HCl | 超纯水中保管 | 干燥 (3分钟) |

工序按照从左至右的顺序全自动无人运行，进行无粒子的清洁清洗

(b)工程例

图 11.4 全自动湿法洗净装置的例子［（株）Kaijo 提供］

（ⅱ）选择性刻蚀

若用氟酸对 $SiO_2$ 刻蚀，刻蚀速率可以达到每分钟 $0.1\mu m$ 以上，但它完全不会刻蚀 Si。就是说（$SiO_2$ 的刻蚀速率)/(Si 的刻蚀速率）的比（**选择比**）为∞。而且，不会造成像干法刻蚀那样的损伤。利用这个特性，利用光刻胶，可以成功地只对 Si 上面的 $SiO_2$ 进行刻蚀，从而开出窗口来（Si 全部保留）。而且，如果氧化膜很

薄，图 11.3(b) 的 $S$ 也会很小，于是这个方法被大量应用于薄栅氧化膜等刻蚀工艺中。

（ⅲ）通孔等的形状调整

对于直径小的深孔（用于上层的布线和下层的电极或布线的连接的孔，大多需要这种形状）等，为了在后道工序里能用溅射等方法在孔中填入接线材料，一般都希望入口比较大。这时，利用在湿法刻蚀后如图 11.3(b) 的 $S$ 的存在，再在虚线所示的位置用反应离子刻蚀［同图（c）］就能够开出所需形状的孔。

（ⅳ）微机械的试制

微机械和现在的半导体 IC 相比，形状还是比较大的。一般通过对上表面进行横向刻蚀［图 11.3(b) 的 $S$ 方向］来加工零件，由于希望有较高的刻蚀速率，常采用湿法刻蚀。

以上是典型的用法，表 11.1 是被刻蚀材料和对应的刻蚀液的举例。这些都是利用上述优点而被灵活应用，它们的加工现在大多利用无人的全自动装置进行，主要是为了担心垃圾附着引起的不良后果。

**表 11.1 湿法刻蚀的例子**

| 被刻蚀材料 | 刻蚀液 | 被刻蚀材料 | 刻蚀液 |
|---|---|---|---|
| Si | $HF-HNO_3-CH_3COOH$<br>$KOH$<br>$N_2H_4+CH_3CHOHCH_3$ | $W, Pt$ | $HNO_3-HCl$ |
| | | $Au$ | $I_2-KI$ |
| Al | $H_3PO_4-HNO_3-CH_3COOH$<br>$KOH-K_3[Fe(CN)_6]$<br>$HCl$<br>$H_3PO_4$ | $Ag$ | $Fe(NO_3)_3$-ethylene glycol |
| | | $Cu$ | $FeCl_3$ |
| | | $SiO_2$<br>PSG<br>BSG | buffered $HF+NH_4F$<br>$HF$<br>$HF-HNO_3$ |
| Mo | $H_3PO_4-HNO_3$ | | |
| Ti | $HF$<br>$H_3PO_4$<br>$H_2SO_4$<br>$CH_3-COOH(I_2)-HNO_3-HF$ | $SiN_4$ | $H_3PO_4$<br>$HF$<br>$HF-CH_3COOH$ |
| Ta | $HNO_3-HF$ | $Al_2O_3$ | $H_3PO_4$<br>$H_2SO_4 \rightarrow BHF$ |

# 11.2 等离子体刻蚀，激发气体刻蚀[4,5]
## （圆筒型刻蚀）

### 11.2.1 原理

在等离子体中，原来的气体被电离，形成离子、电子、激发态原子、**原子游离基**（Radical）等化学性质极为活泼的激发活性中心。如图 11.5 所示的利用氟里昂，如 $CF_4$ 产生的等离子体中存在许许多多的分解生成物。其中 $F^*$（氟游离基，游离状态的氟）化学活性很强，很容易与等离子体中的物体，例如 Si、$SiO_2$、$Si_3N_4$ 等发生如下的化学反应，大部分的生成物变成蒸气压高的气体被排出。利用这个特性的刻蚀技术，因为主体是等离子体，所以命名为等离子体刻蚀。

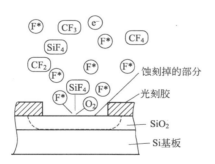

图 11.5 氟里昂等离子体刻蚀

$$Si + 4F^* \longrightarrow SiF_4 \uparrow$$
$$SiO_2 + 4F^* \longrightarrow SiF_4 \uparrow + O_2 \uparrow$$
$$Si_3N_4 + 12F^* \longrightarrow 3SiF_4 \uparrow + 2N_2 \uparrow$$

激发活性中心不受电场的影响，同时作杂乱无章的热运动，所以刻蚀是各向同性的。各向同性刻蚀的最小线宽与膜厚有关，但基本上为 $2\mu m$ 量级。这个方法很适合于大生产，多用于 $2\mu m$ 以上的图形刻蚀。若要求比这个更细的刻蚀线宽的话就只有用各向异性刻蚀法了。

这种反应刻蚀对 Si 系材料的速率如图 11.6 所示。虽然这种刻蚀的机理还没有完全弄清楚，但由于是干法，所以没有公害、便于自动化、能降低成本，可广泛应用于大面积半导体元件、平板显示面板等各种电子元器件的刻蚀工艺中。另外若利用氧离子体，还能够灰化光刻胶等有机物，它经常被用于去除光刻胶（即灰化）。由于是各向同性刻蚀，即使复杂形状的光刻胶也可被完全去除。

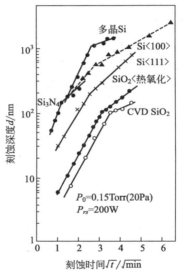

图 11.6    刻蚀速率的一个例子

## 11.2.2    装置

产生等离子体有很多种方法（如图 11.7 所示）。在放电空间中没有电极的图（a）和图（b）形式称为**无电极式**。图（a）是两块板状电极之间夹有石英或者玻璃制的容器，在容器内部产生等离子体。图（b）是螺旋线圈电极间放置石英或者玻璃的容器，容器内部通过无电极放电产生等离子体。为使晶片的周围产生均匀的等离子体，从而使刻蚀速率分布均匀，是需要一定的窍门的。图（c）

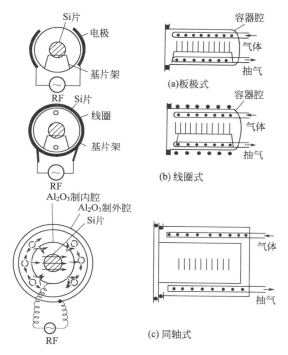

图 11.7　等离子体刻蚀装置的原理图

是容器内放置有电极的**电极式**。内腔和外腔之间发生的等离子体通过小孔导入到反应室内部，流动方向如箭头所示。这种方法不仅均匀性好，而且由于晶片不直接置于放电空间中，处理温度较低而且损伤小。由于它不是利用等离子体而仅是利用激发态的原子和原子游离基来刻蚀，所以被称为**激发气体刻蚀**。

图 11.8 是这种装置的一个例子。

### 11.2.3　配套工艺

对圆筒形刻蚀来说，配套工艺非常重要。只有配套工艺和硬设备合在一起才能实现良好的刻蚀性能。表 11.2 表示了什么样的材料要用什么样的气体来刻蚀。其他如实际刻蚀时使用的压强、功率

△TCA-7222

图 11.8 等离子体刻蚀装置的例子（灰化机）

［东京应化工业（株）提供］

等重要的参数都必须通过实验来决定。

**表 11.2 圆筒形刻蚀装置使用气体的种类**

| 材料 | 气 体 | 材料 | 气 体 |
|---|---|---|---|
| Si | $CF_4$,$CF_4/O_2$,$CCl_2F_2$ | Au | $C_2Cl_2F_4$ |
| PolySi | $CF_4$,$CF_4/O_2$,$CF_4/N_2$ | Pt | $CF_4/O_2$,$C_2Cl_2F_4/O_2$,$C_2Cl_3F_3/O_3$ |
| $Si_3N_4$ | $CF_4$,$CF_4/O_2$ | Ti | $CF_4$,$CF_4/O_2$ |
| $SiO_2$ | $CF_4$,$CF_4/O_2$,$CCl_2F_2$,$C_3F_8$,$C_4F_8$, | Cr | $Cl_2$,$CCl_4$,$CCl_4/Ar$ |
| | $CF_4/H_2$ | $Cr_2O_3$ | $Cl_2/Ar$,$CCl_4/Ar$ |
| Mo | $CF_4$,$CF_4/O_2$ | Al | $CCl_4$,$CCl_4/Ar$,$BCl_3$ |
| W | $CF_4$,$CF_4/O_2$ | GaAs | $CCl_2F_2$ |

# 11.3 反应离子刻蚀、溅射刻蚀（平行平板型，ECR 型，磁控型刻蚀）

## 11.3.1 原理和特征

图 11.5 的 Si 基板加上负电压，离子垂直于基板入射。利用这种方法的等离子体刻蚀具有各向异性。

这种方法有很多种方式,如图 11.9 所示。不论哪种方法,其共同特点是:都产生等离子体、晶片放置在平板状的基板夹具上、然后加上高频或者直流电压,在等离子体中产生的离子,在电场的作用下垂直于基板入射和原子游离基一起进行各向异性刻蚀。

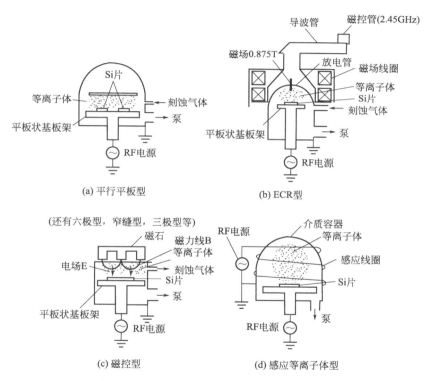

图 11.9 反应离子刻蚀(RIE)装置的例子

**平行平板型刻蚀**使用如图 11.9(a) 的装置,是磁控溅射出现以前使用的两极溅射装置(表 9.1,No. 1),将样品放在溅射装置的靶的上面进行刻蚀,这就是溅射刻蚀。在这个场合,氩气等惰性气体的离子垂直入射样品,完全是各向异性刻蚀。如果将氩气换成氟里昂气体(C、F、Cl、H 的化合物),发现在维持各向异性的同时，刻蚀速率增长了数十倍。这就是反应离子刻蚀（RIE）技术的开端[8]。过程中存在等离子体中产生的离子和激发活性中心对样品的共同作用，所以可认为是物理加上化学的刻蚀，于是被称为反应离子刻蚀（RIE），它是日本独创的技术。这个方法有以下优点：① （对要刻蚀的样品的刻蚀速率）/（对衬底的刻蚀速率）的比值很大的各向异性刻蚀（当然理想的条件是选择比为无穷大，但是可惜……）；②刻蚀速率高，大生产性好；③对 Al、$SiO_2$ 等材料的刻蚀容易进行。

**ECR 型刻蚀**使用如图 11.9(b) 的装置[11,12,13]。这种方式是在产生等离子体的空间（也有使用空腔谐振器的）的轴方向增加磁场 $B$，从磁控管导入微波功率形成放电，在等离子体中的电子回绕磁场在磁场和电场的正交平面内回旋，当回旋的周期同微波的周期一致时，电子吸收微波能量的效率最高［电子回旋共振（ECR)］，结果是能形成高密度的等离子体。这也是日本独创的技术。

**磁控型刻蚀**使用如图 11.9(c) 所示的装置[14]。这种方式的放电空间中电场和磁场垂直，等离子体中的电子被正交电磁场 $E$ 和 $B$ 所局限，气体的电离效率很高，产生高密度的等离子体（电子的运动和微波炉使用的磁控管相似的磁控型），这也是日本独创的技术。

**感应等离子体刻蚀**使用如图 11.9(d) 的装置。这种方法利用感应线圈在介质容器（腔体）内诱发电磁场从而产生等离子体。这种方法能够在大的面积下产生均匀的等离子体，近来非常受关注。具体的有 ICP 型、螺旋波（Helicon）型、TCP 型和 SWP 型等多种式样（图 11.26)。

现在对以上四种方法加以简要概括：**平行平板型**是最早使用的装置，等离子体分布的均匀性最好，但是产生等离子体的电压很高，可能对半导体造成的损伤，在平板显示领域使用比较方便、应用比较多；**ECR 型**产生等离子体的电源和刻蚀用的 RF 电源分开，使用比较自由，等离子体的密度也高（表 11.3），刻蚀用的 RF 电源电压也较低，不用担心对材料的损伤。但是使用了线圈和微波，构造比较复杂；**磁控型**的构造比 ECR 型的简单，等离子体密度和 ECR 型的相仿，但存在等离子体的均匀性的问题，ECR 型已经实用化了，磁控型还处于研究阶段；**感应等离子体型**中的 ICP，螺旋极化（Helicone）型等具有高密度等离子体的特点，也被实用化了[15,16]。

**表 11.3  微波等离子体刻蚀和平行平板 RIE 的特性比较[10]**

|  | 微波等离子体刻蚀 | 平行平板 RIE |  | 微波等离子体刻蚀 | 平行平板 RIE |
|---|---|---|---|---|---|
| 放电方式 | ECR | RF | 平均自由程 λ（mm） | 6.5 | 1.3 |
| 工作压强（Pa） | 1 | 5 | | | |
| 饱和离子电流（mA/cm²） | 5 | 0.1 | 离子鞘宽 $D_s$（mm） | 0.5 | 5.0 |

等离子体中的激发活性基团比等离子体中的离子多得以数量级计，因此容易误认为和等离子体刻蚀一样是各向同性刻蚀，实际上如图 11.10 所示，它具有很优异的各向异性刻蚀特性。就如图 11.11(a)～(c)所示的模型那样[7]，图 (a) 中的被刻蚀面全部被活性基团笼罩，形成了如 AlCl 等亚稳态的化学吸附层，然后再和以

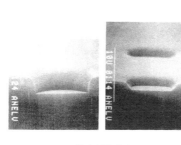

(a) 锥度刻蚀的例子

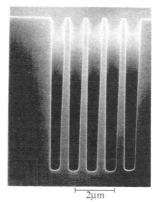

2μm

(b) 沟槽刻蚀的例子

图 11.10  利用 RIE 刻蚀的例子［Canon-Anelva（株）提供］

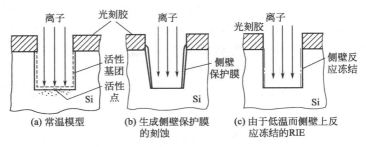

图 11.11　反应离子刻蚀的模型

后入射的活性基团等反应重复地进行各向同性刻蚀。另一方面，孔的底部由于入射离子的轰击，晶格被破坏（产生活性点），以很快的速率持续进行反应，底部的反应速率远远大于其他面，结果是形成了各向异性的刻蚀，功率增加时，各向异性也增加。例如，在 $Cl_2$ 气氛下用 Au 离子对样品照射时，只有在 Au 离子照射的部分才进行刻蚀[18]，就类似于上面的情况。图（b）中，若在反应空间中加入含有 CH 的气体，这时等离子体具有极强的活性，可以合成有机聚合物，并在侧壁上析出形成侧壁保护膜。这样一来，就只有下部还能被刻蚀，大大加强了刻蚀的各向异性特征。这种方法也能形成像图中那样的具有锥度的结构。这就好比在挖掘隧道的时候，在挖好的隧道壁上用水泥加固，然后再继续掘进的情形一模一样。图（c）中，若将基板温度降到 $-40 \sim -180℃$ 左右，侧壁由于低温无法进行化学反应，只有在离子照射的部分才能进行刻蚀，这样也实现了各向异性刻蚀。

### 11.3.2　装置

IC 量产线和电子器件量产中大量应用 RIE 装置，而且基本上都是计算机控制的**盒对盒装置**（被称为 **C to C 装置**）。图 11.12 是生产用的装置示意图例。

不用反应性气体而用氩气等惰性气体的溅射刻蚀装置，目前已经很少使用了。

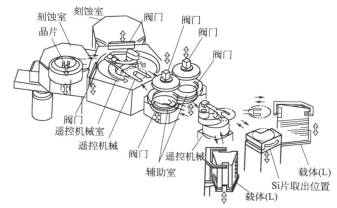

图 11.12 刻蚀装置的晶片搬送机构

[Canon-Anelva（株）提供]

### 11.3.3 配套工艺

RIE 比起等离子体刻蚀情况来说配套工艺显得更为重要。表 11.4 列出了一个刻蚀材料和对应的使用气体的例子。这只是一些例子，新的材料和与之对应气体的组合还在不断被开发出来。

（ⅰ）功率，气体流量，刻蚀压力，温度的例子

除了材料和气体的组合外，施加功率、气体流量、刻蚀压强、温度等都是很重要的参数。例如，RIE 的一个很重要的用途是 Al 的 $CCl_4$ 气体刻蚀[17]，图 11.13 表示它的功率密度和选择比（随功率密度增加而减少）、刻蚀速率（随功率密度增加而增加）的关系。功率密度增大时，等离子体中的分解反应增强，激发活性基团增加，同时温度也上升，导致了刻蚀速率增加，同时选择比变小。

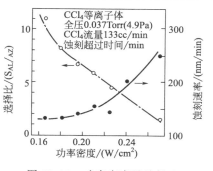

图 11.13 功率密度及选择比
和刻蚀速率的关系

表 11.4 RIE 使用的反应性气体的例子

| 材 料 | 气 体 |
|---|---|
| poly-Si | $Cl_2$,$Cl_2/HBr$,$Cl_2/O_2$,$CF_4/O_2$,$SF_6$,$Cl_2/N_2$,$Cl_2/HCl$,$HBr/Cl_2/SF_6$ |
| Si | $SF_6$,$C_4F_8$,$CF_4/O_2$,$Cl_2$,$SiCl_4/Cl_2/SF_6/N_2/Ar$,$BCl_3/Cl_2/Ar$,$Cl_2/$$N_2/Ar$,$SF_6/O_2/HBr$ |
| $Si_3N_4$ | $CF_4$,$CF_4/O_2$,$CF_4/H_2$,$CHF_3/O_2$,$C_2F_6$,$CHF_3/O_2/CO_2$,$CH_2F_2/$$CF_4$,$CHF_3/CF_4$,$CF_4/O_2/N_2$,$CF_4/CHF_3/Ar$ |
| $SiO_2$ | $C_4F_8/O_2/Ar$,$C_5F_8/O_2/Ar$,$C_3F_6/O_2/Ar$,$C_4F_8/CO$,$CHF_3/O_2$,$CF_4/H_2$,$C_2F_6/He/CHF_3/O_2$ |
| Al | $BCl_3/Cl_2$,$BCl_3/CHF_3/Cl_2$,$BCl_2/CH_2F_2/Cl_2$,$B/Br_2/Cl_2$,$BCl_3/Cl_2/$$N_2$,$SiO_4/Cl_2$ |
| $Al_2O_3$ | $BCl_3$,$BCl_3/Cl_2/Ar$ |
| Cr,CrO | $Cl_2/O_2$ |
| GaAs | $Cl_2$,$HCl/H_2$,$CH_4/H_2$,$CH_4/H_2/Ar$,$Cl_2/BCl_3/Ar$,$Cl_2/N_2$ |
| Mo,MoSi | $CF_4/O_2$,$CF_3/SF_6/O_2$ |
| W | $CF_4/O_2$,$SF_6$,$SF_6/Ar/N_2$,$SF_6/C_4F_8$,$SF_6/Ar$ |
| Ti | $CF_4/O_2$,$Cl_2/N_2$ |
| Ta,TaN | $Cl_2/O_2/Ar$,$CF_4/CHF_3/O_2/SF_6$ |
| Au | $Cl_2$,$Cl_2/Ar$ |
| Pt | $Cl_2/Ar$,$Cl_2/CF_4$ |
| ITO | $HI$,$C_3H_6O/O_2/Ar/HCl$,$CH_4/H_2$,$CH_4/Cl_2$,$HI/Ar/O_2$,$HCl/CH_4$ |
| polymide | $O_2/SF_6$,$CF_4/O_2$,$O_2$ |
| Cu | $Cl_2$,$SiCl_4/Cl_2/N_2/NH_3$,$SiCl_4/Ar/N_2$,$BCl_3/SiCl_4/N_2/Ar$,$BCl_3/$$N_2/Ar$ |
| $Ta_2O_5$ | $CF_4/H_2/O_2$ |
| PZT | $Cl_2/O_2/Ar$,$Cl_2/BCl_3/Ar$ |
| STO | 同用于 PZT 的气体 |
| BST | $SF_6/Cl_2$ |
| TiN | $CF_4/O_2/H_2/NH_3$,$C_2F_6/CO$,$CH_3F/CO_2$,$BCl_3/Cl_2/N_2$,$CF_4$ |
| WN | $HBr/(SF_6$ 或 $CF_4)$ |
| TaN | 与 Ta 用的气体相同 |
| SiOF(FSG) | $CF_4/C_4F_8/CO/Ar$ |
| 无机 SOG(HSQ) | $C_4H_8/Ar/O_2$,$CF_3/O_2$ |
| 有机 SOG (MSQ MHSQ) | $CHF_3/O_2$,$CH_3/O_2$,$WF_6/N_2/Ar$,$CHF_3/CH_4/Ar$,$C_2F_6/C_4F_8/O_2/Ar$,$C_4F_8/O_2/Ar$,$C_4F_8/N_2/Ar$ |
| Xerogel | 与有机 SOG 用的气体相同 |
| 非氟类芳香族树脂 (Flare™ SLLK™) | $CH_4/N_2/O_2$,$N_2/O_2$,$N_2/H_2$,$N_2/O_2/CH_4$$CH_4/N_2$,$NH_3$,$N_2/NH_3$ |

注：PZT：$Pb(Zr_xTi_{1-x})O_2$，STO：$SrTiO_3$，BST：$(Ba_xSr_{1-x})TiO_3$。

选择比、刻蚀速率和刻蚀气体流量基本上没有什么关系（见图11.14，仅由等离子体中产生的激发活性基团的密度决定）。刻蚀速率受压强的影响很大（如图11.15，压强上升时，激发活性基团密度随之增大），选择比在压强增大2倍时增加了近5倍，刻蚀速率在压强为5Pa以上就基本上不变了。这时的各向异性刻蚀特性在压强增加时反而开始减小。

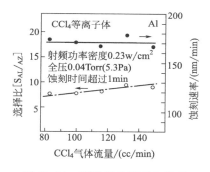

图 11.14　刻蚀气体流量与选择比及刻蚀速率的关系

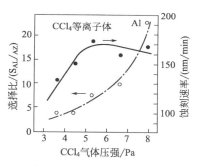

图 11.15　刻蚀压强与选择比和刻蚀速率的关系

（ii）离子辅助刻蚀

在刻蚀过程中，离子入射对反应的促进（称为**离子辅助刻蚀**）程度根据材料的不同而不同。图11.16是化学溅射率（例如，一个Cl离子入射时能有几个Si原子从表面离开，单位用atoms/ion表示，数值大则表示刻蚀速率大）和入射离子的能量和种类的关系。图（a）中对于Si，若$Cl^-$、$F^-$、$Br^-$的能量增加，溅射率也急剧增加[19]。于是，受到高能离子入射的部位刻蚀速率非常大，而只受到能量小的离子入射的部位（10eV以下）或者说只有活性基团覆盖的部位刻蚀的速率就很低。这种图11.11的模型是有实验数据支持的。另一方面，利用$Cl^-$对C、Si、Al、B等进行同样的实验，Al和B与能量基本上没有关系，C和Si则有很大的依赖关系[20]。就是说对Al要注意，必须要有对策防止后面所述的**残余腐蚀**（刻蚀结束后残留的卤素类物质还会继续腐蚀材料，Al的配线

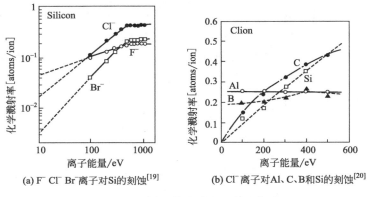

(a) $F^-$ $Cl^-$ $Br^-$ 离子对Si的刻蚀[19]        (b) $Cl^-$ 离子对Al、C、B和Si的刻蚀[20]

图 11.16  化学溅射率的离子能量依存性

会渐渐变细甚至断线）效应的问题。

（ⅲ）锥度刻蚀

图 11.17 表示只要调节**侧壁保护膜**的堆积速率（$R_d$）和刻蚀速率（$R_e$），就可控制孔（槽）的侧壁的锥度（$\theta$）。SP 是侧壁保护膜，它的堆积速率 $R_d$ 相对刻蚀速率 $R_s$ 增加时，侧壁的倾斜角度 $\theta$ 则减小。这个实验是使用平行平板型刻蚀方法做的，压强是 0.7～1.3Pa，气体是

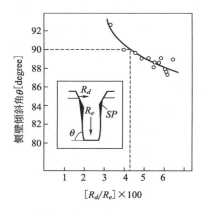

图 11.17  Si 的槽刻蚀 $R_d/R_e$ （侧壁保护膜的堆积速率/槽刻蚀速率）和侧壁倾斜角的关系。SP 是侧壁保护膜

CBrF$_3$。CBrF$_3$ 中的 C 转变组成有机聚合物在侧壁上生长（$\theta<90°$，称为**顺锥度**，$\theta>90°$，称为**倒锥度**）形成了锥度刻蚀。

（ⅳ）低温刻蚀[22]

图 11.18 表示基板温度从常温降到大约－120℃时，侧面刻蚀量的例子。用 SF$_6$ 刻蚀 Si 材料的场合，侧面刻蚀从－40℃时开始减少，到－90℃时降为 0，但 Si 的刻蚀速率在低温时没有降低，光刻胶和 SiO$_2$ 的刻蚀速率有所降低，就是说选择比升高了。这样的话，侧壁的基团反应由于被冻结而侧壁的刻蚀效应很小，但向下的刻蚀却能够顺利进行，于是没有必要形成聚合物保护侧壁，也就不会形成异物落下，也不会在基板上形成粒子。

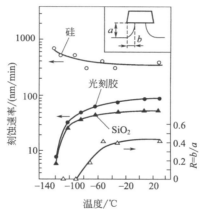

图 11.18　Si、光刻胶和 SiO$_2$ 的刻蚀速率和归一化后的侧面
刻蚀量 $R$ 的温度依存性（低温刻蚀）[22]

（ⅴ）高选择比刻蚀[23]

湿法刻蚀的速率取决于刻蚀剂配方和被刻蚀材料。例如，用氢氟酸能刻蚀 SiO$_2$ 而不能刻蚀 Si，这时选择比简直达到了无穷大。这种效果离子辅助刻蚀绝不能做到，也就是说降低离子的能量是有效的。但是，离子的能量过低的话，各向异性也降低，所以条件选择必须恰到好处。图 11.19 表示 SiO$_2$ 和 Si 用 C$_4$F$_8$ 刻蚀的例子。在离子的加速电压 $V_{max}$ 增大时，Si 和 SiO$_2$ 的刻蚀速率也增大（离子辅助刻蚀），然而选

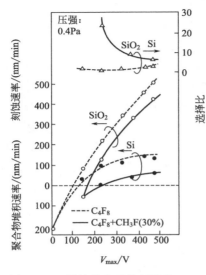

图 11.19　微波等离子体刻蚀的 $SiO_2$，$Si$ 的刻蚀速率和 $SiO_2/Si$ 选择比的最大加速电压 $V_{max}$ 的依存性

择比基本保证一致（虚线）。在这种情况下，增加 30% 的 $CH_3F$，由于生成了 HF，使 F 的活性基团减少，加上 CH 和 CF 系的聚合物在 Si 的表面堆积，结果是 Si 的刻蚀速率相对很低，使得选择比变大（实线）。这个实验是用 ECR 型做的，这样的 Si 氧化膜的刻蚀实验中，希望等离子体的形成和刻蚀的离子能量能够分别单独调节。

C 的存在能促进 $SiO_2$ 的刻蚀。这时候 $Si/SiO_2$ 的选择比降低。为此用不含 C 的 HBr，将管道、阀门和刻蚀室等刻蚀系统中的 C 彻底排除，可使选择比达到 300。因为光刻胶含有 C，要达到以上效果，掩膜最好用 $SiO_2$ 或 $Si_3N_4$。

如果要避免形成如图 11.1($B_3$) 所示的失败例子，必须提高**选择比**。但是提高选择比又会产生刻蚀速率降低等许多问题。要妥善解决这个矛盾，需要针对各种材料，费心设计采用多组分气体系列等很多方法来提高选择比。

（ⅵ）微波载入效果

对图 11.1 的 ($B_6$)～($B_8$) 这样的要求也有对策。图 11.20 是在厚 $1.6\mu m$ 的 PSG（含 P 的 $SiO_2$）打孔时的孔径效果。孔径

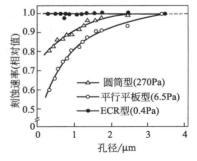

图 11.20　各种刻蚀方式下，微细孔刻蚀时刻蚀速率和孔径的依存性[23]

减小时，刻蚀速率依圆筒型、平行平板型的顺序降低，但 ECR 型的刻蚀的速率基本没有降低。这是因为 ECR 型工作气压低，孔的深处也有充分的离子的供给（离子飞行途中和其他气体分子的碰撞很少）的缘故。

### 11.3.4　Cu 和低介电材料（low K）的刻蚀

铜的耐电致徙动性比 Al 好许多倍（100 倍左右），电阻率比 Al 低约 $40\%$（$\rho_{Cu}=1.62\times10^{-8}\,\Omega m$，$\rho_{Al}=2.62\times10^{-8}\,\Omega m$，$\rho_{Cu}/\rho_{Al}=0.62$）。所以用它做布线材料可以改善布线引起的对信号的延迟。但是它有① 微细加工时刻蚀比较困难；②容易氧化和耐腐蚀性差，其氧化物机械性和化学稳定性都不如 Al 等缺点，特别是难以刻蚀问题[25]。改善信号延迟的对策的另一个重点问题是降低布线间用的绝缘物的介电常数（10.9 节）和它们的刻蚀问题。

铜的氯化物的蒸气压比铝的氯化物的低，要达到相同程度的刻蚀速率，需要高得多的温度。

通常的 RIE 型刻蚀时使用 $SiCl_4/Cl_2/N_2$[20：80：20(SCCM)] 系列的气体。在 280℃、2Pa 的条件下，能得到大约 100nm/min 的速率，可以进行 $0.35\mu m$ 程度线宽的刻蚀[26]。

磁控型刻蚀使用 $SiCl_4/Cl_2/N_2$[20：10：120(SCCM)] 系列的气体。在 300℃、2.6～10Pa 的条件下，能得到大约 150nm/min 的高刻蚀速率，能进行 $0.3\mu m$ 程度线宽的刻蚀[27]。在 TiN（$0.1\mu m$）/Cu（$0.4\mu m$）/TiN（$0.1\mu m$）做布线的情况下，与 Al-Si-Cu 相比，提高了大约 2 个数量级的耐电致徙动性能（图 5.17 的 EM 耐性）。

与其在高温下刻蚀，不如用红外线照射，在基板表面上进行。如在基板［TiN(50nm)/Cu（1000nm＝$1\mu m$）/TiN(50nm)/$SiO_2$(100nm)/Si］上有 300nm 的 $SiO_2$ 的掩膜，使用 $Cl_2$（2.6～23.5 SCCM）气，60℃、1.2～2.8Pa 的条件下，能获得 500nm/min 的高速刻蚀，能成功进行 $0.5\mu m$ 线宽的图形刻蚀[28]。参考各种参考

文献（Cu 的配线和 Al 的情况不同，用金属镶嵌法，13.8 节），低介电材料（low K，表 10.10）的刻蚀扩展了原来刻蚀的气体范畴，表 11.4 所列的为经过或多或少变化后的气体系列[29]。

## 11.4　大型基板的刻蚀

诸如等离子体和液晶显示装置等超过 1m 见方的大型基板的刻蚀，平行平板型比较具有优势 [图 11.9(a)]，因为这种形式比较容易在大面积上产生均匀的等离子体。但是电极间的距离由于基板的变大而必须增大到 10cm 到数十厘米，为了便于设定最优放电条件，电极间的距离必须是可调节的。

## 11.5　反应离子束刻蚀，溅射离子束刻蚀
### （离子束型刻蚀）

离子以束状（同一飞行方向的离子流）进行刻蚀的技术称为离子束刻蚀。如果用惰性气体产生离子，用溅射方法进行物理的刻蚀则称为**溅射离子束刻蚀**；其实对于离子来说，不管离子是化学活性的还是惰性的，只要在离子照射的地方有活性的气体存在，刻蚀过程就会有化学刻蚀伴随，这就被称为**反应离子束刻蚀**。

对于这种技术来说，产生离子束的方法和配套工艺（**软设备：刻蚀材料和使用气体的组合及刻蚀条件**）是关键。离子源的产生方式非常多，可以根据目的选用，可参照文献[31,32]，配套工艺可参考表 11.2 和表 11.4。

这个技术另一个要点是离子束的直径。现在最细离子束直径为 $0.04\mu m$，粗的有 $200mm$[32,33]。特别是直径为 $1\mu m$ 以下的高电流密度的离子束除了用于刻蚀外，也用于蒸镀、离子注入、图形刻画等，应用非常广泛。直径数十厘米的粗离子束可以用于硅晶片等的处理，具有很好的各向异性，有很好的前景。

### 11.5.1 极细离子束设备 (聚焦离子束：Focused Ion Beam，FIB)

这个领域最让人期待的是使用液体金属离子源[31]。这种离子源的基本构成如图 11.21 所示，由现端半径为数微米的针尖（或者是很细的管：毛细管）和使尖端能被熔融（液体）的金属所浸润的加热热源以及熔融金属滴三者构成。在这尖端上加负高压，就能产生细的离子束。产生离子的材料由金属液滴不断供给，能长时间使用。通过选择熔融金属的种类，能产生各种离子，若使用和电子显微镜一样的透镜，能产生如直径 40nm 这样的细离子束，被称为**聚焦离子束**（Focused Ion Beam：FIB）。详细的原理可以参考文献[31]。

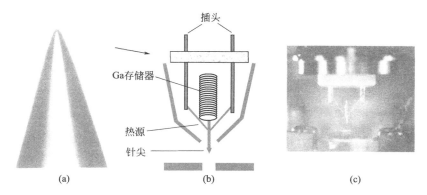

插头

Ga存储器

热源

针尖

(a)　　　　　(b)　　　　　(c)

图 11.21　用极细离子束来进行反应离子束刻蚀的例子。在氯气氛围下，
即使是金的离子束也能用来刻蚀[18]

[图 (a) 由 (株) 原制作所加藤隆男硕士提供；图 (b)，
图 (c) 由 SII NanoTechnology Inc. 提供]

作为离子源来刻蚀的尝试，如图 11.21(c) 所示，在氯气存在的条件下，用聚焦离子束照射样品，只有在照射的地方能被刻蚀。刻蚀速率在 $2\mu m/(s \cdot mA \cdot cm^2)$ 的程度。刻蚀的机理是由于离子的照射结晶被破坏，那里就形成了活性点，氯气本身也变成了高速离子因而被活化[18]。

不仅将离子束变成活性离子可用来进行刻蚀，即使使用惰性气体通过溅射方式也能进行刻蚀。通过离子束的扫描，可以不用掩膜来实现图形化，还能用于修理 IC 的掩膜（通过刻蚀去除短路部分，用离子束沉积来修补断线的地方等）[图 8.27(b)]。

## 11.6 微机械加工

如果能进行 $1\mu m$（1/1000mm）左右的超微细加工将能使很多的可能变为现实。

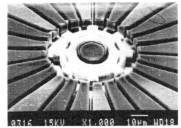

图 11.22 微米马达的试作例子
（NEC Electronics Corporation 提供）

现在实用化的最小的马达是在手表中使用的，尺寸为直径 1mm、长 2mm 左右。如果用超微细加工，能够制造出更小的马达来。图 11.22 的例子只有 0.2mm 见方，而且还有继续减小的可能。图 1.6 表示的微机械开发成熟时的一个设想例子，将微胶囊放入血管清除血栓的日子一定会到来。

从系统的角度来说，将来能如图 1.6 那样，设计出许许多多的微机械系统。在 Si 晶片上的用电子器件制造出神经和头脑，将 Si 的单晶（从机械的材料角度来说，单晶是相当优异的，即使是极细的棒也不能在结晶粒界上折断）的各种各样的功能结构制备在同一片晶片上，即将头脑和手足能在同一基板上一起制造出来。

但是从制造的角度来说，超微细加工与日常制造机械的世界大不相同。首先是由于尺寸非常小，惯性和热容量也非常小，就是说稍微有一点力就会动、会变形，而且温度马上就会上升。例如制作出极细的针再用水洗，针会被很小的水滴形成的表面张力作用所弯曲。干燥后，针的尖端和基板接触的部分会由于原子间的力而粘在一起。而且表面极端清洁的固体之间接触时，摩擦力非常大，同样的材料很容易就咬合在一起。带有摩擦部分的微机械一定要注意这个问题。

微机械的加工主要是用超微细加工，其他通过研究还积累了很多的窍门，而且很多的研究也正在继续进行，这里介绍其中的 2～3 种。

相对于超大规模集成电路来说，微机械的尺寸还算是很大的。所以湿法刻蚀用得比较多。制备 U 形沟和孔的时候经常用到如图 11.3(b) 的形式。

图 11.23(a) 是制备部件的例子，基板（金属）上贴上了厚的感光胶片，通过曝光制备圆筒形的孔，然后用电镀等方法在里面填埋入一层金属，最后取出圆筒状的部件。图 11.23(b) 是制作图 11.22 那样的微马达等的例子。（1）在基板上覆盖 $SiO_2$；（2）在其上再覆盖上多晶硅；（3）制备设定形状的可移动部分；（4）在周围全部包上 $SiO_2$；（5）加上作为外部支撑体的多晶硅；（6）最后将 $SiO_2$ 溶去（像这样被溶解去除的层称为**牺牲层**），中心的活动部分浮起，微电机制造完成。

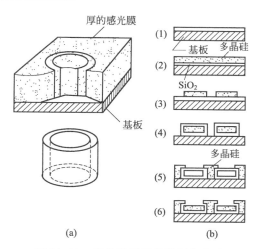

图 11.23　微机械用元件的制作方法

图 11.24 是记忆合金薄膜化的例子。材料是记忆合金之一的 TiN。图示的左侧是常温，右侧是微弱电流流过，温度上升后变形的例子。随着电流的 on-off 变化，就会左右运动，和马达一样能作为驱动源[35]。

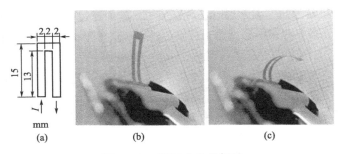

图 11.24　记忆合金的例子

将（a）这样的由磁控溅射制作的记忆合金膜（TiN 5～6μm）用（b）这样的夹具

固定，通过电流供给 0.2W 的功率，弯曲成为（c）这样的记忆形状

（山口东京理科大学基础工学部教授栗林胜俊博士提供）

Si 的高速刻蚀的研究也获得了不断的进展。图 11.25(a) 是一个将等离子体封闭起来的很早以前就开始使用的经改造过的翻斗形薄膜制备装置[36]，能实现如图（b）中的 60μm/min 的高速的干法刻蚀。希望能更进一步发展达到 0.1mm/min 的高速刻蚀。同图（b）是刻蚀的例子，详细请参考参考文献[38]。

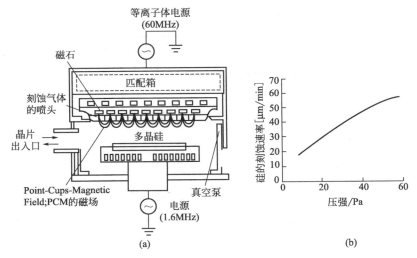

图 11.25(a)　PCM 刻蚀装置 [Canon-Anelva（株）提供]；

（b）Si 刻蚀速率与压强关系

# 11.7  刻蚀用等离子体源的开发

## 11.7.1  等离子体源

用于刻蚀的等离子源需要具备如下的要点：

（1）流入基板的带电体要大口径面积、高密度且分布均匀；

（2）带电体所带的能量要适度（实际上来看，0 是不可能的，但要尽量低，约几个 eV）；

（3）能在较低气压下工作；

（4）构造简洁，无尘埃产生。

RIE 自从产生以来已经过了 30 年，可以使用的方式已有如图 11.9 所示的以 2 极平行平板型为主的 5 种类型。由于时代的要求（主要是大规模集成电路），相继出现了很多新的等离子源。其中图 11.9(d) 的感应等离子体型经过改进在许多场合被实际应用。归纳起来如图 11.26 所示[39]。基本考虑就是：将电磁波发射进真空容器内、产生高密度的等离子体（同时产生低能量的离子），在这个等离子体附近设置可以施加高频电磁波的样品台，导入反应气体进行刻蚀。

ICP（Inductively Coupled Plasma 感应偶合等离子体）刻蚀就是通过在电介质腔体外安置的高频线圈的电磁感应（如果把内部的等离子体看作电阻的话，就是高频加热）在腔的内部产生等离子体[40]。**螺旋波（Helicon 波）刻蚀装置**是利用特殊的天线，发射高频功率进石英圆盖罩内产生等离子体[40]。**TCP**（Torocoidal Coupled Plasma）**刻蚀**是在平坦的感应（介质）盘外放置螺线状的线圈，在真空装置内电磁感应产生等离子体[41]。**SWP**（Surface Wave Plasma，表面波耦合等离子体）**刻蚀**是在导波管内部设置的电介质线路上产生微波的表面波，导入到真空容器中产生等离子体[42]。**NLD**（Neutral Loop Discharge，中性环路放电）是三个线圈的中央线圈电流和其他的线圈中的流动方向相反，形成磁中性环路，在这

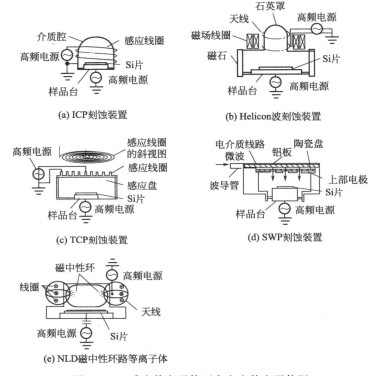

(a) ICP刻蚀装置

(b) Helicon波刻蚀装置

(c) TCP刻蚀装置

(d) SWP刻蚀装置

(e) NLD磁中性环路等离子体

图 11.26    感应等离子体型高密度等离子体源

个环路附近加上高频电场，就会在环路中心产生等离子体[43]。

在作了这样一系列改进的基础上制造了实用的装置[44]。有些开发的装置还特地在等离子体内部安有测量探针[29,45]。如图 11.9(c)所示的**磁控型**也有许多的改良型装置被实际应用。图 11.27(a)是将图 11.9(c) 经过磁场改进而成的，它能在晶片的表面产生均匀的磁场。图 （b）是将环状的磁铁如图所示那样磁化，已用于 Cu 的刻蚀[27]。图 （c）是很多的角柱状的磁铁依实线箭头的方向磁化，能在晶片表面形成平行且均一的磁场的装置，称为二极环磁铁 （DRM：Dipole-Ring Magnet） 型[45]。这种形式另外还可以依虚线箭头 （主要是不让等离子体进入腔壁） 方向磁化的方

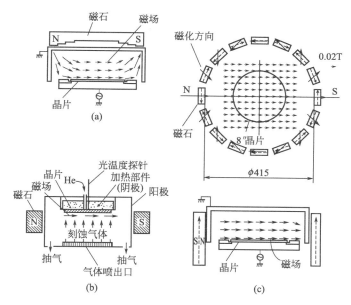

图 11.27　磁控等离子体源

法，纯粹的向心磁化方法［图（c）上图，在 N 字附近按箭头方向磁化，在 S 字附近的箭头方向相反］以及纸面的上下方向［图（c）下图的虚线方向］磁化等有很多的方法。还有就是，如图（c）上图那样的磁极配置，利用电磁铁的定子产生的磁场，在晶片表面产生旋转磁场等有很多方法。

### 11.7.2　高密度等离子体（HDP）刻蚀[46]

利用上述装置，若再灵活运用比传统的等离子体密度高约两个数量级的**高密度等离子体 HDP**（High-density plasma，$10^{11} \sim 10^{13}/$ mL³），就能够在低压强下进行刻蚀和气相生长（第 10 章）。

在实际应用中，使用表 11.4 中的刻蚀气体或再巧妙地添加某些其他微量的气体等，同时开发了相应的刻蚀工艺。在刻蚀的时候，对基团的监测也很重要。另一个重点是为了和生产线整合，刻蚀的速率要达到 1 枚/分钟左右的高速。越来越高的长径比和微细

**表 11.5 发生等离子体的电磁波的激发频率**

| 磁场 | 等离子体源的种类 | 等离子体源的名称 | 激发频率 | | | | | | | | | |
|---|---|---|---|---|---|---|---|---|---|---|---|---|
| | | | HF 或 RF (MHz) | | VHF(MHz) | | | UHF(GHz) | | | SHF (GHz) |
| | | | 13.56 | 27 | 40 | 60 | 100 | 0.5 | 0.915 | 2.45 | 9 |
| 无磁场 | 狭电极平行平板等离子体 | Narrow Gap Plasma | ○ | ○ | ○ | ○ | ○ | | | | |
| | 感应耦合等离子体 | ICP:Inductively Coupled Plasma | ○ | ○ | ○ | ○ | ○ | | | | |
| | UHF等离子体 | Ultra High Frequency Plasma | | | | | | ○ | ○ | ○ | |
| | 表面波耦合等离子体 | SWP:Surface Wave Plasma | | | | | ○ | ○ | ○ | ○ | ○ |
| 有磁场 | 电子回旋共振等离子体 | ECR: Electron Cyclotron Resonance | | | | | | ○ | ○ | ○ | |
| | 螺旋波激发等离子体 | HWP:Helicon Wave Plasma | ○ | | | | | | | | |
| | 磁控等离子体 | Magnetron Plasma | ○ | | ○ | | | | | | |
| | NLD:磁中性环路等离子体 | NLD:neutral Loop Discharge | ○ | | | | | | | | |

的尺寸（0.1μm 以下的水平）要求具有优异的刻蚀各向异性；为实现多种形状同时刻蚀，要求刻蚀无需微波载入；而且还要求衬底的高选择性和低损伤性；这些都对刻蚀技术提出了越来越高的要求。为了实现以上目标，扩展了原来仅有的 13.56MHz 和 2.45GHz 左右的等离子体激发频率的范围。如表 11.5 所示，随着频率变化，等离子体中的电子的能量和密度也发生变化，当然离子和基团也发生变化。这些措施对提高刻蚀和薄膜的性能起到了很好的效果。HDP 不仅用于刻蚀也常用于等离子体 CVD 等领域。

## 参 考 文 献

1) 阿部：応用物理, **51**（1982）348
2) 神山ら編：薄膜ハンドブック，1 編 5 章（1983）292，オーム社
3) 電子通信学会：LSI ハンドブック，4 編 2 章（1984）263，オーム社
4) 阿部，西岡：応用物理, **44**（1975）881
　　阿部：日経エレクトロニクス，（1975, 2, 24）92
5) 辻，立田：IONICS, No. 3（1976）23
6) 阿部：第 1 回ドライプロセスシンポジウム予稿集（電気学会，1979）59
7) H. Abe and H. Hakata : Extended Abstracts of Electrochem. Soc. No. 86（1980）30
8) N. Hosokawa, R. Matsuzaki & T. Asamaki : Proc. 6 th Intern. Vac. Cong., Japan. J. Appl. Phys., **13**（1974）Suppl. 2, Pt. 1, p. 435
9) 塚田，鵜飼：真空, **23**（1980）415
10) 野尻（吉見監修）：0.3μm プロセス技術（1991）163，トリケップス
11) S. Matuo & Y. Adachi : Japan. J. Appl. Phys. **21**（1982）L 4
12) K. Suzuki, et al : Jpn, J. Appl. Phys. **16**（1977）1979
13) S. Samukawa, M. Sasaki and Y. Suzuki : J. Vac. Sci. Technol. B **8**(5)（1990）1062
14) Y. Horiike et al : Japan. J. Appl. Phys. **20**（1981）L 817
15) 塚田：エッチング装置最前線（1992）51，28 回 VLSI FORUM，プレスジャーナル
16) 堀池：同上（1992）61
17) V. M. Donnelly and D. L. Flamm : Solid State Tech. April（1981）161
　　西村，塚田，三戸：真空, **25**（1982）624
18) S. Namba : Proc. Intern. Ion. Eng. Cong. **3**（1983）1533
19) S. Tachi and S. Okudaira : J. Vac. Sci. Technol., B **4**（2）（1986）459
　　S. Tachi, et al : J. Vac. Sci. Technol. A **9**（1991）796
20) S. Tachi : Proc. of Symp. on Dry Process（1983）8
21) K. Hirobe, K. Kawamura and K. Nojiri : J. Vac. Sci. Technol. B **5**（2）（1987）594

22) S. Tachi, K. Tsujimoto and S. Okudaira : Appl. Phys. Lett, **52** （8）（1988）616

   K. Tsujimoto, S. Okudaira, and S.Tachi : Jpn. J. Appl. Phys. **30** （1991）3319

   S. Tachi, et al : J. Vac. Sci. Technol. **A 9** （1991）796

   田地：応用物理, **59** （1990）1428

23) K. Nojiri, E. Iguchi, K. Kawamura, K. Kadota : Extended Abstracts of the 21 st Coference on Solid State Devices and Materials （1989）153

   K. Nojiri & E. Iguchi : J. Vac. Sci. Technol. **B13** （4）（1995）1451

24) M. Nakamura, K. Iizuka and H. Yano : Jpn. J. Appl. Phys. **28** （1989）2142

25) 粟屋，大野，有田：応用物理, **64** （1995）554

   有田，粟屋，大野，佐藤, 61 （1992）1156

26) K. Ohno, M. Sato & Y. Arita : Ext. Abstr. SSDM （1990）p 215

27) Y. Igarashi, T. Yamonobe & T. Ito : Ext. Abstr. SSDM （1995）p 94

   五十嵐，山野，伊藤：沖電気研究開発, 166 号 （1995.4）p 94

28) Y. Ohshita & N. Hosoi : Thin Solid Films 262 （1995）67

29) 第 22 回ドライプロセスシンポジューム （電気学会主催：2000.11.9〜10）

   SESSION Ⅳ 中关于 low K 的刻蚀报告 7 个. 又 SESSION Ⅰ および Ⅱ 中也有关于刻蚀的论文 10 个. 另外，Semicon. World （プレスジャーナル）1999. 10 月号, 50 頁也是特辑.

30) 菅田編集："電子・イオンビームハンドブック"（1986）175, 日刊工業新聞社

31) 例えば，応用物理 51 （1982）2 号および 9 号に，真空 26 （1983）2 号に，另外，Proc, Intern. Ion Eng. Cong. （1983）の 325〜372, 1091, 1533〜1578 頁有很多的论文.

   古室：真空, 25 （1982）349

   下面的论文中也有关于等离子体来刻蚀的其他装置的结果报告.

   E. G. Spencer & P. H. Spencer : J. Vac. Sci. Technol., 8 （1972）S 52

   谷口，金釜，近藤，松本，渡辺：精密機械, 39 （1973）753

   杉淵，山内，黒木，花沢，麻蒔：日経エレクトロニクス，（1976.8.23）92

32) 八坂，皆藤，足立：1992 年版超 LSI 製造・試験装置 （1991）87, 工業調査会

33) ECR 相关的论文

   S. Matsuo & Y. Adachi : Jpn. J. Appl. Phys. **21** （1982）L 4

   T. Ono, Y. Adachi & S. Matsuo : Proc.Intern. Eng. Cong. Kyoto **2** （1983）753

   S. Matsuo : ibid 1597

   Nikkei Microdevices, 1995 年春号特別編集版 （1985）93

34) 江刺：応用物理, **60** （1991）227

   K. Suzuki & H. Tanigawa : "Single Crystal Silicon Rotalional Micromotors" IEE-Workshop on micro–Electro–Mechanical Systems, Nara, japan, pp. 15〜20, 1991

35) 吉竹ら：第 33 回真空に関する連合講演会講演予稿集 （1992）157

36) R. Limpaecher & K. R. Mackenzie : Rev. Sci. Instr. **44** （1973）726

37)　松崎, 真下, 関口, 塚田：アネルバ技報 **10**（2004）20
　　飯塚, 佐藤：電気学会論文誌　118-A（1998）971
　　S. Iizuka et al：Jpn. J. Appl Phys., **36**（1997）4551
　　堀内ら：第 15 回プラズマプロセシング研究会プロシーディングス（1998）54
　　Y. Li. S. Iizuka & N. Sato：Appl. Phys. Lett. 65（1994）28
38)　応用物理, **71**（2002）8 号は NEMS・MEMS の特集
39)　遠藤：第 4 回半導体プロセスシンポジウム, プレスジャーナル, 第 1 分冊
　　（1995）p 21. 応用物理, **70**（2001）4 号にプラズ技術の特集, 藤山：応用物
　　理, **70**（2001）572
　　N. Suzuki et al：Jpn. J. Appl Phys., **41**（2002）3930
40)　菅井：応用物理, **63**（1994）559
41)　J. Hopwood, et al：J. Vac. Sci. Technol. **A 11**（1993）147
42)　Y. Okamoto：J. Anal.At. Spectrom. **9**（1994）745
　　K. Komachi：J. Vac. Sci. Technol. **A 12**（1994）769
43)　陳, 林, 伊藤, 坪井, 内田：プラズマ・核融合学会誌　**74**（1998）258
44)　在応用物理中有以下论文
　　堀・後藤：**68**（1999）1252, 寒川：**66**（1997）550, 橋本：**66**（1997）1176,
　　板谷：**64**（1995）526, 真壁：**64**（1995）547, 菅井：**64**（1995）559
45)　M. Sekine et al：Jpn. J. Appl. Phys. **34**（1995）6274
46)　関根：応用物理 70（2001）387, 菅井：同（2001）398, 堀・後藤：同 68（1999）
　　1252, 寒川：同（2001）433

# 第 12 章 精密电镀[1]

在把纯度视为至高无上的半导体集成电路行业内，人们一直担心氧化·氮化等使薄膜变质，在很长时期内，对于使用在水溶液中制作的"电镀膜"是不敢想象的，其实，印刷线路板、磁盘等从很早就已经开始使用了。直到 1997 年 9 月，传来了"IBM 公司将铜电镀应用于 IC 的铜布线"的爆炸性新闻，而且对于至今为止费神费力的高纵横比的超微细孔也有非常良好的嵌埋性。

## 12.1 电镀

**表 12.1 电镀的种类**

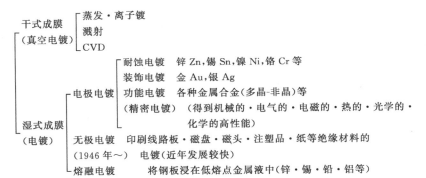

电镀技术可按表 12.1 进行分类，对于到上一章为止所描述的蒸发等按照电镀的观点来看，可以称为干式电镀。

图 12.1 是以**铜电镀**为例的电极电镀原理图。在电镀液中［根据需要的电镀选择适当的材料，其中添加剂也是重要的技术关键。使用含有需要电镀材料的化合物（Cu）与 CVD 相似］加入电极，通入电流后，阳离子 $Cu^{2+}$ 流向负极（**阴极**）形成电镀。负离子（$SO_4^{2-}$ 或 $OH^-$）则流入阳

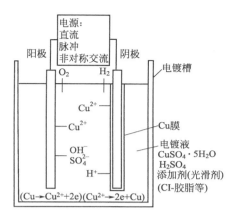

图 12.1  铜电镀

**极**并将阳极的 Cu 溶解。电源除了使用直流以外，也使用脉冲、非对称交流等，这种方法自很久以前就开始广泛使用。近年来，电镀在各种金属合金（多晶～非晶）的功能薄膜领域也得到了发展和壮大。

**无极电镀**是自 1946 年前后开始的技术，由于在绝缘体上也可以电镀，因此发展很快。从所有电器产品都必须使用的印刷线路板开始、磁盘、读取磁头到镀成金属外观的塑料成型品，应用非常广泛。该技术通过与各种技术的结合衍生出了众多的新兴知识，并得到不断的发展。详细请参照参考文献[2]。

**熔融电镀**是如同镀锡薄板或镀锌薄板一样，将钢板在高温熔化的锡中通过电镀。尽管称为湿式电镀也许有些牵强，这种方法的应用还是非常广泛的。

如上所述，电镀在众多领域都被使用，并成为高科技领域的一门骨干技术。下面将对在超微细加工领域中使用的电镀，特别是精密电镀（功能电镀）重点加以叙述。

## 12.2  电镀膜的生长[3~5]

如图 12.1 所示，在电镀液中除了 Cu 膜的原料 $CuSO_4$ 以外，还有水、硫酸、添加剂等大量物质存在，很难想象能电镀出高纯度的 Cu 膜。

至少会认为在半导体等要求有高可靠性的集成电路中难以使用（但是，考察 CVD 等，其实基板周围也有很多例如输送气体等存在）。

　　如果对析出铜的电极前面的原子级别厚度范围进行仔细研究，则观点就会发生改变。如图 12.2 所示，在电镀液中，离子同水分子形成水金属离子团，它随扩散·泳动·对流·搅拌·电场而产生向电极附近的移动。达到赫姆霍尔兹偶极层后则因处在强电场而达到高速，于是与水分子产生分离，只留下 $Cu^{2+}$，在强电场的加速途中从阴极获得电子变为中性并撞入电镀面。撞入的 Cu 原子利用其所具有的能量在电镀面上运动，与其他原子形成原子对，再长大成核并最后生成薄膜。其过程与 5.2.1 中图 5.3 的核生长情况大致相同。图 12.3 为在钢板上镀金时其成长的各阶段照片[6]，图（a）为 1s、图（b）为 4s、图（c）为 7s、图（d）为 30s。与图 5.4 相比较就会发现非常相似（为什么液体中和真空中会有同样的膜生长？为什么在水中没有被立即氧化？对于曾有过因真空不良发生被水分氧化的苦恼经历的作者也一度很难理解❶）。

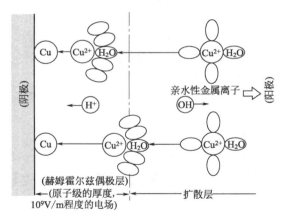

图 12.2　电镀膜析出，阴极附近的状况

---

　　❶　高纯度铜就是用电解法制备的（电解铜），它就是用的与电镀相同的硫酸铜。这样就能理解为什么电镀能获得高纯铜薄膜了。

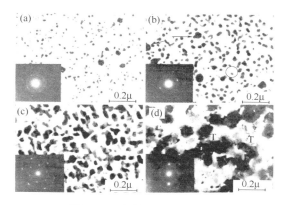

图 12.3    电镀膜的核生长[6]

对于图 12.2，在电镀面（阴极）附近，非常薄的赫姆霍尔兹偶极层（0.2～0.3nm 左右[5]）中加有数伏的电压，将形成 $10^9$ V/m 的非常强的电场。对于该强电场，电镀液中的阳离子（图中 $Cu^{2+}$、$H^+$）被向阴极方向高速加速；而负离子（$SO_4^{2-}$、$OH^-$）则向反方向被加速，被从电镀面的前面区间排除了出去，因此在电镀面附近没有氧化性的离子，仅仅是一个还原性非常强的空间，在这个空间中铜离子变成铜，并在电镀面上析出（在不良的真空中，蒸发面上存在与其真空度相应的 OH，所以膜会被氧化。与之差别很大，可参考表 4.2）。

## 12.3    用于制作电子元器件方面的若干方法[1]

使用电镀制作电子器件（读取磁头、IC 等）对尺寸精度、膜厚分布均匀性、薄膜的高纯度都有很高的要求，为之采取了各种对策，这里略举 2～3 例。

（ⅰ）框架电镀法

制作如图 12.4(a) 所示的微细角棒形状的布线或读取磁头的线圈时，用普通的电镀则会在箭头指示的棱角处产生电流集中并凸起。它不仅能使尺寸偏离，在合金薄膜时更会使其金相组织发生紊乱。因此，预先如图 (b) 那样用光刻胶制作出框架，再实行电镀

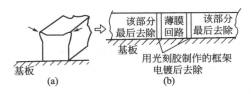

图 12.4 框架电镀法

则不会产生过度的电流集中［例如，坡莫合金等磁性膜对电镀的条件非常敏感，用这种方法可以得到均匀的金相组织和准确的尺寸精度］，电镀结束后只对薄膜的回路部分用光刻胶覆盖，其他部分实施刻蚀则可制作成所需要的回路。

（ⅱ）桨搅拌电镀法

装置的概略如图 12.5 所示。该方法为将与纸面垂直放置的被称为桨的棒以磁铁或线圈产生的磁场使其平行移动或旋转，使电镀液的表面附近产生强烈搅拌的方法。这样会发生以下效果：①抑制由于电镀表面产生氢而引起超微细图形附近的 pH 的变化；②可以去除附着的氢的气泡；③可以提高反应核等的扩散效率。由此，可以防止电镀如坡莫合金那样的合金时受 pH 的变动而使组织结构发生变化，可以用它制备获得具有优异功能的薄膜。

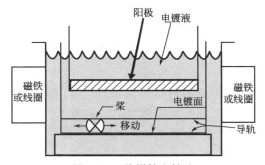

图 12.5 桨搅拌电镀法

（ⅲ）脉冲电镀法

电镀时（如图 12.1）一般都使用直流电源，也有使用脉冲电源（矩形波、三角形波、交流、及其对称和非对称等多种电源）的方法[7,8]。脉冲通电时的电流比较大，因此基板前面的电场强度也很大。脉冲电镀的特点是：①结晶颗粒较小对使表面平滑化有效；②容易得到空洞或开裂较少的膜；③对于容易生成针状或树枝状结晶的金属（锡、银、锌等），可以实现平滑的电镀；④针孔较少；⑤能有效防止"氢脆"。充分、巧妙地利用上述特点，在贵金属、合金、非晶质及一些新材料的电镀方面经常采用这种方法。

## 12.4 用于高技术的铜电镀[1,9,10]

铜电镀很早就被用于印刷线路板的制作，由于将它用于微细孔有良好的嵌埋特性，现在对 ULSI 用布线和一些其他高技术领域也成了不可缺少的技术。这里以添加剂的效果为中心对嵌埋特性等加以描述[9,10]。

逢坂等以表 12.2 所列组分的电镀液进行铜电镀，研究了 $Cl^-$ 和骨胶添加的效果。图 12.6 为厚度 $0.35\mu m$ 的铜的截面，可以看出图（a）为无添加：表面光滑［参照图 12.7(a)］，内部构造微细；图（b）为添加 $Cl^-$ 和胶：表面粒子大［参照图 12.7(b)］，内部柱状组织发达；图（c）为只添加胶：表面光滑，柱状组织未发达；图（d）为只添加 $Cl^-$：柱状组织发达。由此可判断出，$Cl^-$ 的添加可以促进柱状组织发达；比较图（b）和图（d）可得知，胶和 $Cl^-$ 的

(a) 无添加剂　　(b) Cl 50ppm 胶脂 2ppm　　(c) 胶脂 2ppm　　(d) Cl 50ppm

图 12.6　铜电镀膜（$35\mu m$）的截面 SEM[1]

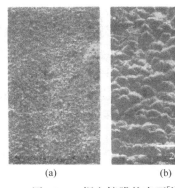

(a)　　　　　(b)

图 12.7　铜电镀膜的表面[1]

(a) 无添加剂；(b) 添加 Cl⁻ 和胶脂

复合作用可以进一步促进柱状组织更加发达，因此电镀时很少的**添加剂**就能导致很大的组织变化。至于使用何种添加剂，多以电镀液生产厂的经验为主。超 LSI 布线用的电镀液的示例如表 12.3 所示。磁性材料 CoNiFe 电镀的添加剂使用糖精钠和硫代尿素，图 12.8 为该添加剂的吸附状态的图像。图 (a) 使用糖精钠时，表面有单分子吸附；图 (b) 使用硫代尿素时是重叠的化学吸附。从该示例看出，添加剂不同，则吸附状态也不同。

**表 12.2　铜电镀液的组成和电镀条件**

| 成分 | 组成 |
|------|------|
| $CuSO_4 \cdot 5H_2O$ | $1.5 mol/dm^{-3}$ |
| $H_2SO_4$ | $1.0 mol/dm^{-3}$ |
| Cl⁻ | 50ppm |
| 骨胶 | 2ppm |
| 温度 | 60℃ |
| 电流密度 | $1 A/dm^2$ |
| 流速 | 2m/sec |

**表 12.3　电镀液的示例**

| 成分 | 组成 | 作用 |
|------|------|------|
| $Cu_2 \cdot 5H_2O$ | $0.24 mol/dm^3$ | |
| $H_2SO_4$ | $1.8 mol/dm^3$ | |
| Cl⁻ | 50mg/L | 粒子的粗大化 |
| PEG | 300mg/L | 粒子的均一化 |
| SPS | 1mg/L | 光泽剂 |
| JGB | 1mg/L | 平滑剂 |

PEG：Polyethlene glycol，SPS：bis-(3-sulfopropyl)-disulfide；JGB：Janus Green B

图 12.9 为嵌埋超微细孔时它们的作用模式。没有添加剂时，电流沿着虚线向边缘部分集中，这部分的电镀膜比较多，其结果与溅射或蒸发同样出现超微细孔内部存在不能成膜的部位（空隙）。而使用了添加剂后，则在虚折线所示的电流容易集中之处，因初期电流使添加剂、特别是界面活性剂优先附着，电流就变成如实线所示，这样电镀膜就从超微细孔内部，特别是底部开始生长（称为**底部提升**），图 12.10 为其示意图。该方法与第 13 章介绍的嵌刻（Damascene，大马士革法）法和双重嵌刻（Dual-Damascene）法成为布线应用中非常热门的技术。

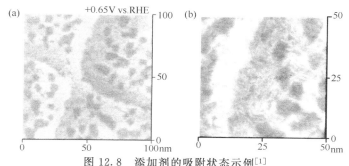

图 12.8 添加剂的吸附状态示例[1]

Au(111) 基板上吸附分子的 STM 图像（0.05MHClO₄aq. 中）；

（a）糖精纳；（b）硫代尿素

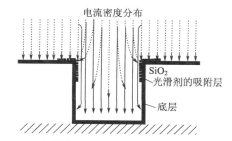

图 12.9 超微细孔附近电流的流动方式（模式图）

图 12.10 铜电镀膜系统的示例

## 12.5 实用的电镀装置示例

图 12.11 为铜电镀槽的示例，将通过过滤器滤除粒子的电镀液以箭头方向高速流动，这样会同时兼有桨搅拌的效果。为了防止粒子附着基板面朝下放置，并采用自转保证薄膜均匀。装置示意如图 12.12 所示，通常设置多个电镀槽，提高生产产能。基板的传送使用机械手实行[11]，图 12.13 为实际装置照片。

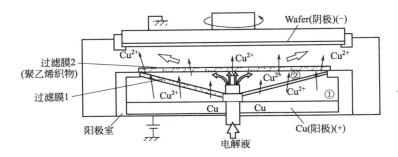

**图 12.11 铜电镀槽的示意图 (Nevallus Systems Japan GK 提供)**

[阳极容器①内的硫酸铜溶液中的 $Cu^{2+}$ 通过过滤膜 1，在容器②内与电
镀液以适当的浓度均匀分散，再通过过滤膜 2（扩散体）导引到晶
片面附近。这样可以进行均匀铜膜电镀或超微细孔的嵌埋。]

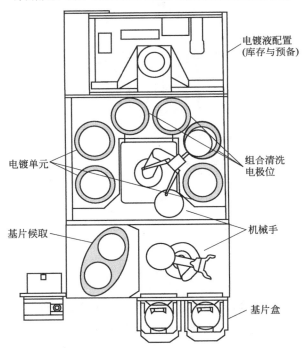

**图 12.12 铜电镀装置示意图**
（从片盒取出的晶片送到候取位置，提起后在电镀槽中电
镀、组合清洗等后处理后回到片盒，完成工序）

图 12.13　电镀装置实例

（Novellus Systems Japan GK 提供）

## 参 考 文 献

1)　逢坂・高野：応用物理　**68**（1999）1237
2)　逢坂ら編：日本化学会"めっきとハイテク"（1992）大日本図書．表面技術便覧（1998）表面技術協会編，日刊工業新聞社
3)　渡辺：日本表面科学会　第 3 回薄膜基礎講座（2000.11.21〜22）p 119
4)　渡辺：表面技術便覧（1998）186 頁，表面技術協会編，日刊工業新聞社
5)　山下：同上 p 177
6)　釜崎・田辺：金属表面技術　**25**（1974）476
7)　羽木：福井工業大学研究紀要　第 24 号（1994）p 77
8)　金属表面技術　**39**（1988，4 号）p 148 脉冲电镀专辑．
9)　T. Osaka et al：J. Electrochem. Soc. **146**（1999）3295
10)　逢坂・榊原・田村・本間・沖中：回路実装学会誌 **11**（1996）494
11)　松下：Semiconducter World,（1998.1）p 58, プレスジャーナル

# 第 13 章　平坦化技术

从 LSI 的断面结构看，布线像在深的谷底里从左到右爬行一般。LSI 不仅限于此，随着微细化和高密度化的发展，这种倾向会更趋深化。使用薄膜作为布线的时候，从可靠性的立场来讲，要尽量避免这种高低上下的情况，让布线在平坦的状况下顺利穿行。作为尽量保持平坦、不产生表面的凹凸和台阶的平坦化超细微加工技术，根据各种加工工艺的要求进行了大量的开发[1,2]。除迄今为止所说的物理的、化学的薄膜技术以外，某工艺告一段落后使用化学机械研磨平坦化技术（CMP：Chemical Mechanical Polishing）获得了长足的进步，现在已经成为一门平坦化的不可或缺的技术。

## 13.1　平坦化技术的必要性

先从坏的例子看起。图 13.1 是在 Si 晶片上挖一个洞，基板不进行加热就进行 Al 和 TiN 溅射镀膜的例子。图（a）的开口部直径

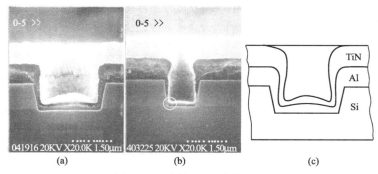

图 13.1　溅射 Al 对孔的嵌埋

（a）是 2.2μm 幅长径比 0.4μm 的场合；（b）是 1.1μm 长径比 0.8μm
的场合；（c）是（a）的示意图 [Canon-Anelva（株）提供]

是 2.2μm，深 0.9μm（长径比 0.9/2.2＝0.4）的场合问题并不大，但是图（b）的入口径是 1.1μm，深 0.9μm，长径比为 0.8 的场合，○记号的地方回路基本上是断开的状态，这时这样的工艺就完全无法使用了❶。现在已是长径比 4～10 的时代，必须使用新的技术。

在半导体 IC 高密度化的时候，在缩小横方向的尺寸的同时，如能按同样的比率减小厚度，也许问题会少一些。但是，由于种种原因❷，基本上很难再减小厚度的尺寸。图 13.2 示意性地表示了如果那样做会发生什么样的情况。这是 Si 的扩散层和外部连接时的连接孔的例子。首先图（a）基本上没有问题；图（b）是厚度不变，孔的横向变为原来的 1/2 的情况；图（c）是再缩小 1/2 的情况。图（b）的情况和图 13.1(b) 一样，在○记号的地方回路基本上呈断线状态。变到图（c）后干脆就什么都没有了。与之对应，只有像图（d）这样才是接近理想的平坦状态的铝的布线。随着高密度化、超微细化技术的进步，图（d）这种技术就会变得越来越必要了。关于微细孔和微细沟（槽）的内部镀上薄膜或者嵌埋的技术，各章里都尽量进行了讲述。这里就先进行总结然后再讲述其发展。

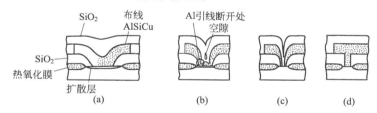

图 13.2　铝合金布线的接触部断面和它的尺寸缩小时
（a）的铝合金和扩散层的连接尺寸在（b）是（a）的 1/2，(c) 是（b）的 1/2
的场合下，(b) 要担心的是○部的铝引线的断线、由于空隙的存在会产生的
可靠性问题，像（c）这样再缩小为 1/2 的话就更有问题，只有（d）
这样才会是人们乐见的，而且便于在这上面建更多的回路

---

❶　本例是溅射时没有对基板加热条件下发生的，如果对基板充分加热，情况会稍好一些。

❷　为了保证绝缘膜的一定的耐压性必须要有一定的厚度；引线的电流密度不能超过某一值（参阅 5.7），引线不能太薄。

## 13.2 平坦化技术概要

平坦化技术正处于日新月异的状态，高密度化的每一代的进步都伴随着产生了很多的新技术。图 13.3 就是它们的概要。

| 分类 | 方式（薄膜制备的方式） | | 形成的方式（工艺的概要） | 特征和问题等 |
|---|---|---|---|---|
| 不产生凹凸的薄膜生长 | 1 | 选择生长（CVD） | 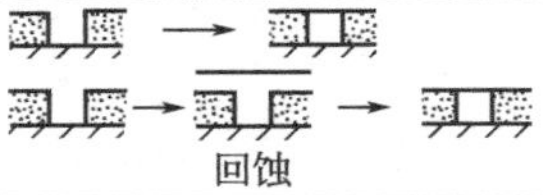 （示意图）回蚀 | 简单，深度不同平坦性有差异 简单，需要深蚀刻(9) |
| | 2 | 回填（溅射） | 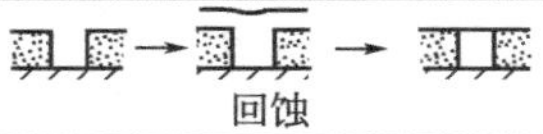 （示意图）回蚀 | 使用传统装置，膜质量和可靠性评估 |
| | 3 | 氧化物的嵌埋 | 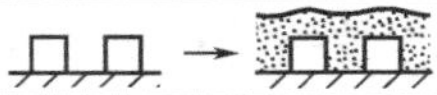 （示意图） | 良好的平坦性 |
| 边加工边防止凹凸的薄膜生长 | 4 | 偏压溅射 | 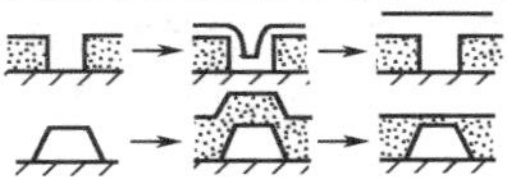 （示意图） | 使用传统装置，膜质量和损伤 |
| | 5 | 剥离法 | 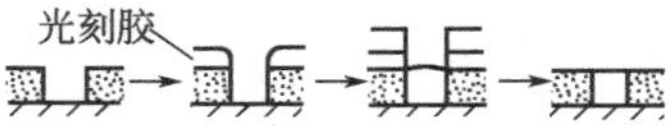 光刻胶（示意图） | 和传统装置组合，工艺复杂 |
| 后加工 | 6 | 涂料 | 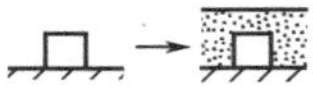 （示意图） | 简单 |
| | 7 | 激光平坦化 |  激光（示意图） | 比较简单 控制性和再现性 |
| | 8 | 回填 |  （示意图） | 简单 |
| | 9 | 回蚀 | 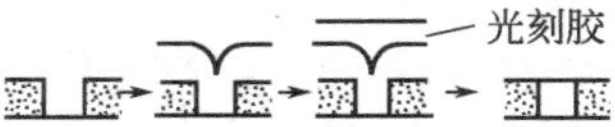 光刻胶（示意图） | 和传统技术组合 |
| | 10 | 阳极氧化离子注入 | 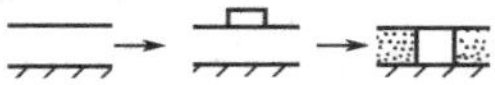 （示意图） | 简单，不需开孔 氧化膜的膜质量 |
| | 11 | CMP（Chemical Mechanical Polishing） | 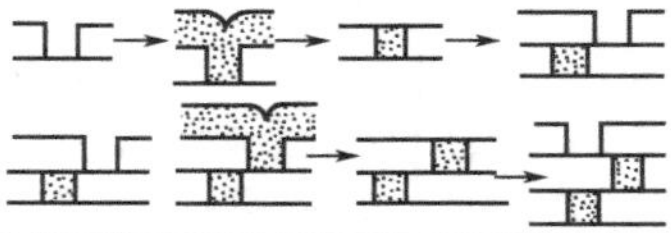 （示意图） | |

图 13.3 平坦化技术的概要

必须使用平坦化技术的场合是：①下层的布线或电极部位和上层的布线连接时，在很小的孔中使引线连通的时候；②用铝合金等做的布线会在表面产生很激烈的凹凸，若要再在上面覆盖上绝缘物，并且希望使它表面平坦化的时候；③希望创造出金属嵌刻法等新技术的时候。针对这些，图13.3就是：① 尽量不发生凹凸的薄膜生长技术；②一边加工一边防止凹凸产生的薄膜生长技术；③凹凸产生后再进行加工使之表面平坦的技术。图13.3依这3种技术简述了它们的工艺概要以及特征。这些技术要根据各种不同制造方法挑出最合适的来使用，并且要不断进行校验改进。

## 13.3 平坦薄膜生长

### 13.3.1 选择性生长

这种方法主要是以热 CVD 法为主，特别是对 W 的 CVD 的研究最多并且已经实用化。反应过程如前面10.6.1所述，使用单片式的热 CVD 装置。它们的实例如图13.4（**选择性生长**）和图13.5

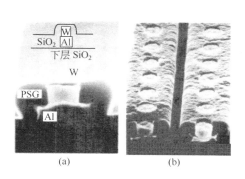

图 13.4 W 的选择性生长
（a）W 只在铝上的 SiO₂ 的孔中生长；
（b）W 只在 Si 上的 SiO₂ 孔中生长从而进行平坦化（Canon-Anelva 提供）

图 13.5 非选择性覆盖 W 膜：Si 上的 SiO₂ 孔里以及 SiO₂ 表面都进行 W 薄膜生长从而平坦化
（Canon-Anelva 提供）

（**非选择性覆盖** W，毯式覆盖或者一致生长）所示，都表现出很好的平坦性。选择性生长是各个孔的生长速率大致一定，所以不同的深度就会产生不同的嵌埋深度（高度）。非选择性覆盖 W 对后面的回刻（后述）时会很有必要。W-CVD 虽然有反应室里产生粒子多的缺陷，但嵌埋特性，耐电致徙动特性比较优异，用途很广。W 与铝相比虽然电阻率比较高，但是低电阻率化的努力正在继续开展[3]，已经开发了 $B_2H_6$ 还原法等。

### 13.3.2　利用回填技术的孔内嵌埋（溅射）

在基板温度 500～600℃ 下进行铝的溅射时，生长在孔中的膜要比表面厚，也就是说可以用来做平坦化[4,5]。但是这种方法因为温度高，铝会穿透下面的氧化膜进入 Si 而破坏了 pn 结，并且在再现性上也有问题，所以还在研讨中。为了解决这一问题，偏压溅射[6]、除去溅射气体中的水的成分[7]、用 ECR 溅射[8]、使用添加了 Ge 的 AlGe 溅射环[9]以及 9.4 节里陈述的各种嵌埋方法等新技术的开发和实用化研究正在进行中。

本技术是基板在高温下进行溅射，让 Al 在高温下溅射时使之流动化。于是被称为**高温溅射**或**回填溅射**。

图 13.6 是高温 2 步法溅射的平坦化例子。第一步是在低温下

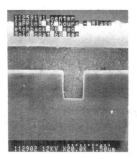

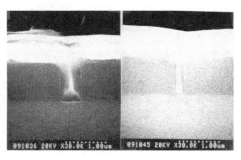

图 13.6　通过高温溅射来
实现 0.6μm 孔（长径比
1.1）的平坦化[5]
（日本 MRC 公司提供）

图 13.7　通过 AlGe 回填溅射来实现
0.35μm（左，长径比为 1.4）和 0.25μm
（右，长径比为 4）的孔的平坦化
（由 NEC Electronics Corporation 提供）

以 22.3nm/s 的速率溅射淀积 200nm，再在 570℃ 下以 7.5nm/s 速率淀积 400nm，结构是一层 Ti20nm/TiN70nm/Ti20nm 阻挡层上面加 Al-Si-Cu，结果非常平坦[5]。图 13.7 中含 5％ Al 的 Ge 在 300℃、溅射速率在 100nm/min 条件下，在事先加了很薄一层多晶硅的孔里回填溅射的例子，也没有产生空隙，这是在低温下成功实现平坦化的例子[9]。这些技术是第 9 章 9.4 节里讲述的各种溅射技术的发展。

### 13.3.3　利用氧化物嵌埋技术的平坦化[10~12]

在布线排布间嵌埋氧化物，并且使覆盖表面平坦化是极为重要的。所以氧化膜的生长需要同时实现绝缘和平坦化两个要求。

根据前述的对 $SiO_2$ 薄膜的要求，图 13.8 是使用 **TEOS**〔Tetra

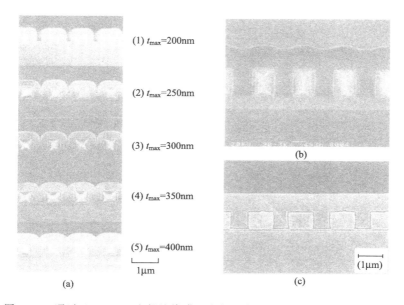

(1) $t_{max}$=200nm

(2) $t_{max}$=250nm

(3) $t_{max}$=300nm

(4) $t_{max}$=350nm

(5) $t_{max}$=400nm

1μm

(a)

(b)

(1μm)

(c)

图 13.8　通过 $O_3$-TEOS 生长绝缘膜，生长温度 400℃。（a）和（b）是没有掺杂时的 $SiO_2$ 膜（NSG），（c）是 B 和 P 在做掺杂时的 $SiO_2$ 膜（BPSG），膜做成后，在氮气中用 900℃、30min 热处理（回填），$t_{max}$ 是全膜厚（由 NEC Electronics Corporation 提供）

Ethly OrthoSilicate：Si(OC$_2$H$_3$)$_4$］和 O$_3$ 制得的 SiO$_2$ 薄膜例子。图 (a) 是在膜的生长过程中看到的台阶覆盖和孔的嵌埋的样子。(1)～(3) 是沿着膜的表面生成的基本上是同样厚度的膜（**保形生长**）。(4)～(5) 是留下的一点点沟好像完全被液体填埋形成的样子。图 (b) 是通过进一步的生长使之更为平坦。图 (c) 是为了使回填法非常有效地发挥进行图 (b)，P 掺杂就是在膜生长后进行回填处理的例子，结果表面就像是用水打磨过一样平坦，膜的电气性能也非常良好。这样的处理能同时实现嵌埋和平坦化。要达到这样效果的关键之一就是将 TEOS 和 O$_3$ 分别送到基板的近前，如图 13.9 所示。如果要做 P 掺杂时，要准备和 TEOS 同样的气体回路，把 Tri-Methyl Phosphate：PO(OCH$_3$)$_3$ 导入；要做 B 掺杂时，把 Tri-Methyl Borate：B(OCH$_3$)$_3$ 添加导入就可以了。TEOS 技术一获得迅速发展并且已被实用，这部分内容可参阅文献[10,11]。

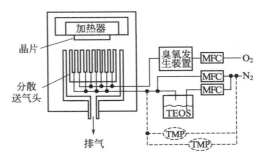

图 13.9 利用 TEOS 制备 SiO$_2$ 膜的装置

## 13.4 薄膜生长过程中凹凸发生的防止

### 13.4.1 偏压溅射法[6]

在基板上加上电压（正、负、RF 等）的同时进行溅射的做法叫做偏压溅射，如图 13.10 所示。如图 13.1(b) 所示，通常向孔中进行金属的嵌埋很困难。但是如使用偏压溅射，如图 13.10(b)

所示的附在孔的入口处的金属（Al）被能再溅射从而进入孔的内部，于是就形成如图 13.10(c) 所示那样的平坦化。另外如果是绝缘物，首先用通常的方法制备一层所要的厚度的 $SiO_2$ 薄膜［图 13.10(d)］，然后开启偏压电源、调节条件，使平坦面 B 上因为溅射因素附着的速率和由于偏压溅射因素蚀刻的速率相等，这样平坦面 B 的厚度保持不变；但是斜面因为蚀刻速率比附着速率大因而慢慢地减退，最终得到平坦表面［见图 13.10(e)］。虽然这种方法也可以使用传统的装置，但由于晶片受到离子轰击，可能会损伤半导体元件，这是必须十分注意的。

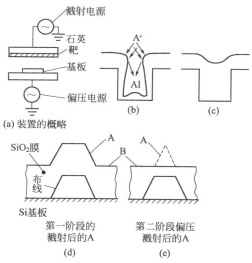

图 13.10　通过偏压溅射来平坦化

## 13.4.2　剥离法

这种方法是将加工后不需要的部分剥离（Lift Off）的方法。如图 13.3 第 5 栏那样，在不要的地方涂布上光刻胶做图形化处理，然后用蒸镀或溅射方法覆上薄膜，连孔也被埋没，之后用机械的力或者有机溶剂溶解去除光刻胶，光刻胶上面的薄膜就会一起被去除，只在必要的孔中留下薄膜，这样也能进行平坦化处理。

# 13.5 薄膜生长后的平坦化加工

## 13.5.1 涂覆[12]

就像被雨淋湿后的柏油马路会产生很强的反光一样，有一种平坦化的方法就是在非常凹凸的面上涂布一层具有流动性的液体，再经过热处理使之变为一层平坦的绝缘材料。这种方法的关键是涂布的材料。以前是用以 $Si(OH)_4$ 为主的无机硅化物。这种溶液只能制备 $0.1\mu m$ 的很薄的薄膜，做平坦化处理非常困难。之后，使用在有机硅烷化物 $Si(OC_2H)_4$ 和 $CH_3Si(O_2H_5)_3$ 里掺杂 4％的 P 后的有机溶剂，用旋涂法旋涂，加热到 150℃ 使溶剂蒸发，再经 400℃ 热处理后形成玻璃化的绝缘膜。用这个方法可形成如图 13.11 所示的平坦化了的具有良好平坦性的 3 层 Al 布线。像这样用旋涂机涂布、热处理得到的玻璃状绝缘膜被称为 SOG（Spin on Glass）。

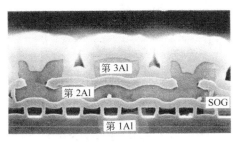

图 13.11 利用 SOG 的三层铝布线 （由 NEC Electronics Corporation 提供）

## 13.5.2 激光平坦化[13]

例如再次看图 13.1，在图 (b) 的状态下，TiN 的一部分上附着有 Al，如果这时用激光光线对其照射，在照射的瞬间铝被溶化并把孔填没。已有使用这种技术填孔进行平坦化处理的报告发表。如果有比较好的激光装置，那么这种方法相当简单，它的可控性和重复性还在研究过程中。

### 13.5.3 回填法[1]

即使是凹凸很剧烈的绝缘膜,如果对其加高温,使它产生流动性,就像涂布的情况那样使之平坦化。这个过程如图 13.12 所示。这样的氧化膜常常利用 CVD 法制备,流动化的温度是由 $SiO_2$ 中掺杂的 B 和 P 的量来决定的,B 和 P 越多,产生流动化的温度越低。但是如果太多,就会产生吸湿性和退火后有粒子的析出等问题,应用有一定的限度,必须根据整个工艺的需要来设计。

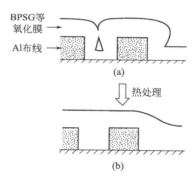

图 13.12 使用回填的平坦化技术

### 13.5.4 回蚀法

即使产生了凹凸,可以在其表面涂上一层容易流动化的薄膜,然后进行热处理就能得到如图 13.13(a) 那样平坦的表面。如果在这基础上再一次对表面进行均匀的刻蚀(RIE 等),最后就会获得

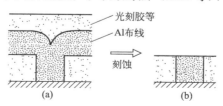

图 13.13 回蚀技术

如图（b）那样平坦化后的回路。这种方法中涂布的材料非常重要，必须与想做蚀刻的材料（本图为 Al）有相同的刻蚀速率、或者极其接近的材料，这是关键点。这种技术在各种各样的场合都可以使用，被许多加工工艺所采用。

### 13.5.5 阳极氧化和离子注入

这种方法工艺过程如下：如图 13.14 所示，事先对必要的金属和半导体的导电层，如 Al 或 Si 膜做全面的生长、再涂布光刻胶并形成图形，最后通过阳极氧化或离子的注入，使没有光刻胶的部分变为绝缘物，如变为 $Al_2O_3$ 或 $SiO_2$。这种方法不用担心产生孔内填埋的问题，但若使用离子注入手段，要注意防止损伤导电层下的器件。

越向高密度化发展，平坦化技术越显得重要。为了提高光刻的分辨率，必然要提高物镜的数值孔径（NA），这样焦点深度必然变浅，为了应付这种情况也必然需要平坦化处理。对晶片全体进行平坦化处理的研究正在广泛展开。

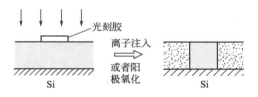

图 13.14　用阳极氧化或者离子注入来平坦化

## 13.6　嵌埋技术示例

使用上述技术进行接触孔的嵌埋技术的工艺和断面 SEM 照片如图 13.15 所示，总的都是为了达到右上图的目标（接触点的完成）。工序（1）是：接触孔清洁后（以下各工艺都是从这种清洁开始的），选择钨只对孔进行 W 嵌埋，再淀积金属阻挡 TiN（溅射），然后溅射沉积 Al，插头完成。工序（2）是：溅射 Ti（为了得到与

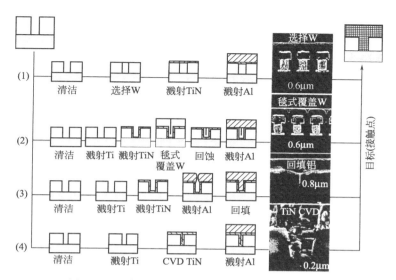

图 13.15 嵌埋技术的例子 [富士通（株）提供]

下面的 Si 形成欧姆接触，需要形成 TiSi 膜），再溅射上金属阻挡层 TiN，覆盖嵌埋 W，之后不要的 W 部分用回蚀除去，再溅射加上 Al，完成接触点。工序（3）是：和工艺（2）同样在溅射 Ti/TiN 后，再在这上面沉积上 Al，通过回填法嵌埋填孔，完成接触点。工序（4）是：完成 TiSi 层后，溅射加上一层 Ti，然后用 CVD 法加上一层 TiN，仅用 TiN 嵌埋完成接触点[14]。

实际上像上面这样使用各种技术来进行平坦化处理，观察各工序完成后的右端的断面照片，就会发现它的表面并没有完全平坦化。如果在这上面继续重叠做几层布线（常常需要 7～10 层以上），必须想到表面一定会变得相当粗糙。例如图 13.11，即使使用了 SOG 涂布的平坦化（本来期望像覆盖水那样的平坦）技术，第 2 层 Al 也有一定程度的波状起伏，第 3 层 Al 布线可看到很大的弯曲起伏，若再重叠第 4 层 Al 就变得很困难了。

另一方面，从光刻的角度来看，焦深只有大概 1μm，也就是说在基板上若有 1μm 以上的凹凸和高低起伏，图像就会模糊不清。

然而，随着加工尺寸越来越微细化，就非提高分辨率不可，这主要通过把使用波长变短来实现，但是又不允许焦点深度比这更浅。为了解决这个矛盾，就在工序先告一段落后将晶片研磨一遍，再进行布线。从这一考虑出发，开发了化学机械研磨 CMP（Chemical Mechanical Polishing）技术。

## 13.7 化学机械抛光（Chemical Mechanical Polishing，CMP）技术[15,16]

利用 CMP 技术对 Si 晶片的表面进行抛光，能在直径 300mm 这样广的范围里做到原子水平的平整度。于是自然就联想到如果这种技术也能适用于 LSI 的制造加工的关键步骤中，那么就会得到很好的平坦化效果了。图 13.16 是用**金属嵌刻法**制备的 8 层布线的例子的断面图[15]，可以看到每层都在大范围内实现了平坦化（与图 13.11 进行比较一下）。

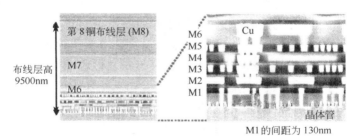

图 13.16 金属嵌刻法制备的铜布线的形状（8 层
布线断面图）[松下电器产业（株）提供]

CMP 的原理如图 13.17 所示。这种工艺是：

① 将研磨用垫片贴在被称为台板的回转台上面后旋转（转速 30～50r/min）；

② 将晶片面朝下固定在晶片载具的下面，在旋转（30～50r/min 程度）的同时按向研磨垫片（压强为 0.5～0.7kg/cm$^2$，6 英寸晶片要加上大约 100kg 的力）；

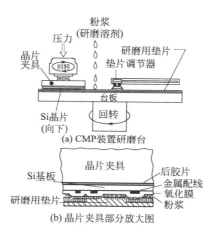

图 13.17　CMP 原理图〔Applied Materials Japan（株）提供〕

　　③ 被称为粉浆的研磨溶剂置于在台板的表面，供给到晶片和研磨用垫片之间；

　　④ 通过台板的公转和晶片载具的自转以及加压对晶片表面特别是凸起部分进行研磨。研磨用垫片的表面有微米量级的凹凸存在，与晶片表面接触良好，随着研磨的进行这些凹凸将逐渐消失。用垫片调节器来保证再现性和稳定性等研磨特性。粉浆❶是针对不同的研磨表面制备出来的，大都是各装置制造商的技术机密（Know-how），非常重要。图 13.18 是这种装置的图例。

　　这种技术是从图 13.17(b) 的金属布线和氧化膜的时代就开始的。因为 IC 的高速化的要求，金属布线转而采用 Cu、用介电常数小的有机膜代替氧化膜甚至采用多孔质膜（10.9 节）。Cu 的耐蚀性、附着强度不太好，而多孔质膜的机械强度较弱和粉浆还有配合上的问题。如果这些困难被克服了，那么高性能器件就能实现了[17]。

---

　　❶　例如用于研磨金属：pH3～4（酸性）的液体中混合入 $Al_2O_3$；用于绝缘物：pH10～11（碱性）液体中混合入 40nm 左右的胶态二氧化硅。

图 13.18 美国 IPEC/WESTECH 公司制 AVANIT472 型 CMP
装置［Applied Materials Japan（株）提供］

## 13.8 嵌 刻 法

**金属嵌刻法**（Damascene）原意是指在铁（金属、木材、陶瓷器等）
的原料上刻蚀出花纹图形，然后镶嵌金、银、紫铜等的一种特殊的手工
艺技术（工艺品）。由于最早繁盛于叙利亚的大马士革一带，于是得名于
此。而平坦化技术就是要进行如图 13.19 所示的布线的嵌埋工序。

特别是对于 Cu 布线，由于 Cu 的蚀刻很困难，将金属嵌刻法
和前面所述的 CMP 法组合起来能使布线的平坦性更加优异。如图
13.19 那样，事先将在像 SiO$_2$ 那样的绝缘物上蚀刻出孔或沟，再
嵌埋入 Cu，布线就完成了。

**双金属嵌刻法**是如图 13.20 所示，两个工序同时一起进行的方
法。如图（a）所示，想在画有斜线的布线处制备与上面的布线连
接的连接线时，首先蚀刻出连接线用的孔［通路孔，如图（b）所
示］，然后蚀刻出布线用的沟，与此同时在通路孔部分继续蚀刻直
达下面的布线［图（c）］（这时如果担心蚀刻时侵蚀下面的布线，

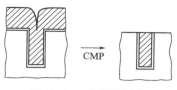

图 13.19 金属嵌刻法

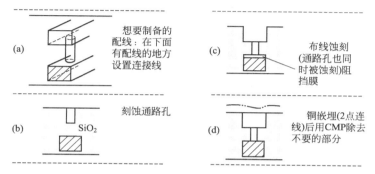

图 13.20 双金属嵌刻法的基本工序

最好事先在下面布线上覆一层蚀刻选择比大的阻挡膜，通常用氮化硅）。最后全部进行 Cu 嵌埋（二点连线）、再用 CMP 法除去不要的部分，平坦化就完成了［图（d）］。若将这种方法和传统的图 13.3 的 3 和 6 的方法❶做比较，很多场合会受到减少工序降低成本（Cost down）问题的束缚。

像图（c）那样的连续蚀刻的工序可以同时进行。据此，有人提出了巧妙地将薄的布线、厚的布线、通路连接线和阻挡膜同时制备出来的方法（**三金属嵌刻法**）。

## 13.9 平坦化新技术展望

只要器件在向高密度化方向发展，微细孔的嵌埋和平坦化技术

---

❶ 图 13.3 中第 3、6 所示的是传统工艺，即全表面镀 Al 后刻蚀出图形，再用绝缘膜覆盖。

就是一个永远的课题。为此很多研究者对此进行了很多的研究。

### 13.9.1 使用超临界流体的超微细孔的嵌埋技术[18]

随着气体的压强和温度的上升，超过了临界温度和临界压强时，就形成了既不是气体，也不是液体的高密度状态的超临界流体。图 13.21 是 $CO_2$ 的相图，在 7.42MPa（约 73 大气压），304.2K（31℃）以上时 $CO_2$ 变为超临界流体。这种状态的超临界 $CO_2$ 有接近液体的高密度，能极好地溶解有机金属及其反应生成物，这样的超临界流体有接近气体的低黏性，因此就能嗖的一下子就能进入纳米量级的超微细孔中。在超微细孔中，有机金属通过还原、分解等反应使铜在超微细孔的侧壁等处生长成膜。

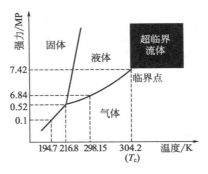

图 13.21　$CO_2$ 的相图

图 13.22 是生长铜膜的实验例子。首先如图（a）所示，在高压容器内放入晶片和有机金属 Cu(dibm)$_2$［Cu(dibm)$_2$ 在常温下是固体，在 CVD 等方法中很难使用，但是在超临界状态下可以使之溶解后使用］，盖上盖子（因高压，所以一定要充分拧紧螺丝）；其次如图（b）所示：①注入一定量（约 7 大气压）的作为 Cu(dibm)$_2$ 的还原剂的 $H_2$；②然后注入 $CO_2$；随着温度的上升进入超临界状态，发生氢还原反应从而生长成膜［图（c）］；这样控制在 230℃、130 大气压下 5min，Cu 就被嵌入到直径 150nm、深度 1.3$\mu m$（长径比 9）的超微细孔里，结果示于图 13.23。其他 50nm、70nm，深度 1.3$\mu m$ 的

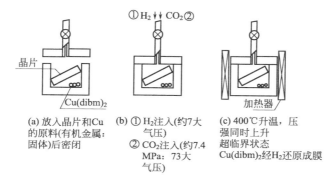

图 13.22 利用超临界 $CO_2$ 的 Cu 成膜

图 13.23 超微细孔的嵌埋（山梨大学研究生院
教授近藤英一博士提供）

槽也能很好地嵌埋（眼下，山梨大学大学院教授近藤英一博士的研究室正在开发根据这种方法的批量式装置和连续装置)[18]。

　　这种方法是在高温的流体中进行的还原反应，从这个意义上讲，与 CVD 方法也很相似。但是表面附近有超临界流体，反应生成物完全溶解在这超临界流体里，从这个角度看，又和金属电镀法非常相似。高温高压的 $CO_2$ 的超临界流体的存在，不要的反应生成物能被溶解去除，这对降低 Cu 和 Si 等势垒层之间的接触电阻非常有效，人们对这种方法寄予了很高的期待。

### 13.9.2 用 STP（Spin Coating Film Transfer and Pressing）法的嵌埋技术[19]

在深的孔和沟里用旋涂后进行热处理，溶剂不能完全去除从而容易产生"空隙"，这是必须要防止的。STP（Spin Coating Film Transfer and Pressing）方法就是：首先在胶片上涂布上多孔 Low K 膜等，后经热处理完成电介质膜（图 13.24，基底胶片）；将它覆在图形上并在真空中进行热压，完成嵌埋（同图左）和密封（同右图，MEMS 用等）。

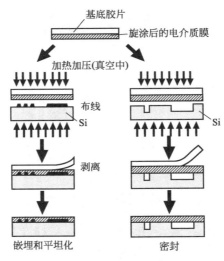

图 13.24　STP 的原理

图 13.25 显示了槽的嵌埋特性。嵌埋特性优于溅射和 CVD 法，特别是在高长径比情况下，优势更明显。图 13.26 是表示密封的特性。无论是亚微米（B）和 $10\mu m$（D）都能实现很好的密封。图 13.27 是凭靠着良好的密封特性而开发的指纹传感器的例子。按凸起的地方，隔着空洞的上部电极和下部电极的静电容量就产生变化，据此可检出指纹图形。

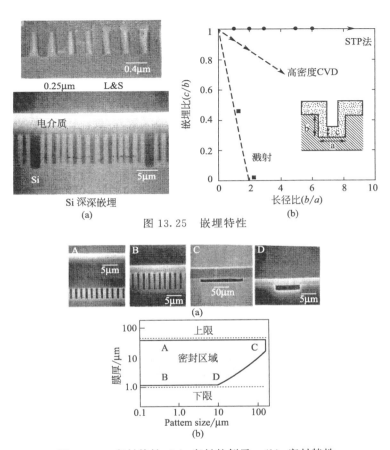

图 13.25 嵌埋特性

图 13.26 密封特性 （a）密封的例子；（b）密封特性

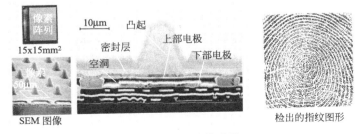

图 13.27 指纹传感器

## 13.10　高密度微细连接[20,21]

随着器件向高密度化的发展，比如最小尺寸为 0.1μm 的话，就算位置对准的准确精度达到 20%，也有 0.02μm（100 万分之 20mm）的误差，要完成器件的制备，必须在这样的尺寸精度下重复多次进行位置对准，这将是非常困难的。如图 13.28 所示的是为解决这个问题所提出的 **SAC 法**、**Pad 法**等诀窍。首先若考虑沿用以前的工艺，在图（a）的上图的虚线处开引线孔，目的是得到晶体管等微细的电极引线。当然如确能在图（a）上图所示的正确的位置上加工出引线孔就最好不过了，但事实上许多时候会发生图（a）的下图所示的位置偏移的情况。这时若再嵌埋铜的话，就和布线Ⅱ发生短路导致失效。如果为了避免短路而将孔开得很小，那么电阻就会变大，而且孔的长径比也变大，于是嵌埋就会变得很困难。解决这个困难可以采用 SAC 法或 Pad 法。

**SAC 法**：图（b）的上图那样形成布线后，在其表面上覆盖一层像 SiN 那样的 $SiO_2$/SiN 的刻蚀选择比大的材料；然后加上

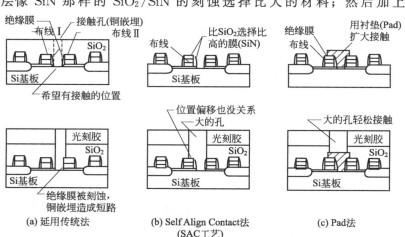

图 13.28　高密度器件超微细的接触成形方法

SiO₂、光刻胶并开出一个相对较大的接触孔；这样由于 SiN 的膜不会被刻蚀，自然引线孔开成功了，再嵌埋铜，不要的部分用 CMP 去除就完成了引线工序。像这样能自己自动整合的接触就叫 SAC（Self Align Contact）法。

**Pad 法**：像图（c）上图那样，在布线和绝缘膜的覆盖层形成后，在想得到接触的位置上面设置衬垫，扩大想得到引线的位置，然后加上 SiO₂、光刻胶。由于孔被扩大，做引线就会很轻松。因为使用 Pad（填充物，台的意思）所以就称为 Pad 法。图 1.8(a) 也可看到使用衬垫的例子。

## 参 考 文 献

1)　大崎，小谷（吉見監修）：0.3 μm プロセス技術（1991）139. トリケップス

2)　小谷，松浦，林出，阿部：応用物理 61（1992）1116

3)　鈴木ら：第 42 回応用物理学関係連合講演会予稿集，No. 2（1995）p. 731

4)　Y. Homma and S. Tsunekawa：J. Electrochem. Soc. Solid–State Science and Technology, June（1985）1466
　　W. H. Class：Solid State Tech,. June（1983）103

5)　中村，藤，峯山：Semiconductor World，3 月号（1992）56

6)　T. Hariu et al：IEEE/IRPS（1989）210
　　渡辺他：Semiconductor World，12 月号（1989）186，プレスジャーナル

7)　大見ら：日経マイクロデバイス，7 月号（1990）116

8)　森本，新宮，進藤，堀池：Semiconductor World，12 月号（1992）182
　　S. Takehiro et al：SSDM., A-3-2（1991）

9)　K. Kikuta, T. Kikkawa, and M. Aoki：1991 VMIC Conf.（1991）163
　　K. Kikuta, T. Kikkawa, Electrochem.Soc. **143**（1996）229
　　菊田，吉川：Semiconductor World，9 月号（1991）51

10)　沼沢，池田，坂本，浜野：Semicon News（1988,1）36
　　池田ら：Proc. of Insti. of Jpn Elec. Eng. Intn'l, EDD–89–38（1989）67
　　H. Kotani et al：Electron Devices Meeting 1989, IEDM 89, p. 669

11)　K. Maeda and J. Sato：Denki Kagaku, **45**（1977）645

12)　沼沢：ULSI 半導体プロセス材料技術，（1991）89，プレスジャーナル
　　沼沢，鈴木，本間，坂本，浜野：Semicoductor World，7 月号（1988）49

13)　向井，小林，中野：Semiconductor World，11 月号（1988）83

14)　鈴木，大場：'96 最新半導体プロセス技術，プレスジャーナル（1995）84

15)　栗屋，大野，有田：応用物理，**64**（1995）554

16)　小寺：第 4 回半導体プロセスシンポ第二分冊，プレスジャーナル（1995）21

　　宮嶋：応用物理，**68**（1999）1243

　　中田・青木：垂井総合監修 "半導体プロセスハンドブック"（1996）p 158，プレスジャーナル

　　林・広瀬ら編集 "次世代 ULSI プロセス技術"（2000）535，リアライズ社

　　吉川：同上　p 563．青木，小寺：電子材料 1994 年別冊（1993）31

17)　例えば Semiconductor FPD World 2004. 2 p. 58.

　　青木・山崎：応用物理 **68**（1999）1267

18)　E. Kondoh : Jpn. J. Appl. Phys. **43**（2004）3928

　　近藤英一：SEMI Tech. Symp（STS）2440, p 5-60

19)　町田克之：同上　2004, p　5-76

20)　小田：Semicon Jap. 2000, SEMI Tech. Symp.（STS）200（2000）p 4-20

　　小山：第6回　同上（1997. 9. 17＆18）p 47

21)　宮川・松井・金森：第4回半導体プロセスシンポジウム講演予稿集第一分冊（1995. 9. 13＆14）p 57